Excel 完美应用手册

——高效人士问题解决术

完美在线　编著

中国水利水电出版社

www.waterpub.com.cn

·北京·

内 容 提 要

《Excel完美应用手册——高效人士问题解决术》以知识应用为中心，以培养解决问题为抓手，用"点穴式"的手法对Excel的知识进行了详细阐述。全书共五篇：便捷高效的移动办公篇、报表格式设计篇、数据处理与分析篇、公式与函数应用篇、报表打印及综合应用篇。

《Excel完美应用手册——高效人士问题解决术》有别于传统的Excel书籍，不再是单纯地传授办公知识和操作技巧，更多的是帮助读者规避Excel使用过程中的常见错误，培养良好的应用习惯，授人以渔。本书结构合理，语言通俗，内容翔实，图示明确，是一本不可多得的Excel学习用书。它既可以作为各阶段学生学习Excel的必修教程，也可以作为办公人员及Excel爱好者的学习指导用书。

图书在版编目（CIP）数据

Excel 完美应用手册：高效人士问题解决术 / 完美
在线编著 . — 北京 : 中国水利水电出版社 , 2021.8
ISBN 978-7-5170-9267-4

Ⅰ . ① E… Ⅱ . ①完… Ⅲ . ①表处理软件—手册
Ⅳ . ① TP391.13-62

中国版本图书馆 CIP 数据核字 (2020) 第 265121 号

书　名	Excel 完美应用手册——高效人士问题解决术 Excel WANMEI YINGYONG SHOUCE—GAOXIAO RENSHI WENTI JIEJUE SHU
作　者	完美在线　编著
出版发行	中国水利水电出版社 （北京市海淀区玉渊潭南路 1 号 D 座 100038） 网址：www.waterpub.com.cn E-mail: zhiboshangshu@163.com 电话：(010) 62572966-2205/2266/2201（营销中心）
经　售	北京科水图书销售中心（零售） 电话：(010) 88383994、63202643、68545874 全国各地新华书店和相关出版物销售网点
排　版	北京智博尚书文化传媒有限公司
印　刷	河北文福旺印刷有限公司
规　格	203mm×260mm　16 开本　15.75 印张　471 千字
版　次	2021 年 8 月第 1 版　2021 年 8 月第 1 次印刷
印　数	0001—5000 册
定　价	79.80 元

前 言
PREFACE

感谢您选择本书!

提到Excel,很多人都说学过,也都说会用,但事实真的是这样吗?

有些人会做表,但做出来的报表"惨不忍睹"。

有些人懂知识点,但只能是"纸上谈兵"。

有些人会操作技法,但面对实际问题时,却无从下手,不能给出明确的解决方案。

以上种种现象说明,学过Excel和会用Excel是有区别的。要达到"会用",需要反复地"学习—实践—总结",以达到胸有成竹的境界。

本书有别于目前市场上大多数Excel软件技巧使用说明书,是一本全方位讲解Excel应用的书籍。换个角度看,学习Excel的目的不是单纯地为了炫耀技巧,而是用它来解决实际问题,提高工作效率。本书共有五大篇:便捷高效的移动办公篇、报表格式设计篇、数据处理与分析篇、公式与函数应用篇、报表打印及综合应用篇。各篇内容概述如下。

分 篇	内 容 概 述
便捷高效的移动办公篇	主要针对手机版Microsoft Office的知识及常见问题的处理进行说明
报表格式设计篇	主要针对表格线条、色彩、条件格式等知识的应用进行解析
数据处理与分析篇	主要针对常规的数据分析手段(排序、筛选)以及数据透视表、图表、插件等高级数据分析工具的应用进行阐述
公式与函数应用篇	主要针对工作中常用函数的应用进行分析,并对出现的每一个公式进行剖析
报表打印及综合应用篇	主要针对数据的打印和输出、报表的修复和保护以及Office各软件之间的协作应用等知识进行讲解

Excel 快捷键

EXCEL SHORTCUT KEY

在工作中移动

快捷键	说明
Ctrl+End	移动到使用过的最后一个单元格
Ctrl+Shift+End	将单元格选定区域扩展到使用过的最后一个单元格
Ctrl+Home	移动到工作表的开头
Page Down	在工作表中向下移动一屏
Alt+Page Down	在工作表中向右移动一屏
Page Up	在工作表中向上移动一屏
Alt+Page Up	在工作表中向左移动一屏
Tab	向右移动一个单元格
End+箭头键	在一行或一列内以连续数据为单位移动

选定单元格 / 行 / 列表 / 对象

快捷键	说明
Ctrl+A	选中当前工作表中所有单元格
Shift+Home	将选定区域扩展到工作表最左侧
Ctrl+Shift+Home	将选定区域扩展到工作表的开始
Ctrl+Shift+Enter	将选定区域扩展到工作表中最后一个使用过的单元格
Ctrl+Shift+Space	选定工作表中的所有对象（前提是先选定一个对象）
Shift+F8	增加选定区域
Ctrl+Shift+方向键	将选定区域扩展到同一列或同一行的最后一个非空单元格
Shift+Space	将选定区域扩展到整行

处理工作表

快捷键	说明
Shift+F11	插入新工作表
Ctrl+PageDown	移动到工作簿中的下一个工作表
Ctrl+PageUp	移动到工作簿中的上一个工作表
Ctrl+Shift+PageDown	选定当前工作表和下一张工作表
Shift+Ctrl+PageUp	选定当前工作表和上一张工作表
Alt+E+M	移动或复制当前工作表（同时按E键和M键）
Alt+E+L	删除当前工作表（同时按E键和L键）

打开对话框	Ctrl+1	打开"设置单元格格式"对话框
	F5	打开"定位"对话框
	F3	打开"粘贴名称"对话框（仅工作簿中存在名称时才可用）
	F7	打开"拼写检查"对话框
	F12	打开"另存为"对话框
	Shift+F3	打开"插入函数"对话框
	Ctrl+G	打开"定位"对话框
	Ctrl+J	打开"查找和替换"对话框（显示查找界面）
	Ctrl+H	打开"查找和替换"对话框（显示替换界面）
	Ctrl+K	打开"插入超链接"对话框
	Ctrl+L	打开"创建表"对话框
	Ctrl+-	打开"删除"对话框
	Ctrl++	打开"插入"对话框
	Ctrl+Alt+V	打开"选择性粘贴"对话框
	Alt+'	打开"样式"对话框

与输入相关的操作	Enter	完成输入并向下选取一个单元格
	Shift+Enter	完成输入并向上选取一个单元格
	Esc	取消输入
	F4	重复上一次操作
	Ctrl+Shift+F3	由行列标志创建名称
	Ctrl+D	向下填充
	Ctrl+R	向右填充
	Ctrl+E	快速填充
	Ctrl+;	输入当前日期
	Ctrl+Shift+:	输入当前时间
	Alt+↓	显示当前列中的内容清单列表
	Ctrl+Z	撤销上一次操作
	Ctrl+Shift+Enter	将公式作为数组公式输入
	Alt+=	插入自动求和公式
	F2	编辑单元格并将光标定位在单元格内容的结尾
	Alt+Enter	在单元格中换行
	Delete	删除插入点右侧的字符或删除选定区域
	F7	拼写检查
	Shift+F2	插入批注
	Ctrl+C	复制选定单元格
	Ctrl+X	剪切选定单元格
	Ctrl+V	粘贴复制的单元格

设置数据格式

Ctrl+Shift+~	应用"常规"数字格式
Ctrl+Shift+$	应用带两个小数位的"货币"格式（负数在括号中）
Ctrl+Shift+%	应用不带小数位的"百分比"格式
Ctrl+Shift+^	应用带两位小数位的"科学计数"数字格式
Ctrl+Shift+#	应用含年、月、日的"日期"格式
Ctrl+Shift+@	应用含小时和分钟并标明上午或下午的"时间"格式
Ctrl+Shift+!	应用带两位小数位、使用千位分隔符且负数用负号（－）表示的"数字"格式

设置字体和边框样式

Ctrl+B	应用或取消加粗格式
Ctrl+I	应用或取消字体倾斜格式
Ctrl+U	应用或取消下划线
Ctrl+5	应用或取消删除线
Ctrl+Shift+&	为选定单元格应用外边框
Ctrl+Shift+_	取消选定单元格的外边框

行列的操作

Ctrl+9	隐藏选定行
Ctrl+Shift+(	取消选定区域内的所有隐藏行的隐藏状态
Ctrl+0	隐藏选定列
Alt+Shift+→	对行或列分组
Alt+Shift+←	取消行或列分组
Ctrl+Shift+ +	插入空白单元格或行/列

工作簿的快捷操作	Ctrl+S	保存工作簿
	Ctrl+W	关闭当前工作簿
	Ctrl+P	执行打印操作
	Ctrl+O	执行打开操作
	..Ctrl+N	新建工作簿
	Ctrl+F9	最小化窗口
	Ctrl+F10	最大化窗口
	Ctrl+Tab	在打开的工作簿间切换

其他常用快捷键	F1	启动"帮助"窗格
	F10	打开或关闭按键提示
	F11	在单独的图表工作表中创建当前范围内数据的图表
	Ctrl+滚动中键	放大或缩小工作表显示比例
	Alt+F11	打开VBA编辑器
	Ctrl+T	将所选区域创建成智能表格
	Ctrl+`	显示公式
	Ctrl+[	选定公式引用的单元格区域
	Ctrl+]	选定公式从属的单元格区域
	Ctrl+Shift+L	创建筛选
	Tab	在对象间移动

学习指导
LEARNING GUIDES

在学习本书之前，请您先仔细阅读"学习指导"，这里列出了书中各部分的重点内容和学习方法，有利于您正确地使用本书，让您的学习更高效。

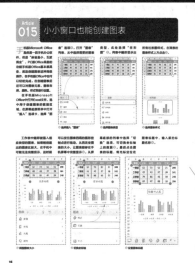

手册编号

全书通过条款编号进行索引，帮助读者快速检索内容；书末另附关键字检索方式，查找更加便捷高效。

立体索引

知识分节模块化，细节标注精准化。

移动办公

不受时间、地点的限制，随时随地轻松高效地完成工作。

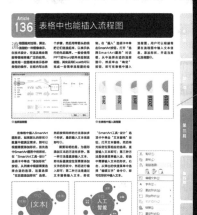

巧妙混排

大容量排版方式，文字内容四栏排版，表格双栏排版。

趣味阅读

学习的间隙了解一些和Excel相关的奇闻趣事。放松大脑，增长见闻。

目 录 CONTENTS

第三篇　数据处理与分析篇

第四篇　公式与函数应用篇

第五篇　报表打印及综合应用篇

第一篇

便捷高效的
移动办公篇

手机办公已进入5G时代

随着远程协同工作和移动办公逐渐成为新潮流，我们不再局限于使用计算机办公，手机和平板电脑上的移动Office应用也越来越受关注。并慢慢成为装机必备工具之一。无论是编辑文档、分析数据表，还是制作PPT都能完美搞定，一款小巧的App可以代替很多第三方工具。一些比较优秀的手机Office甚至可以借助云服务让文档跨设备同步，与他人共享或协同编辑。Office手机版App借助手机和平板电脑就能带来足够的生产力和工作效率❶。

现今手机端Office领域中，功能齐全、应用比较广泛的主要有两个，一个是金山旗下的WPS Office移动版；另一个是微软的Office移动版，也就是下文中要介绍的手机Microsoft Office。下面我们先来简单了解一下这两款手机Office办公软件。

WPS Office移动办公

WPS Office❷移动版是金山公司推出的，运行于Android平台上的全功能办公软件，国内同类产品排名第一。该程序通过三星、华硕、中兴、华为、联想和酷派官方兼容认证，用户遍布全球200多个国家和地区。完全兼容桌面办公文档，支持DOC、DOCX、WPS、XLS、XLSX、PPT、PPTX、TXT和PDF等23种文件格式。支持查看、创建和编辑各种常用Office文档，方便用户在手机和平板电脑上使用，可以满足用户随时随地办公的需求。

Microsoft Office 移动办公

Microsoft Office❸是微软官方发布的办公软件，升级改版后的Microsoft Office是一款集Word、Power-Point、Excel、Lens以及笔记于一身的全新应用软件，为用户提供完整便捷的移动端办公体验。支持随时随地访问、查看和编辑Word、Excel、PPT文档。当使用不同设备编辑时，所有文档的格式和内容均与原文档保持一致。支持图表、动画、SmartArt图形等功能。此外，新的特性还有支持快速从计算机发送文件到手机、

识别图片并将内容转换成文字或表格、扫描二维码等。

新版Microsoft Office手机应用的新功能包括：

- 在手机和计算机之间共享文件；
- 转换图像中的文字，通过OCR识别提取图片中的文本或将表格提取到Excel中；
- 支持PDF数字签名；
- 将纸质文档、图片、白板内容扫描到PDF中；
- 将图片转换成PDF

文档；
- 将文档格式转换成PDF；
- 使用模板轻松开始编写简历、预算、演示文稿和其他文档；
- 新增扫描QR二维码功能。

至于这两款软件究竟哪个更好用，那就是仁者见仁，智者见智了。它们都是免费软件，感兴趣的朋友可以将它们都下载下来，体验后再给出评价。

❶ 图片来源于微软Office App宣传片

❷ WPS Office

❸ Microsoft Office

随时随地完成工作

互联网时代的今天，智能手机无疑已经成为人们日常生活和工作中不可缺少的重要工具。想购物，打开手机客户端，各类商品琳琅满目、一览无余，想要什么，选中加入购物车，然后付款，等着快递上门了；想出门旅行，打开地图应用，出行的路线以及各个景点的评分都呈现在眼前；外出看见美丽的风景，马上拍下来，经过图像编辑软件的优化，一张意境十足的纪念照片就生成了。既然智能手机已经如此神通广大，那我们有什么理由不将它与工作结合起来呢？以往，一旦离开了办公室，离开了计算机，我们将对一份Excel报表、一份Word文件无计可施。如今只要口袋里有一部智能手机，不管身在何处，都能够随时随地开始办公。目前市面上可以免费下载的移动办公软件有很多，例如Microsoft Office、Office办公软件助手、WPS Office等。用户在自己的手机或者平板电脑上安装任意一款办公软件就能实现随地办公的愿望了。

手机Microsoft Office集合了Word、Excel、PPT、PDF、Lens以及笔记五个组件。只要下载一个软件就能够满足大部分日常办公需求。下面先简单介绍一下手机Microsoft Office的下载及安装方法。

先打开手机的应用市场，搜索Microsoft Office，搜索到之后，点击"安装"按钮，开始下载安装软件。安装完成后桌面上会出现该App的图标，以后可通过点击图标打开手机Microsoft Office。此处为了方便，可直接点击"打开"按钮，打开软件 ❶。第一次打开Microsoft Office时需要同意一些条款以及访问权限。所有条款和权限选择完成后点击"开始"按钮即可进入程序 ❷。点击屏幕底部的 ⊕ 图标，可选择组件 ❸。

❶ 安装手机Microsoft Office

❷ 单击"开始"按钮进入程序

❸ 选择要使用的组件

心得体会

手机Office图像扫描轻松搬运纸上表格

将纸质文档转换成电子文档时，采用手动重新输入不仅枯燥而且效率极低，这时可使用手机Microsoft Office轻松实现。

手机Microsoft Office在经过全新改版后比以往增加了很多功能，除了三大基本办公应用外，还集成了"笔记"和Lens两款App的功能，其中"笔记"可与Windows 10的"便利贴"同步；Lens可以借助手机或平板电脑摄像头将图像内容或纸质文档扫描并保存为图片、文档、表格或PDF文件。既然手机Microsoft Office有提取图像信息的能力，那为什么不利用它来快速完成工作呢？

假设有一张纸质的表格，只需要拿出手机，打开手机Microsoft Office，扫描一下纸上的表格就能够将这个表格转换成电子表格。下面介绍一下具体操作方法。

打开手机Microsoft Office，点击屏幕底部的"操作"图标，进入到"操作"界面，选择"图像到表格"选项❶，手机随即打开照相机功能，将要扫描的文件放到取景框内进行拍照❷，照片拍摄完成后通过调整控制点设置好需要识别的区域，接着点击"确认"按钮❸，开始提取图片中的内容。内容提取出来之后可直接复制所提取的内容或使用Excel打开。此处点击屏幕底部的"打开"按钮，此时软件会对提取的内容进行审查，用户可忽略审查结果选择"仍要打开"或选择"全部审阅"对审查结果进行核对，在核对过程中可及时修正提取有误的内容❹。所有项目审查结束后从纸上提取的内容会自动在Excel中打开❺。点击屏幕右上角的⋮图标，在打开的菜单中对表格执行"保存"操作❻。

❶ 选择"图像到表格"

调整图像区域

❷ 拍摄纸质表格

❸ 选取图片区域

心得体会

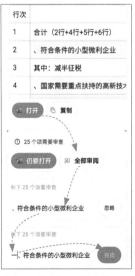

❹ 审阅及修改提取到的内容

❺ 在Excel中打开

以 PDF 格式共享
保存
另存为
打印

❻ 保存表格

Article 004 以PDF格式共享表格

将文件转成PDF格式需要使用专业软件，例如福昕阅读器、金山PDF、迅捷PDF等。其实使用手机Microsoft Office也可以很方便地将文档以PDF格式与他人共享。下面了解一下具体的操作方法。

在手机Microsoft Office中打开过或保存在手机中的Office文件都可以在主页中显示，每个文件的右侧都有一个 ⦂ 图标❶，点击需要以PDF格式分享的文件右侧的 ⦂ 图标，屏幕底部会展开一个列表，选择"以PDF格式共

享"选项❷，此时该文件会进入准备状态❸，稍作等待后屏幕中会出现分享方式选项，用户在此处可根据需要选择分享方式，此处以分享给微信好友为例，点击"发送给朋友"图标❹，进入微信传输界面选择好友并点击

"分享"按钮即可将所选文件以PDF格式分享❺。手机收到PDF格式的文件后便可以在手机端查看❻，也可以在计算机上登录微信查看。

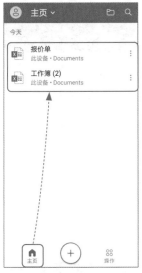

❶ 在主页中找到要分享的文件

❷ 以PDF格式共享

❸ 文件转换中

❹ 选择分享对象

❺ 分享PDF文件

❻ 手机中查看PDF文件

心得体会

随手一拍图像转Word

前面的内容介绍了利用手机Microsoft Office可以将图像上的表格提取到Excel中，那么上课时老师的板书、纸张上的文字、照片中的内容能不能转换成Word文档呢？答案是肯定的，使用前面提到过的Lens功能即可轻松实现。

Lens 适合从白板、菜单、符号、手写备忘录或任何具有大量文本信息的位置捕获笔记和信息，同时它也可以捕获草图、绘图、公式甚至无文本图片的信息。Lens能消除阴影和怪异角度，使图像更易于阅读。

转换的过程也十分简

单，打开手机Microsoft Office，点击屏幕底部的图标，弹出三个图标，单击中间的Lens图标❶，启动照相机功能，在屏幕底部选择拍摄的对象类型，屏幕中会自动识别要拍摄的区域，若拍摄的环境比较复杂，自动识别有误差，可点

击屏幕中要拍摄的部分，帮助选择拍摄区域❷。拍摄完成后可点击屏幕左下角的"添加新"图标，继续拍摄图像，若不再添加图像，点击"文件类型"图标，选择将文件类型设置为Word。屏幕顶端有一排图标，通过这些图标可对图像进行处

理，以便更准确地提取图像中的文本❸。最后点击"完成"按钮即可开始转换❹。转换完成后图像中的文本被自动提取到Word中❺。点击屏幕下方的图标可在"页面视图"与"移动设备视图"间切换❻。

心得体会

❶ 使用Lens功能

❷ 拍摄对象

❸ 选择转换类型

❹ 开始转换

❺ 完成转换在Word中打开

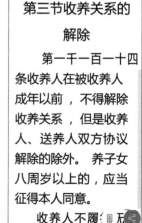

❻ 切换到移动设备视图

Article 006 Word/Excel/PPT随手创建

作为装机必备工具之一，移动Microsoft Office最重要的组成仍然是Word、Excel和PPT三大组件。这三个组件被整合到一个应用中，减小App体积的同时又保留了它们全部的功能，甚至还新增了很多提升工作效率的新功能。无论是复杂的排版、图表、Excel公式、SmartArt还是PPT的切换动画效果等都能完美呈现。下面将介绍如何使用手机Microsoft Office创建Word、Excel以及PPT。

打开手机Microsoft Office，在主界面底部点击 ⊕ 按钮，在弹出的三个图标中点击"文档"图标❶，打开文档创建页面，在该界面中直观地展示了Word、Excel以及PPT的创建按钮，大家可以创建空白文件，也可以选择从模板中创建❷。例如要创建空白Excel工作簿，则点击"空白工作簿"图标，系统随即会创建一个空白工作簿❸。若要根据模板创建，则在相应分组下点击"从模板创建"图标。随后从展开的模板列表中选择一款模板即可创建基于该模板的文件❹。

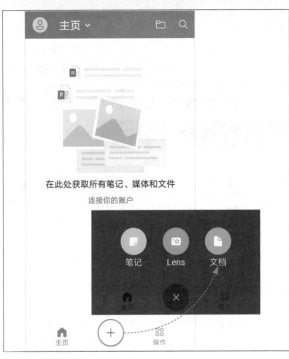

❶ 点击"文档"图标

❷ 选择需要创建的文件类型

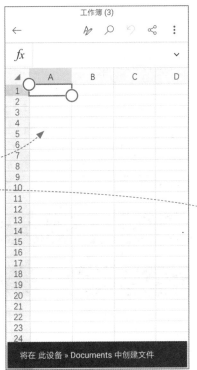

❸ 创建空白工作簿

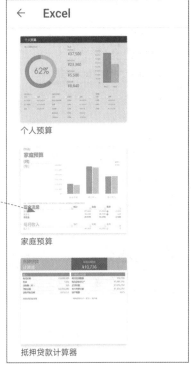

❹ 选择Excel模板

手机Excel长时间不用忘记密码怎么办

除了集合三大办公组件（Word、Excel、PPT）的手机Microsoft Office之外，用户也可以单独下载手机版Word、Excel或PPT。在手机应用市场中搜索到软件后即可进行下载和安装，安装成功后即可使用。这里将重点解决一下曾经安装过手机Excel（手机Word、PPT同理），但是长时间没有使用忘记了密码，重新下载安装后无法登录的问题。

卸载手机Excel重新安装后再次打开，选择好软件版本❶，先输入账号，点击"下一步"按钮❷，进入输入密码界面。此时若不记得密码，将无法登录，这时候可以选择密码重设，这里点击"忘记了密码？"❸。

❶ 选择个人版

❷ 输入账号

❸ 选择"忘记了密码？"

进入身份验证界面，点击"获取代码"按钮，Microsoft将向注册账号时绑定的手机中发送验证码❹。手机收到验证码后将验证码输入验证界面，点击"下一步"按钮❺。接下来便可以重新设置密码，设置密码时应注意，密码不能少于8个字符，最好是数字和字母混合。设置好后点击"下一步"按钮❻。

密码更改完成后点击"登录"按钮❼，接下来根据屏幕中的提示再次输入账号和新密码即可打开Excel。在登录Excel后可以在个人账户中执行添加账户、注销当前账户❽、版本升级、隐私设置等操作❾。

❹ 获取验证码

❺ 输入验证码

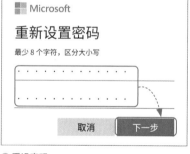

❻ 重设密码

❼ 重新登录

❽ 注销或添加账户

❾ 进行其他账户设置

Article 008 第一时间查看并保存重要文件

只要在手机上安装了Office办公软件，当有人向你的手机发送文件时，即使不在办公室或身边没有计算机也可以第一时间查看和处理接收到的文件，文件的类型包括Word、Excel、PPT、PDF、图片等。

点击接收到的文件，默认情况下文件会在手机浏览器中打开，此时只能查看文件内容，不能对文件进行编辑。这时候用户可以使用手机Office打开接收到的文件并进行编辑。

点击屏幕右上角的…按钮，从屏幕底部展开的列表中选择"其他应用打开"选项❶。在随后弹出的界面中选择相应的应用打开文件，此处选择Microsoft Office选项，接下来点击"总是"按钮或"仅一次"按钮，若点击"总是"按钮，以后手机中接收到的办公文档会默认使用当前所选应用打开❷。这里点击"总是"按钮，文件随即在手机Microsoft Office中打开，用两根手指在屏幕上滑动可调整显示比例❸。

此时的文件为"只读"模式，无法将修改过的内容直接保存到当前文件，所以应该对文件执行保存操作，点击文件顶端的图图标，进入"保存副本"页面，选择好保存位置和文件名称，点击"保存"按钮❹。文件随即被保存到手机中，此时，文件名称后面显示的后缀为"已保存"❺。

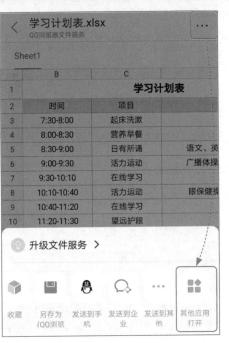

❶ 选择"其他应用打开"

❷ 选择Microsoft Office打开

❸ 调整显示比例

❹ 保存到手机

❺ 文件已保存

将文件保存成打印模式

现在越来越多的人使用手机Office编辑和处理办公文档，有时候急需将文件打印出来但是身边没有计算机来设置文件的打印参数，例如打印范围、纸张大小、纸张方向、缩放打印等。这时候可以使用手机Office设置这些参数并生成可供打印的文件，下面了解一下具体的设置方法。

在手机Microsoft Office中打开需要设置打印参数的文件，点击右上角的⋮图标❶，屏幕底部展开一个列表，从中选择"打印"选项❷，打开"打印选项"页面，在此设置"打印内容""缩放""纸张大小""方向"等参数，然后点击"打印"按钮❸。

❶ 打开文件

❷ 选择"打印"

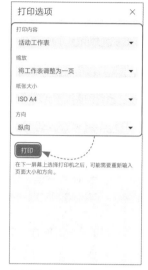

❸ 设置打印参数

稍作等待后软件将调整好参数的打印文件显示在屏幕中，点击文件右上角的⊟图标❹，进入"下载内容"页面，选择好文件的保存位置，点击"保存"按钮即可将设置好打印效果的文件以PDF格式保存到手机中❺。

保存成功后在手机文档中能够找到之前保存的文件，点击该文件，可重新在手机Office中打开❻。

❹ 文件预览页面

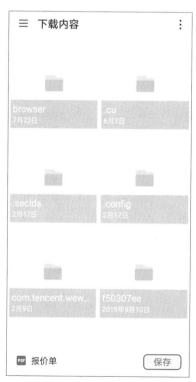

❺ 保存文件

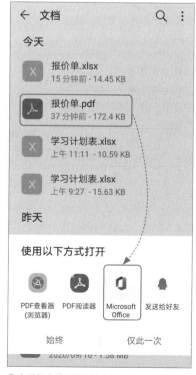

❻ 在手机中找到保存的文件

Article 010 手机也能连接打印机完成打印

前面介绍了如何在手机中设置文件的打印效果，打印效果设置好后必须将文件发送到计算机中才能打印吗？能不能直接通过手机连接打印机打印文件呢？答案是肯定的。只需使用手机Microsoft Office添加打印机IP地址，即可直接通过手机打印。（注意：能和手机连接的打印机需要支持Wi-Fi或蓝牙等无线打印功能，并且无线路由器的Wi-Fi功能必须处于打开状态。）

可以在设置好文件的打印参数后直接打印，也可以打开保存在手机中的PDF文件直接进行打印。（参考Article 009的内容进入文件预览页面）在文件预览页面点击屏幕顶部的"保存为PDF"下拉按钮，此时会展开两个选项，这里选择"所有打印机"选项①。

接下来软件会自动搜索附近的打印机，若搜索到，直接添加该打印机打印文件即可。当然大家也可以手动添加打印机，点击屏幕底部的"添加打印机"②。

进入"添加打印机"页面，点击"默认打印服务"选项，进入"手动添加的打

印机"页面，点击屏幕右上角的⊞图标，屏幕中间出现"根据IP地址添加打印机"区域，在该区域中手动输入打印机的IP地址，点击"添加"按钮即可添加该打印机③。最后选择好打印机即可打印文件。

❶ 选择"所有打印机"

❷ 选择"添加打印机"

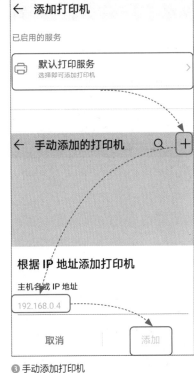

❸ 手动添加打印机

心得体会

手机Office自动完成想要的操作

很多新手在开始使用 Microsoft Office时，由于不熟悉软件的操作，经常会发生找不到某项功能的情况，这时候，可以使用手机Microsoft Office的一项特色功能自动完成想要的操作。这个功能就是"告诉我你想做什么"，该功能是手机Microsoft Office推出的新功能，当用户找不到需要的功能时可以直接在这里查找。

使用手机Microsoft Office打开一份Excel表格，选中包含"单价"和"金额"的单元格区域，此时屏幕底部会自动展开一个菜单，在菜单的右侧有一个灯泡形状的图标❶。点击该图标，屏幕下方会展开一个列表，列表的最底部有一个文本框，可以把想要执行的操作输进去❷。例如输入"货币"，此时列表中会显示出和"货币"相关的功能❸。点击需要使用的功能选项，展开该功能中的所有选项，可以选择一款需要使用的货币格式❹。表格中所选区域内的所有数字随即自动应用该货币格式❺。

❶ 选中单元格区域

❷ 找到"告诉我您想要做什么"

❸ 输入关键字

❹ 选择要使用的功能

❺ 自动应用格式

Article 012　手机Excel的选项卡在哪里

使用过PC版Office软件的人都知道，无论是Word、Excel还是PPT，它们的功能按钮和操作选项大部分都存储在选项卡中。以Excel为例，默认情况下功能区中显示"开始""插入""页面布局""公式""审阅""视图"选项卡。每个选项卡中又将各种功能按照类别进行了分组①。例如，"开始"选项卡中将所有用于设置字体样式的命令按钮集合在了"字体"分组中。这样井然有序的分类有利于用户快速选择想要使用的功能。

那么在手机版Office中有没有和PC版Office类似的选项卡呢？下面打开手机版Microsoft Office来看一下。

① Excel选项卡

在手机版Microsoft Office中打开一份Excel文件，在屏幕左下角可以看到一个 ▢ 图标②，点击该图标，屏幕底部会显示一行菜单，点击最右侧的 ▲ 图标，展开菜单。此时菜单中显示的便是"开始"选项卡③。点击该菜单中的"开始"按钮，即可显示出所有选项卡。手机版Microsoft Office中的Excel软件共包含"开始""插入""绘图""公式""数据""审阅""视图"7个选项卡④。

在"开始"选项卡中可进行边框、填充颜色、字体颜色、对齐方式、单元格样式等操作；"插入"选项卡中可进行插入表格、图片、形状、文本框等操作⑤；"绘图"选项卡中的选项可进行不同笔触的线条以及形状绘制⑥；利用"公式"选项卡中的选项可插入各种函数、执行常用的自动计算等⑦。

至于其他选项卡中还包含哪些选项和命令，可以在使用的过程中进行发现并应用。

② 单击右下角按钮

③ 打开"开始"选项卡

④ 展开所有选项卡

⑤ "插入"选项卡

⑥ "绘图"选项卡

⑦ "公式"选项卡

数据统计不麻烦

在人们以往的印象中，要想在手机版Excel中完成求和、计数、求最大值或最小值等计算是很麻烦的事情，其实，只要了解了操作方法，你就会发现手机版Excel也很好用，一点也不比PC版Excel差。手机版Office的Excel中具备和PC版Excel一样的自动计算功能。

在手机版Microsoft Office中打开Excel文件，选中C27单元格。展开屏幕底部菜单，选择"公式"选项卡，选择"自动求和"选项❶，在自动求和列表中包含了"求和""平均值""计数""最大值""最小值"5个计算选项，这里选择"求

和"选项❷。

所选单元格中会自动输入公式，对单元格上方的所有数值进行求和，此时表格

右上角有⊠和✓两个图标，单击⊠图标可清除单元格中的公式，单击✓图标则可确认公式的输入，返回公式的计

算结果。这里点击✓图标，确认输入❸。

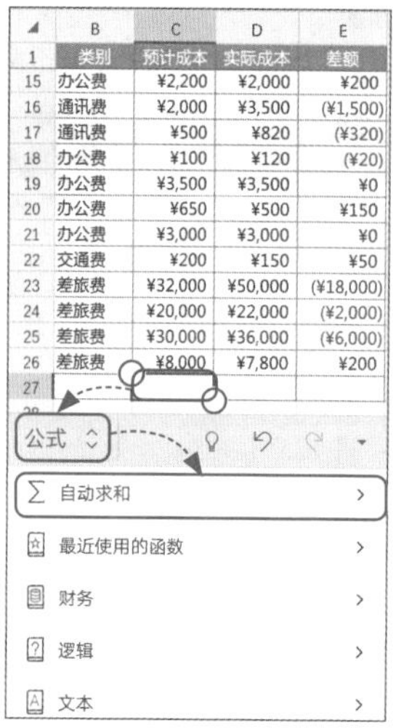

❶ 打开"公式"选项卡

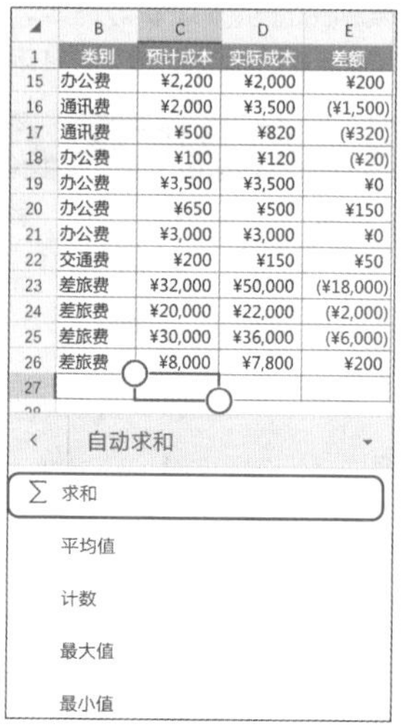

❷ 选择"求和"

❸ 自动输入求和公式

点击包含公式的单元格，单元格上方显示出一行选项，选择"填充"选项❹。单元格进入填充状态，按住单元格右下角的绿色小方块，向右侧拖动❺。拖动到E27单元格时松开手指，此时拖动过的单元格中被自动填充了求和公式，并显示出计算结果❻。

❹ 选择"填充"

❺ 进入填充模式

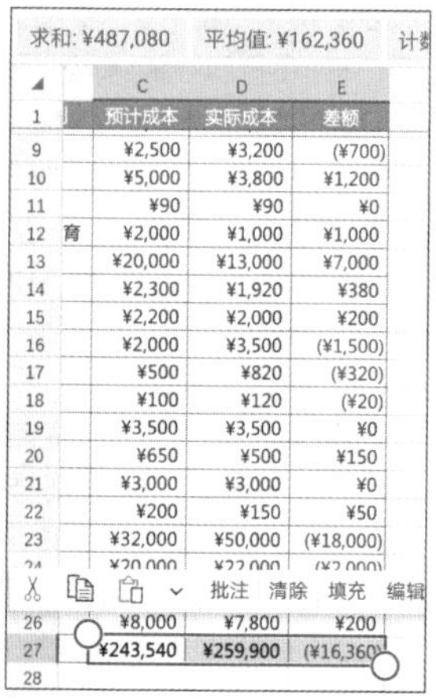

❻ 完成公式填充

心得体会

14

公式函数不在话下

除了简单的自动计算，手机版Excel还能够完成一些更复杂的计算，例如使用函数公式对数据进行计算。手机版Excel中包含的函数类型十分丰富，了解一下如何在手机版Excel中插入函数并编辑公式。

在使用手机版Microsoft Office中打开Excel文件，选中C2单元格，通过屏幕底部菜单打开"公式"选项卡，选择"逻辑"选项❶。在接下来展开的逻辑函数列表中选择IF函数❷。所选单元格中自动输入IF函数❸。

❶ 选择"逻辑"选项

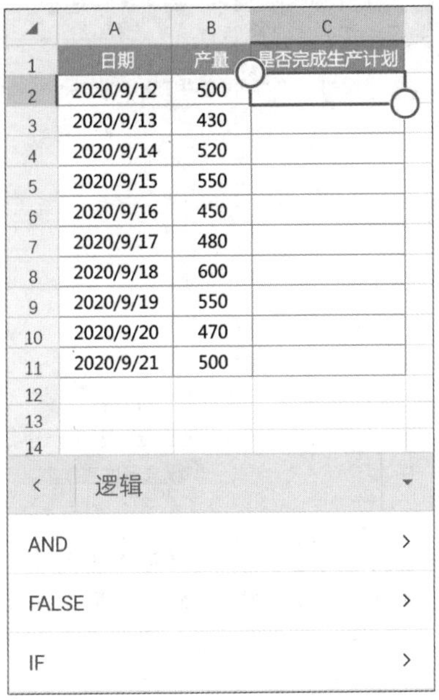

❷ 选择IF函数

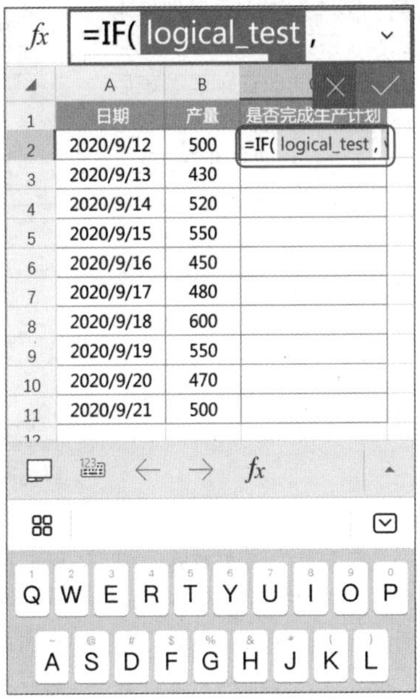

❸ 自动输入函数

在单元格中设置好IF函数的每一个参数，完成公式的编辑，点击表格右上角的■按钮，返回公式的计算结果❹。点击包含公式的单元格，在弹出的选项中选择"填充"❺，接下来向下方填充公式，完成计算❻。

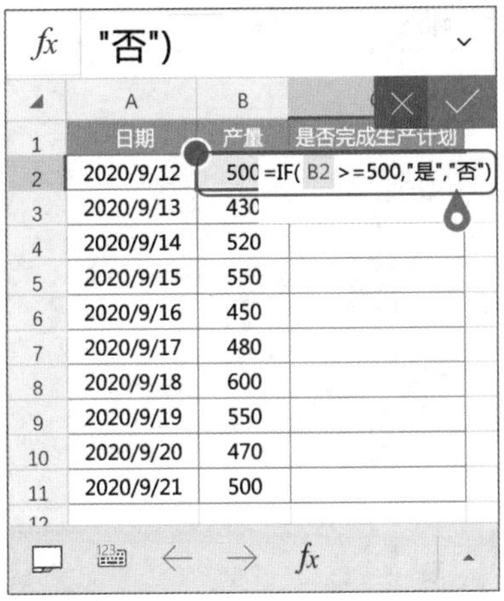

❹ 完成公式

❺ 选择"填充"

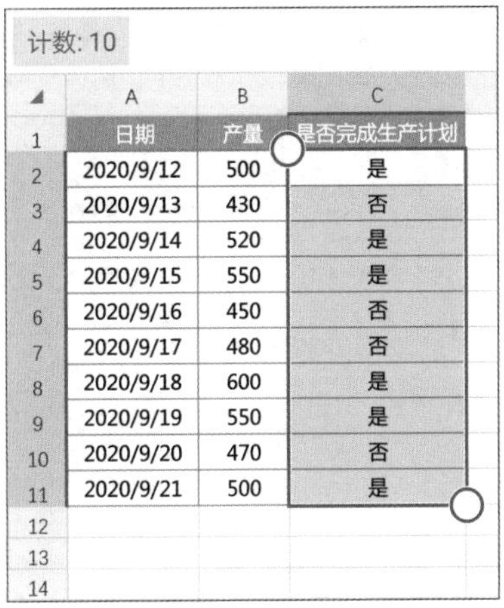

❻ 完成公式填充

15

小小窗口也能创建图表

手机版Microsoft Office 虽然是一款手机办公软件，但是"麻雀虽小，五脏俱全"，PC版Office具备的功能手机版Office基本都具备，就连创建图表这种高级操作，在手机版Office中也可以轻松完成。在创建图表后还可以对图表元素、图表布局、颜色、样式等进行设置。

在手机版Microsoft Office中打开Excel文件，选中用于创建图表的数据区域，在屏幕底部菜单中打开"插入"选项卡，选择"图

表"选项①。打开"图表"列表，从中选择需要的图表

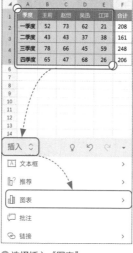

① 选择插入"图表"

类型，此处选择"柱形图"②。列表中随即显示出

② 选择图表类型

所有柱形图样式，在满意的图表样式上方点击③。

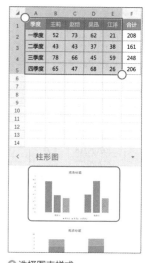

③ 选择图表样式

工作表中随即被插入相应类型的图表，如果刚创建出的图表比较大，在手机中可能无法完整显示，这时候

可以按住图表四周的圆形控制点进行拖动，从而改变图表的大小，让图表能够在手机屏幕中完整显示④。从屏

幕底部的列表中选择"切换"选项，可切换坐标轴上的数据⑤。最后点击图表的标题，将光标定位在

图表标题中，输入新的标题名称⑥。

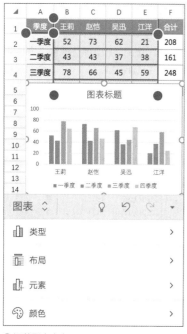

④ 调整图表大小

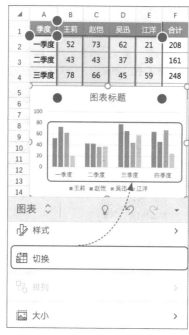

⑤ 切换坐标轴

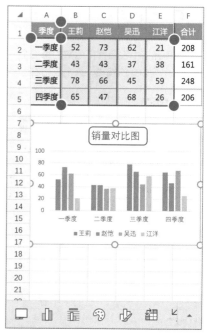

⑥ 设置图表标题

Article 016 给你的PDF文件签个名

合同、报价单之类的文件有时候需要手写签名，但是电子版的合同或报价单在发送给客户时如果需要手写签名该怎么办？可能很多人都还不知道，手机版Microsoft Office就有给PDF文件签字的功能。下面了解一下。

在将文件转换成PDF格式之前为了保证打印效果可以先设置文件的打印参数。参照Article 010介绍的方法进入打印设置界面，将文件缩放效果设置成"将工作表调整为一页"，纸张大小设置成ISO A4，接着点击"打印"按钮❶，将设置好打印效果的文件保存到手机中。

随后在手机文件中找到刚才保存的PDF文件，使用手机版Microsoft Office打开，此时，手机版Microsoft Office的主页中会显示打开过的文件❷，接下来点击屏幕底部的"操作"图标。在打开的页面中选择"给PDF签名"选项❸。选择好需要签名的PDF文件❹。

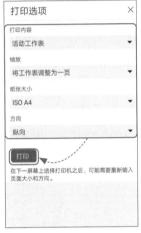

❶ 设置打印效果

❷ 打开保存的PDF文件

❸ 选择"给PDF签名"

❹ 选择文件

此时屏幕中会显示PDF文件内容，根据提示在要签名的位置点击❺。进入签名模式，手机自动切换成横屏，在屏幕中间的空白位置签名，点击•••图标中的不同颜色可切换字体颜色，若对签名不满意可以点击屏幕右下角的🗑按钮删除签名重新进行签名。签名完成后点击屏幕右上角的✓按钮，签名即可出现在PDF文件中❻，调整一下签名的大小和位置，

点击文件左上角的✓按钮完成PDF文件的签名。

最后点击屏幕右下角的❸按钮，可将签名的PDF文件以需要的方式分享给其他人❼。

❺ 点击要签名的位置

❻ 完成签名

❼ 分享文件

第二篇

报表格式设计篇

世界上第一套电子表格软件的诞生和消失

很少有人知道，其实世界上第一套商业化电子表格软件并不是Microsoft（微软公司）研发的，而是1979年由美国青年丹·布里克林（Dan Bricklin）发明的，它就是举世闻名的VisiCalc❶。

VisiCalc是Visible Calculator 的缩写，意为"看得见的计算"。其软件大小不超过2752KB。在那个时代，尽管已经有了一些数据计算程序，不过均应用于一些企业的大型计算机上，这些程序执行顺序操作，在数据发生变化时必须重新计算，还没有任何一款面向个人用户的商业化电子表格软件问世。丹·布里克林看到了机会，找到了好友兼专业程序员鲍伯·弗兰克斯顿（Bob Frankston）。两人合作在Apple II计算机上编写出一个程序来简化数据计算，特别是在某些数据出错后不得不重新计算的情况下，他们编写的程序在很大程度上简化了计算过程，并且可以实时查看并修改参与计算的各个数据。1979年，两人开发出VisiCalc第一个版本。1979年10月，VisiCalc上市，定价100美元，软件一经推出立刻引来

大量围观，很快，VisiCalc成为最畅销的软件，到1983年，销量已达每月3万份。它成了大小公司企业的必备办公用品。商业化的头几年，VisiCalc由于仅适用于Apple II，从而一度帮助Apple增加

了销售额。VisiCalc大卖的时代，布里克林的最大损失就是他没有为自己的电子表格申请专利。在1979年时，软件还只有版权，无法申请专利。直到1981年5月26日，程序员S. Pal才为自己的

SwiftAnswer申请到世界上第一个软件专利。对布里克林来说，为时已晚。相继有软件公司推出了自家的电子表格软件，VisiCalc也逐渐淡出了市场。

❶图片来自TED演讲集：数据有人性吗？丹·布里克林：与电子表格的发明人见个面

Article 018 利于分析的数字格式

制表过程中数字格式的设置对报表的处理和分析有着非常重要的作用。另外，规范的格式还能使表格看起来更整洁利落。首先，对比一下图❶和图❷中的表格数据，从表面上看，这两张表中的数据似乎都没什么问题，但是从数据分析的角度来看，图❶表格中的日期格式其实"中看不中用"，因为Excel无法识别这种格式的日期。当使用常规的公式计算两个日期的间隔天数时，是无法返回正确结果的。

能够被Excel识别的日期格式分为短日期和长日期两种，其中短日期以斜线"/"作为日期间的连接符，在手动输入日期的时候，大家可使用"/"或者"-"符号来连接日期，例如"2019/1/1"或"2019-1-1"，它们最终都会以"2019/1/1"的形式来显示。而长日期以"年""月""日"这三个字符作为日期之间的连接符，例如"2019年1月1日"。标准的日期格式不仅能让日期保持统一的样式，更重要的是方便进行排序、筛选、分类汇总、等数据分析。

通过"设置单元格格式"对话框可对标准日期类型进行修改❸。按Ctrl+1组合键能够打开"设置单元格格式"对话框。

对于已输入的不规范日期，是无法通过"设置单元格格式"对话框更改日期类型的，此时，可使用"分列"功能将不规范的日期转换成标准日期格式。操作方法为：在"数据"选项卡中单击"分列"按钮，选中不规范的日期区域后打开"文本分列向导"对话框，保持前2步对话框中的选项为默认状态，依次单击"下一步"按钮，进入第3步对话框，在该对话框中选择"日期"单选按钮，随后选择好"目标区域"❹，单击"完成"按钮后，目标区域中即可转换成标准格式的日期。

在图❶表中代表金额的数字也体现不出其数字类型。可以将其设置成货币形式。

设置货币格式可在"设置单元格格式"对话框中进行。或者在"开始"选项卡的"数字"组中的"数字格式"下拉列表中设置。选中G3:H10单元格区域，打开"开始"选项卡的"数字"组中的"数字格式"下拉按钮，在下拉列表中选择"货币"选项❺，就可以将所选区域内的数字设置成"货币"形式。

	员工编号	员工姓名	所属部门	医疗报销种类	报销日期	医疗费用	报销金额
	001	薛洋	采购部	生育费	2018.4.1	2200	1650
	002	宋岚	财务部	药品费	2018.4.7	2000	1500
	003	长庚	客服部	理疗费	2018.4.10	800	600
	004	顾昀	销售部	体检费	2018.4.15	450	337.5
	005	君书影	研发部	针灸费	2018.4.20	300	225
	006	楚星扬	销售部	注射费	2018.4.26	2100	1575
	007	晓星尘	行政部	体检费	2018.4.29	600	450
	008	南风	网络部	药品费	2018.4.30	900	675

❶ 不规范的数字日期格式

	员工编号	员工姓名	所属部门	医疗报销种类	报销日期	医疗费用	报销金额
	001	薛洋	采购部	生育费	2018/4/1	¥2,200.00	¥1,650.00
	002	宋岚	财务部	药品费	2018/4/7	¥2,000.00	¥1,500.00
	003	长庚	客服部	理疗费	2018/4/10	¥800.00	¥600.00
	004	顾昀	销售部	体检费	2018/4/15	¥450.00	¥337.50
	005	君书影	研发部	针灸费	2018/4/20	¥300.00	¥225.00
	006	楚星扬	销售部	注射费	2018/4/26	¥2,100.00	¥1,575.00
	007	晓星尘	行政部	体检费	2018/4/29	¥450.00	¥450.00
	008	南风	网络部	药品费	2018/4/30	¥900.00	¥675.00

❷ 修改成利于数据分析的格式

❸ 查看日期类型

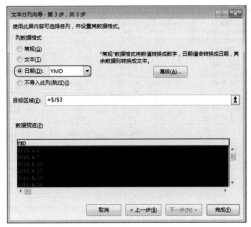

❹ 转换成标准日期格式

❺ 设置货币格式

利于阅读的对齐方式

一般情况下，制作表格时，需要对表格中的数据进行一系列设置，其中包括设置数据的对齐方式。如果文本或数字的位置参差不齐，有可能会对阅读造成障碍。居中对齐是较为常用的对齐方式，但不是所有的数据类型都适合居中对齐，如图❶所示，当数字居中对齐时很难辨识位数。我们应该根据阅读习惯设置数据的对齐方式。文本的阅读方向是从左至右。而数字是按个、十、百、千、万……的顺序读取的，所以数字的阅读方向是从右至左。

在为文本或数字设置对齐方式时应注意阅读方向，沿起点对齐，也就是文本靠左对齐，数字靠右对齐。

文本靠左对齐、数字靠右对齐是数据对齐的基本原则，但在遵守原则的同时也应考虑表格的实际结构，例如，数字列的标题往往是文字，这个时候如果完全参照文本左对齐、数字右对齐的原则，那么，表格中反而会有一部分看起来不协调，项目标题和数字的位置会产生偏差，从而让标题和其对应的数字产生偏离，不利于数字的读取，如图❷所示。所以为了让表格整体看上去更合理，应该将数字列的文本标题也设置成右对齐❸。

设置对齐方式可以在"开始"选项卡中的"对齐方式"组内完成。通过单击不同的对齐方式按钮，便可将所选单元格中的内容设置成相应的对齐方式❹。除此之外也可以通过"设置单元格格式"对话框设置对齐方式❺。

❷ 所有文本标题左对齐

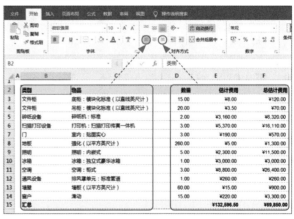

❸ 文本标题配合数字右对齐

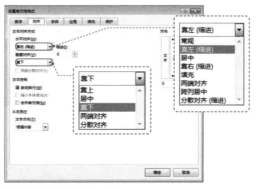

❹ 使用功能按钮设置对齐方式

❶ 所有内容居中对齐

心得体会

❺ 使用对话框设置对齐方式

Article 020 利于展示的字体格式

在一些体系比较完善的公司，往往会有一套字体格式规定。如果Excel默认的字体格式与公司规定的字体格式不同，那么每次做表都要修改格式，频繁地重复操作很麻烦。其实只要进行一次设置就可以将公司规定的字体格式设置成默认格式。设置默认字体格式很简单，在"文件"菜单中选择"选项"选项，打开"Excel选项"对话框，从中找到"使用此字体作为默认字体"以及"字号"选项，便可按照公司的规定来设置字体和字号❶。除了对字体格式有严格规定的公司，大多数公司

对字体格式并没有严格要求，大家只要保证在正确的格式下所使用的字体是利于数据读取的就可以。建议中文字体用系统默认的"等线"，数字用Arial。因为这两种字体的粗细一致，更容易阅读❷。

而字体的大小可以保持默认的11号。在这里需要强

调一点，表格应该尽量避免出现字号不统一的情况，因为字体有大有小很难维持整张表格的协调性。如果想要强调某部分可以使用不同的颜色或者加粗显示，而不是刻意放大字体。

字体和字号均可以在"开始"选项卡的"字体"组中设置❸。

❶ 设置默认字体格式

设置默认字号　设置默认字体

设置字体　　设置字号

❸ 设置字体字号

A	B	C	D	E	F	G	H	I
	姓名	部门	工作能力	责任感	积极性	协调性	总分	
	王富	网络部	75	88	98	81	342	
	王卓	销售部	84	95	75	82	336	
	刘凯	行政部	96	67	84	91	338	
	林然	财务部	81	84	86	96	347	
	袁君	研发部	75	89	82	74	320	
	海棠	行政部	72	74	79	66	291	
	谢飞	研发部	45	72	74	68	259	
	王权	网络部	68	79	71	63	281	
	赵默	研发部	86	86	68	78	318	
	于朝	销售部	98	91	88	74	351	

❷ 文本使用等线字体，数字使用Arial字体

Article 021 不从A1单元格开始

使用Excel制作表格时，多数人习惯从工作表左上角的A1单元格开始❶，而实际上，从A1单元格开始制表有一个很大的弊端，那就

是表格无法显示上方和左侧的边框线，从而使表格看起来不太完整。所以，若想保持表格在视觉上的完整性，应该从B2单元格开始制作表

格❷。如果从B2单元格开始，上面空一行，左边空一列。这样不但能够看见上方的框线，也能够很清楚地掌握表格的范围。此外，把

左边空出一列，也可以确认是不是有多余的直线，并且整个表格看起来更加美观大方。

A	B	C	D	E	F	G
	姓名	性别	年龄	文化程度	毕业院校	毕业时间
	李昱喆	男	26	本科	复旦大学	2015年6月
	马浩洋	男	26	本科	浙江大学	2015年6月
	马硕言	男	29	硕士	清华大学	2018年6月
	郭栗昊	男	27	本科	南京大学	2015年6月
	李元行	男	29	硕士	北京大学	2018年6月
	徐子辰	男	30	硕士	武汉大学	2018年6月
	任嘉娴	男	26	本科	吉林大学	2015年6月
	朱思栋	男	25	本科	四川大学	2015年6月
	李怡霏	女	29	硕士	南开大学	2018年6月
	陈奕锡	男	25	本科	天津大学	2015年6月

❶ 从A1单元格开始

A	B	C	D	E	F
姓名	性别	年龄	文化程度	毕业院校	毕业时间
李昱喆	男	26	本科	复旦大学	2015年6月
马浩洋	男	26	本科	浙江大学	2015年6月
马硕言	男	29	硕士	清华大学	2018年6月
郭栗昊	男	27	本科	南京大学	2015年6月
李元行	男	29	硕士	北京大学	2018年6月
徐子辰	男	30	硕士	武汉大学	2018年6月
任嘉娴	男	26	本科	吉林大学	2015年6月
朱思栋	男	25	本科	四川大学	2015年6月
李怡霏	女	29	硕士	南开大学	2018年6月
陈奕锡	男	25	本科	天津大学	2015年6月

❷ 从B2单元格开始

自定义单元格格式

在给表格设置单元格格式时，若发现Excel系统内置的格式无法满足要求，可以自定义单元格格式。下面以表格❶为原始案例，进行如下设置：①在年龄之后统一添加"岁"字；②将电话号码分段显示；③隐藏年收入中的具体数值。具体效果可参照表❷。

想要在年龄后面统一加上"岁"字，该怎么操作呢？一个个输入显然是不可取的，那么使用"自定义"功能是否可以实现呢？答案是肯定的。首先需要选中"年龄"列中所有单元格，然后按Ctrl+1组合键打开"设置单元格格式"对话框，在"数字"选项卡的"分类"组中选择"自定义"选项，然后在右侧的"类型"文本框中输入"00"岁""❸，最后单击"确定"按钮，即可看到年龄后面统一加上了"岁"字。

接下来为"电话号码"设置分段。选中所有包含电话号码的单元格，打开"设置单元格格式"对话框，在"数字"选项卡中选中"自定义"选项，然后在"类型"文本框中输入000 0000 0000，最后单击"确认"按钮。可以看到"电话号码"列按照设置的格式分段显示了。接着选中"年收入"单元格区域，再次打开"设置单元格格式"对话框，在"自定义"选项的"类型"文本框中输入"保密"，然后单击"确认"按钮即可。这时可以看到年收入列中的数字被"保密"替代了❹。

需要说明的是，年收入的金额并没有变成"保密"文本，如果想要查看年收入，只需要选中单元格，在"编辑栏"中就会显示出数字金额。

其实自定义单元格格式并不难，只要理解了自定义数字格式的规则原理，就能在丰富的内置分类基础上改造出目标格式，让单元格中的内容随着自己的心意而显示。

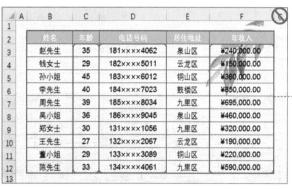

❶ 未设置格式的表格

❷ 自定义格式的表格

❸ 自定义年龄格式

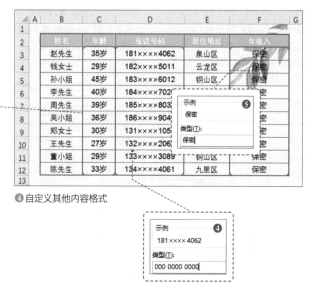

❹ 自定义其他内容格式

名称框的神奇作用

名称框位于工作区的左上角，看上去很不起眼，但是不要小瞧它。

当选中一个单元格后名称框中会显示该单元格的名称，这是名称框最常见的作用。除此之外，名称框还能快速定位单元格，为单元格区域命名等。

Technique 01

定位单元格

名称框❶可以帮助用户快速定位指定的单元格位置，工作表常用区域内的单元格像A1、A2、B1、B2这些单元格并不需要使用名称框来定位。但是，若要快速定位W20000单元格，拖动滚动条来寻找W20000单元格绝对不是明智之举。这时候只要在名称框中输入W20000然后按下Enter键，便能立刻定位到W20000单元格❷。

Technique 02

定位单元格区域

单元格区域包括连续的单元格区域、不连续的单元格区域、连续的行和连续的列。

在名称框中输入两个单元格的名称，并以"："符号作为这两个单元格名称的连接符❸。按Enter键后便可选中以这两个单元格作为对角线的单元格区域。

在名称框中以"，"符号连接两个不连续的单元格区域❹，按Enter键后会同时选中这些不连续的单元格区域。

用"："符号连接两个行号❺，按Enter键后会选中包括这两个行在内的之间的所有行。连续列的选择方法和连续行的选择方法相同，在名称框中输入连续列标，并用"："连接❻，按Enter键后便可选中相应的连续列。

❶ 名称框

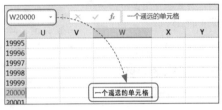

❷ 定位单元格

C2 : F10	▾

❸ 定位单元格区域

B3 : B5 , D2 : E8 , G4 : I10	▾

❹ 定位多个单元格区域

1000 : 2000	▾

❺ 定位连续的行

Q:W	▾

❻ 定位连续的列

Technique 03

创建"秘密空间"

利用名称框可以在工作表中创建一个别人不易察觉的"秘密空间"，存放一些秘密数据。既然是秘密空间，那么这个区域肯定要远离A1单元格。Excel 2016的一个工作表中共有1048576行，16384列，在名称框中定位的单元格区域不要超过这个范围。在名称框中输入ML10000：MP10010❼，按Enter键快速定位到该单元格区域，在名称框中输入"秘密空间"❽，再次按Enter键，选中的区域即可被命名为"秘密空间"。

以后每次使用该工作簿的时候，只要单击名称框右侧的下拉按钮，在下拉列表中即可查看到"秘密空间"这个名称❾，单击该名称，便能够快速定位到与名称对应的秘密空间区域。

ML10000 : MP10010	▾

❼ 定位单元格区域

❽ 名称框中输入"秘密空间"

E3	▾

❾ 查看"秘密空间"

最后给大家介绍如何统计工作表中的具体行列数。使用ROWS函数（计算某一个引用或数组的行数）和COLUMNS函数（计算某一引用或数组的列数）即可轻松统计。统计工作表行的公式为"= ROWS(A:A)"，统计工作表列的公式为"=COLUMNS (1:1)"。公式中引用的行和列可以是任意行和列。

自定义数字格式显神通

Excel中的数值形式多种多样。通过修改数字格式能让数值以不同的样式显示，例如修改日期"2018/10/20"为"二〇一八年十月二十日"这种格式是Excel内置好的。除了内置的数字格式类型，自定义格式是设置Excel数字格式的另一扇大门。开启自定义格式的大门，将会获得更多符合实际应用的格式。

Technique 01
日期格式随心变

选中日期所在单元格，按Ctrl+1组合键快速打开"设置单元格格式"对话框，从中输入格式代码便可将所选日期更改为想用的格式。图❶中展示的是2018/9/10在不同数字格式下的显示形式。通过观察格式代码可从中发现一些规律，在日期代码中，y是year的缩写，代表年；m是month的缩写，代表月；d是day的缩写，代表日，字母出现的次数决定了年、月、日的位数，例如4个y以4位数显示年，2个y则以2位数显示年。在表格的最后一行使用了h：m的数字格式，h代表小时；m代表分钟。

格式代码并不需要死记硬背，只要知道如何改造内置分类中的格式就能灵活创造出各种不同的格式。

初始日期格式	自定格式	自定义格式
2018/9/10	2018.09.10	yyyy.mm.dd
2018/9/10	2018-09-10	yyyy-mm-dd
2018/9/10	10-Sep-18	d-mmm-yy
2018/9/10	9月10日	m"月"d"日"
2018/9/10	2018年9月10日	yy"年"m"月"d"日"
2018/9/10	周一	[$-zh-CN]aaa
2018/9/10	星期一	[$-zh-CN]aaaa
2018/9/10	2018/9/10 0:00	yyyy/m/d h:mm

❶自定义格式代码

Technique 02
自动添加单位

从规范制表的角度来讲，数据不需要添加单位，因为添加单位不仅在输入时浪费时间，而且会为数据分析带来麻烦❷。若执意要添加单位又不想影响数据分析可通过自定义数字格式统一为数据添加单位❸。

本例中出现的数值均为整数，自定义代码可写作0"℃"❹，该代码表示在整数后面添加℃符号。文本型字符必须在英文双引号中输入才有效（也可不输入，系统会自动为文本添加英文双引号）。

若单元格中的值均为两位小数，批量为这些小数添加单位"元"的话，要修改自定义编码为0.00"元"。由此可推断出为其他位数的数字添加单位的编码方法，用户可尝试编写为三位小数的数字添加单位"千克"的自定代码。

0在自定义格式中表示单个占位符，一个0占一个数字的位。当小数位数不统一时，可改用"#"来编写自定义代码。0和"#"都是数字占位符，0表示强制显示，当单元格的值大于0的个数时，以实际数值显示，如果小于0

❷手动输入单位

❸自定义数字格式批量输入单位

的数量，则用0补齐❺。而"#"只显示有意义的0而不显示无意义的0❻。小数点之后的数字如大于"#"的数量，则按"#"的位数四舍五入。

（图❹ "数字 对齐 字体 边框 填充" 分类: 常规/数值/货币/会计专用/日期/时间/百分比/分数/科学记数/文本/特殊/自定义 示例: 9℃ 类型(T): 0"℃" h:mm AM/PM h:mm:ss AM/PM h:mm h:mm:ss h"时"mm"分" h"时"mm"分"ss"秒"）

❹自定义数字格式

类型(T):	类型(T):
0.0000"元"	0.####"元"
5.3500元	5.35元
10.1180元	10.118元
0.5999元	0.5999元
120.2000元	120.2元

❺用0编码　❻用"#"编码

Technique 03
电话号码分段显示

电话号码❼是重要信息。

联系电话	以空格分段	以横线分段
139×××0987	139×××0987	139-×××-0987
137×××7660	137×××7660	137-×××-7660
159×××1238	159×××1238	159-×××-1238
186×××4426	186×××4426	186-×××-4426
187×××5354	187×××5354	187-×××-5354
188×××4311	188×××4311	188-×××-4311

❼电话号码初始样式　　❽号码分段显示

在Excel中，为了提高电话号码的可读性，通常会对其进行分段显示❽，号码分段处可使用空格❾也可使用横线❿。这两种显示形式的自定义代码十分相似。只要在分段显示的位置添加不同的符号即可。

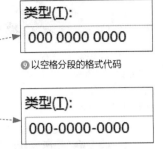

类型(T):

000 0000 0000

❾以空格分段的格式代码

类型(T):

000-0000-0000

❿以横线分段的格式代码

Technique 04
快速输入指定字符

在输入具有一定规律的数据时，为了提高输入速度，可使用简单的数字代替输入，用户要根据单元格内容，经过判断再设置格式。例如输入1，自动显示为"优秀"；输入2，显示为"良好"；输入其他任意内容，显示为"不合格"⓫。

在自定义类型代码时需

综合考评	输入	显示
98	1	优秀
99	1	优秀
75	2	良好
80	2	良好
50	任意字符	不合格
32	任意字符	不合格

⓫用数字代替指定字符

要使用"[ ]"符号，该符号是条件格式代码。可以将条件或者颜色（颜色代码也是一种条件）写入"[ ]"，从而实现自定义条件⓬。

条件格式化共有四个区

类型(T):

[=1]"优秀";[=2]"良好";"不合格"

⓬格式代码

段，只限于使用三个条件，其中两个条件是明确的，另一个是"其他"，第四个区段为文本格式⓭。

类型：区段1；区段2；区段3；区段4
区段1：[条件1]要返回的值
区段2：[条件2]要返回的值
区段3：不满足条件1、2要返回的值
区段4：文本格式

⓭区段说明

Technique 05
更改字符颜色

自定义格式还可以用指定的颜色显示字符。可供选择的颜色代码有[黑色]、[白色]、[蓝色]、[红色]、[黄色]、[绿色]、[洋红]，颜色的两边必须加上英文方括号。还可以直接用[颜色1]、[颜色2]等颜色代码，颜色数值范围为1～65。

默认情况下自定义格式的四个区段的条件是固定的，即"正数格式、负数格式、零值格式、文本格式"。用户可使用"[ ]"符号设置每个区段的条件。若编写自定义代码为[蓝色]、[红色]、[绿色]、[洋红]，那么显示结果为正数以蓝色显示，负数以红色显示，零以绿色显示，文本则以洋红显示❹。若设置条件，条件也应放在"[ ]"符号内❺。

类型	正常显示	自定义格式
正数	8	8
负数	-15	15
零	0	0
文本	Excel	Excel

类型(T):

[蓝色];[红色];[绿色];[洋红]

⓮设置颜色

正常显示	按条件自定义
500	高
100	低
0	0
800	高

类型(T):

[红色][> = 500]"高";[蓝色][>0]"低";[绿色]

⓯按条件设置颜色

27

Article 025 让0值消失或出现

有时会遇到表格中存在0值的情况❶，这些0值的存在会使整个表格看起来比较凌乱，而且影响阅读和计算。所以需要将0值去掉，不让其显示在工作表中。去除0值可以通过"Excel选项"对话框进行设置。即选择"文件"菜单中的"选项"选项，打开"Excel选项"对话框，在左侧列表中选择"高级"选项，然后在右侧的"此工作表的显示选项"区域中取消勾选"在具有零值的单元格中显示零"复选框，单击"确定"按钮后返回工作表中，这时可以看到，工作表中的0值没有了❷，整个工作表看起来简单了许多，迟到和早退次数看起来一目了然。

如果需要将0值显示出来，可以再次将"在具有零值的单元格中显示零"复选框勾选上，这样就可以在工作表中显示0值。

员工编号	姓名	性别	部门	上班打卡	下班打卡	迟到和早退次数
001	高长恭	男	行政部	8:21	17:40	0
002	卫玠	男	销售部	8:31	18:30	1
003	慕容冲	男	财务部	8:11	17:30	0
004	独孤信	男	研发部	9:10	19:00	1
005	宋玉	男	人事部	8:40	17:45	1
006	子都	男	宣传部	8:01	17:35	0
007	貂蝉	女	销售部	10:21	18:50	1
008	潘安	男	人事部	9:11	17:20	2
009	韩子高	男	研发部	8:15	18:46	0
010	嵇康	男	财务部	9:01	19:30	1
011	王世充	男	行政部	10:30	17:00	2
012	杨丽华	女	宣传部	8:28	18:20	0
013	王衍	男	人事部	8:24	16:40	1
014	李世民	男	销售部	9:30	17:30	1
015	武则天	女	研发部	8:12	19:10	0
016	李白	男	财务部	10:31	16:30	2
017	白居易	男	行政部	8:19	17:52	0

❶ 0值正常显示

员工编号	姓名	性别	部门	上班打卡	下班打卡	迟到和早退次数
001	高长恭	男	行政部	8:21	17:40	
002	卫玠	男	销售部	8:31	18:30	1
003	慕容冲	男	财务部	8:11	17:30	
004	独孤信	男	研发部	9:10	19:00	1
005	宋玉	男	人事部	8:40	17:45	1
006	子都	男	宣传部	8:01	17:35	
007	貂蝉	女	销售部	10:21	18:50	1
008	潘安	男	人事部	9:11	17:20	2
009	韩子高	男	研发部	8:15	18:46	
010	嵇康	男	财务部	9:01	19:30	1
011	王世充	男	行政部	10:30	17:00	2
012	杨丽华	女	宣传部	8:28	18:20	
013	王衍	男	人事部	8:24	16:40	1
014	李世民	男	销售部	9:30	17:30	1
015	武则天	女	研发部	8:12	19:10	
016	李白	男	财务部	10:31	16:30	2
017	白居易	男	行政部	8:19	17:52	

❷ 0值被隐藏

Article 026 给数字添彩

为了让表格中的数字更容易理解，可以利用色彩来强调数据的类型。但是，数据的颜色不能乱用，混乱的颜色只会使人眼花缭乱，给阅读造成障碍。所以如何在适当的范围内运用色彩，简单明确地标示出数据的类型很重要。

工作表中的数字可以分为三种类型，第一种类型是手动输入的数字，第二种是由公式计算得到的数字，第三种则是从其他工作表得来的数字。只要将这三类数字设置成不同的颜色就能够快速区分出该数字的类型。

给数字添彩可自定义一套颜色标准或者使用本书推荐的颜色标准。本书推荐的颜色标准如图❶所示。

设置字体颜色的方法很简单。以设置手动输入的数字为蓝色为例❷，首先选中手动输入的数字所在单元格区域，单击"开始"选项卡中的"字体颜色"下拉按钮，从列表中选择蓝色，所选数字即可被设置成蓝色❸。

类型	示例	颜色
手动输入的数字	150	蓝色
由公式计算得到的数字	=A1+B1	绿色
从其他工作表得到的数字	=Sheet3!A1	黑色

❶ 数字颜色标准

工号	部门	姓名	职位	销售金额	提成比例	销售提成	销售排名
SK001	销售部	韩磊	经理	¥420,000.00	2%	¥8,400.00	1
SK002	销售部	李梅	主管	¥59,000.00	2%	¥1,180.00	3
SK003	销售部	李琳	员工	¥4,000.00	1%	¥40.00	9
SK004	销售部	张亭	员工	¥1,200.00	1%	¥12.00	10
SK005	销售部	王潇	员工	¥50,000.00	2%	¥1,000.00	4
SK006	销售部	赵军	主管	¥160,000.00	2%	¥3,200.00	2
SK007	销售部	李瑶	员工	¥40,000.00	1%	¥400.00	5
SK008	销售部	白娉婷	员工	¥30,000.00	1%	¥300.00	7
SK009	销售部	葛瑶	员工	¥32,000.00	1%	¥320.00	6
SK010	销售部	陈清	员工	¥15,000.00	1%	¥150.00	8
SK011	销售部	童泽雨	员工	¥1,000.00	1%	¥10.00	11

❷ 所有数字使用一种颜色

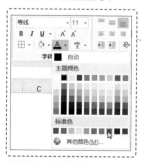

❸ 按数字类型设置颜色

工号	部门	姓名	职位	销售金额	提成比例	销售提成	销售排名
SK001	销售部	韩磊	经理	¥420,000.00	2%	¥8,400.00	1
SK002	销售部	李梅	主管	¥59,000.00	2%	¥1,180.00	3
SK003	销售部	李琳	员工	¥4,000.00	1%	¥40.00	9
SK004	销售部	张亭	员工	¥1,200.00	1%	¥12.00	10
SK005	销售部	王潇	员工	¥50,000.00	2%	¥1,000.00	4
SK006	销售部	赵军	主管	¥160,000.00	2%	¥3,200.00	2
SK007	销售部	李瑶	员工	¥40,000.00	1%	¥400.00	5
SK008	销售部	白娉婷	员工	¥30,000.00	1%	¥300.00	7
SK009	销售部	葛瑶	员工	¥32,000.00	1%	¥320.00	6
SK010	销售部	陈清	员工	¥15,000.00	1%	¥150.00	8
SK011	销售部	童泽雨	员工	¥1,000.00	1%	¥10.00	11

让表格看起来更舒服

制作表格时如果直接使用Excel默认的行高和列宽，由于行列之间的间隙过小，表格的最终效果往往不尽人意。如果单元格中的内容受到列宽限制，可能会导致单元格中的内容无法完整显示或者显示为"#"，从而造成表格内容显示不全❶。

因此，调整行高和列宽是制表过程中非常重要的一步❷。

例如表格行高可设成18磅，这样就能让文字的上下多出适当的空间。下面先设置行高，具体操作方法为在工作表左上角空白处单击，全选工作表❸，然后在工作

表上方右击，在弹出的快捷键菜单中选择"行高"选项❹。打开"行高"对话框，设置行高为18，单击"确定"按钮❺，即可完成行高设置。

列宽则需根据表格中的内容手动调整。将光标移动到需调整宽度的列的右侧，

当光标变成双向箭头时按住鼠标左键❻，拖动鼠标便可以根据需要调整该列的宽度。若同时选中多列，再拖动任意选中列的右侧列标线❼，那么所有选中的列，其宽度都会得到调整。

A	B	C	D	E	F	G
1						
2	姓名	性别	年龄	学历	毕业院校	毕业时间
3	李昱喆	男	26	本科	复旦大学	######
4	马浩洋	男	26	本科	浙江大学	######
5	马硕言	男	29	硕士	清华大学	######
6	郭栗昊	男	27	本科	南京大学	######
7	李元行	男	29	硕士	北京大学	######
8	徐子辰	男	30	本科	武汉大学	######
9	任嘉娴	男	26	本科	吉林大学	######
10	朱思栋	男	25	本科	四川大学	######
11	李怡霏	女	29	硕士	南开大学	######
12	陈奕锡	男	25	本科	天津大学	######
13						

❶ 默认行高和列宽

A	B	C	D	E	F	G
1						
2	姓名	性别	年龄	学历	毕业院校	毕业时间
3	李昱喆	男	26	本科	复旦大学	2015年6月
4	马浩洋	男	26	本科	浙江大学	2015年6月
5	马硕言	男	29	硕士	清华大学	2018年6月
6	郭栗昊	男	27	本科	南京大学	2015年6月
7	李元行	男	29	硕士	北京大学	2018年6月
8	徐子辰	男	30	硕士	武汉大学	2018年6月
9	任嘉娴	男	26	本科	吉林大学	2015年6月
10	朱思栋	男	25	本科	四川大学	2015年6月
11	李怡霏	女	29	硕士	南开大学	2018年6月
12	陈奕锡	男	25	本科	天津大学	2015年6月

❷ 重新设置了行高和列宽

A	B	C	D	E
1				
2	姓名	性别	年龄	学历
3	李昱喆	男	26	本科
4	马浩洋	男	26	本科
5	马硕言	男	29	硕士
6	郭栗昊	男	27	本科
7	李元行	男	29	硕士
8	徐子辰	男	30	硕士
9	任嘉娴	男	26	本科
10	朱思栋	男	25	本科
11	李怡霏	女	29	硕士
12	陈奕锡	男	25	本科

❸ 全选工作表

- ✂ 剪切(T)
- 📋 复制(C)
- 📋 粘贴选项：
- 选择性粘贴(S)...
- 插入(I)
- 删除(D)
- 清除内容(N)
- 设置单元格格式(F)...
- 行高(R)...

❹ 选择"行高"

行高

行高(R): 18

确定　　取消

❺ 设置行高为18

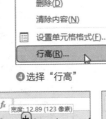

❻ 调整单列宽度

❼ 同时调整多列宽度

Article 028 换行显示隐藏的内容

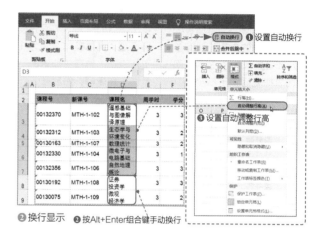

数据不能在单元格中完全展示时 ❶，首选的处理方法自然是增加列宽。但是增加列宽势必会让表格的整体宽度变大，若有特殊的因素不能改变列宽，那该如何让单元格中的内容全部显示呢？其实可以让单元格中超出列宽范围的内容转到下一行显示。

设置换行显示有自动和手动两种方法。自动换行可以将单元格中的内容转为多行显示，但是换行的位置是根据单元格的宽度来决定的。若想要自定义换行的位置，可以使用快捷键来操作。

下面介绍设置换行的方法。自动换行需要先选中目标单元格，然后在"开始"选项卡的"对齐方式"组中单击"自动换行"按钮；手动换行则需要将光标定位在单元格中想要换行的位置，按Alt+Enter组合键即可 ❷。

受行高的限制，换行显示后单元格中的内容可能还是无法完整显示，这时还需根据单元格中的内容自动调整行高。操作方法为在"开始"选项卡中的"单元格"组中单击"格式"下拉按钮，选择"自动调整行高"选项，即可完成对行高的调整。

❶ 内容不能完全显示

❷ 换行显示　❷ 按Alt+Enter组合键手动换行
❶ 设置自动换行
❸ 设置自动调整行高

Article 029 玩转网格线

网格线是指单元格周围能让单元格看起来更醒目的灰线 ❶。有时候，隐藏网格线反而能够让表格结构更清晰，数据更突出 ❷。隐藏网格线的方法很简单，在"视图"选项卡中取消勾选"网格线"复选框 ❸，即可隐藏网格线。

若只想隐藏工作表中某个区域的网格线，可先选中该区域，然后将该区域的背景色设置成白色即可 ❹。

❶ 显示网格线

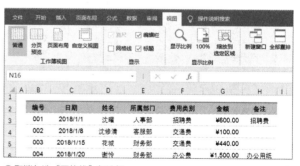

❸ 取消勾选"网格线"复选框

❷ 隐藏网格线

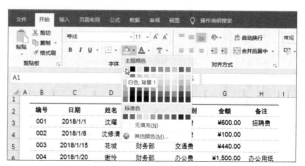

❹ 设置背景颜色为白色

设置表格边框线

制作表格时，设置合适的边框线能够使表格结构更加清晰，使数据更容易阅读。大多数Excel用户为表格添加边框线时，会直接使用默认的实线框，将表格制作成格子状❶。由于整张表格的线条粗细都是相同的，因此表格看起来相当呆板。设置表格框线有两点禁忌，第一是不要使用太粗的线条，第二是不要使用多余的线条，可以不设置竖线框。不过，表格的最上端和最下端可以使用粗线，以此来标识表格的范围。表格中间的横线只需要使用最细的虚线即可❷。框线的颜色也有讲究，未必所有线条都使用黑色，例如灰色的线条反而会更加舒服。

下面将介绍框线的具体设置方法，首先选择需要设置框线的区域，按Ctrl+1组合键打开"设置单元格格式"对话框，切换至"边框"选项卡，便可从中设置边框线的样式、颜色、框线位置等❸。

除了为表格添加外框线，利用"边框"功能还可以制作斜线表头。例如，在制作像课程表这样的表格时，需要在表头中绘制一条斜线，用于标识行与列代表的不同含义。设置方法很简单，首先选择需要绘制斜线的单元格，打开"设置单元格格式"对话框，在"边框"选项卡中单击右下角处的斜线按钮❹，然后单击"确定"按钮即可。

此外，还有一种很容易被忽视的边框制作方法，即手动绘制边框。这种方法操作起来也很简单，只需要在"开始"选项卡中单击"边框"按钮，列表下方包含一个"绘制边框"组，在该组中选择"绘制边框"或者"绘制边框网格"选项，便可手动绘制外侧边框线或者绘制边框网格。通过"线条颜色"以及"线型"选项还可设置边框线的颜色和样式❺。

	项　目	行次	本月数	本年累计数
	一、营业收入	1	70000	70000
	减：营业成本	2	30000	30000
	营业税金及附加	3		
	销售费用	4	2600	2600
	管理费用	5	0	0
	财务费用	6	2540	2540
	资产减值损失	7	20000	20000
	加：公允价值变动净收益	8	0	0
	投资净收益	9		0
	二、营业利润	10	14860	14860
	加：营业外收入	11	0	0
	减：营业外支出	12	0	0
	三、利润总额	13	14860	14860
	减：所得税费用	14	6312.01	6312.01
	四、净利润	15	8547.99	8547.99

❶ 所有单元格设置黑色框线

	项　目	行次	本月数	本年累计数
	一、营业收入	1	70000	70000
	减：营业成本	2	30000	30000
	营业税金及附加	3	0	0
	销售费用	4	2600	2600
	管理费用	5	0	0
	财务费用	6	2540	2540
	资产减值损失	7	20000	20000
	加：公允价值变动净收益	8	0	0
	投资净收益	9	0	0
	二、营业利润	10	14860	14860
	加：营业外收入	11	0	0
	减：营业外支出	12	0	0
	三、利润总额	13	14860	14860
	减：所得税费用	14	6312.01	6312.01
	四、净利润	15	8547.99	8547.99

❷ 中间使用细虚线

❸ 设置边框样式

❶ 切换至"边框"选项卡
❷ 选择边框线样式
❸ 设置边框线颜色
❹ 设置边框位置

❹ 设置斜线表头

❺ 绘制边框

❶ 绘制外侧边框线
❷ 绘制边框网格
❸ 设置边框线颜色
❹ 设置"边框线"样式

文字标注拼音

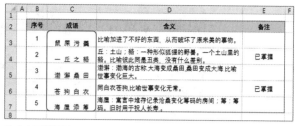

❶ 文本正常显示

当在表格中记录一些成语时，遇到比较生疏的字❶，可为其标注拼音❷。操作步骤为首先选中需要添加拼音的单元格，然后单击"开始"选项卡中的"显示或隐藏拼音字段"右侧的下拉按钮，从列表中选择"编辑拼音"选项，单元格文本的上方会显示一个编辑框，在此输入拼音即可❸。输入完成后，拼音不会显示出来，要想将其显示出来，则需要再次单击"显示或隐藏拼音字段"右侧的下拉按钮，从列表中选择"显示拼音字段"。值得注意的是，用这种方法输入拼音是不能输入声调的，这里可以使用搜狗输入法的符号工具输入声调❹。

❷ 文本显示拼音

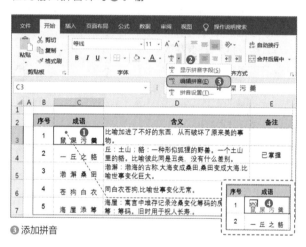

❸ 添加拼音

❹ 添加声调

文字也能旋转

如果觉得制作的表格不出彩，缺乏个性和艺术性，这时可以尝试改变单元格中文字的方向和角度，使单元格看起来别具一格，例如可以将文本水平显示❶，修改为文本倾斜显示❷。那么如何改变文字的方向和角度呢？

选择要调整文字角度的单元格区域，然后打开"设置单元格格式"对话框，在"对齐"选项卡中设置文字的方向，最后单击"确认"按钮即可。

除此之外，也可以通过单击"开始"选项卡中的"方向"按钮，对文字的方向进行设置。设置后的表格比没设置的表格在版式上看起来更具艺术性。

❶ 文本水平显示

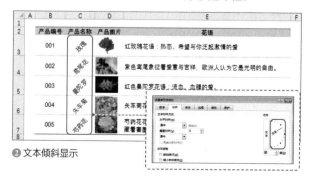

❷ 文本倾斜显示

双击就能完成的十大快捷操作

鼠标的使用是为了使计算机的操作更加简便快捷。

在Excel中，双击就能完成的操作非常多，但是很多人却忽略了这些简单却非常实用的操作。下面将列举双击便能轻易完成的十个操作。

Technique 01
调整窗口大小

在Excel标题区双击鼠标可快速将Excel窗口最大化❶或者还原为最近一次使用的窗口大小❷。

Technique 02
显示功能区

双击任意选项卡名称，可快速展开或折叠选项卡。在功能区被隐藏的状态下，双击窗口最顶端，可临时显示功能区。

Technique 03
快速进入编辑状态

选中某个单元格后，双击可进入编辑状态。在单元格中输入数据时无须提前进入编辑状态，在修改数据或公式的时候才需要启动编辑状态。

Technique 04
填充公式

选中公式所在单元格，将光标放在单元格右下角，当光标变成十字形状时双击❸，可向下填充公式至具有相同计算规律的最后一个单元格❹。

Technique 05
调整合适的行高列宽

双击行号或列标分界线❺，会自动调整行高或列宽，以最合适的高度或宽度显示行和列❻。同时选中多行或多列还能同时调整多行或多列。

❶ 缩放的窗口

❷ 窗口最大化

❸ 双击单元格控制柄

❹ 自动填充公式

❺ 双击列标分界线

❻ 自动调整列宽

Technique 06
快速定位单元格

选中单元格后，双击单元格任意边框可快速到达该边框对应方向上的第一个空白单元格的前一个单元格。例如双击单元格右侧边框可快速定位到该单元格右侧第一个空白单元格之前的单元格❼。

Technique 07
取消隐藏行或列

将光标放在隐藏的行号或列标之后，光标变成双线样式的双向箭头时双击可取消行或列的隐藏。双击一次只能取消一行或一列的隐藏❽，如果选中包含隐藏行或隐藏列的连续区域再双击，则会取消选区内所有行或列的隐藏⑨。

Technique 08

重复使用格式刷

单击"格式刷"按钮只能使用一次，双击"格式刷"按钮可以重复使用格式刷⑩。

Technique 09

打开图表元素设置窗格

双击图表上的任意元素，能够打开对应的设置窗格，例如双击水平坐标轴⑪，则会打开"设置坐标轴格式"窗格⑫。

Technique 10

提取数据透视表明细

双击数据透视表任意字段可在新建工作表中生成该字段的明细值。双击总计结果⑬，则会生成源数据明细⑭。这对数据透视表被移动到其他位置，与数据源断开联系后再重新获取数据源来讲十分有用。

当然，在Excel中双击能完成的操作绝不仅仅只有以上这十种，例如，双击还能够重命名工作表名称，输入函数时双击提示框中的函数名称快速完成输入，双击取消窗口拆分状态，在老版本的Excel中双击左上角的Excel图标可关闭工作表等。

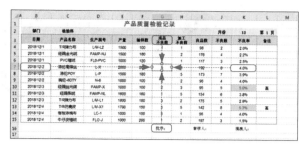

⑦ 快速定位到区域末尾

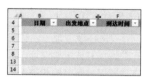

⑧ 双击一次取消一个隐藏列

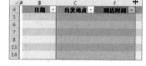

⑨ 取消所有隐藏列

⑩ 双击"格式刷"按钮

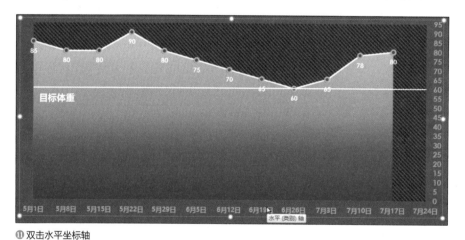

⑪ 双击水平坐标轴

⑫ "设置坐标轴格式"窗格

⑬ 双击总计结果

⑭ 获取源数据

Article 034
以0开头的数据这样输

在制作表格时，经常需要填写以0开头的数字，例如工号、学号等。但在常规格式下输入以0开头的数字后，数字前面的0会自动消失。若想保留数字之前的0，最简单的操作的方法是在输入数字之前先输入一个英文状态下的单引号"'"，然后再输入数字❶。在数字之前添加英文的撇号可以将数字转换成文本格式，这也是数字之前的0得以保存的原因。

但是这种方法只适合在数据量较少时使用，如果数据较多，可以直接将需要输入数字的单元格设置成文本格式。操作方法：选中要输入数值的单元格区域后打开"设置单元格格式"对话框，在"数字"选项卡下选择"文本"选项即可。当数字以文本格式存储时，单元格的左上角会出现一个绿色的小三角，这个绿色的三角虽然不会影响数据的展示，但却会影响美观。

其实还可以使用更高级、更隐秘的方法来显示数字前面的0，那就是自定义数字格式。操作方法为在"设置单元格格式"对话框中的"数字"选项卡下选择"自定义"选项，在"类型"文本框中输入000#，最后单击"确定"按钮即可❷。自定义的类型需要根据实际数值的位数来定，在输入的000#中，0和#分别代表一个数字占位符，0在无意义的位置强制显示0，而#只显示有意义的数字❸。

❶ 输入少量以0开头的数字

❷ 自定义数字"类型"

❸ 自动输入数字之前的0

工号	姓名	所属部门	职务	入职时间	工作年限	基本工资	工龄工资
0001	宋江	财务部	经理	2000/8/1	17	￥3,800.00	￥1,700.00
0002	卢俊义	销售部	经理	2001/12/1	16	￥2,500.00	￥1,600.00
0003	吴用	生产部	员工	2009/3/9	9	￥2,500.00	￥900.00
0004	公孙胜	办公室	经理	2003/9/1	14	￥3,000.00	￥1,400.00
0005	关胜	人事部	经理	2002/11/10	15	￥3,500.00	￥1,500.00
0006	林冲	设计部	员工	2008/10/1	9	￥4,500.00	￥900.00
0007	秦明	销售部	主管	2005/4/6	13	￥2,500.00	￥1,300.00
0008	呼延灼	采购部	经理	2001/6/2	16	￥2,500.00	￥1,600.00
0009	花荣	销售部	员工	2013/9/8	4	￥2,500.00	￥400.00

Article 035
特殊字符怎么输入

在实际工作中，有时候需要输入一些特殊字符，例如，输入版权符号或者商标符号等。其实输入方法并不难，只需在"插入"选项卡中单击"符号"按钮，打开"符号"对话框，然后切换至"特殊字符"选项卡，便可从中选择需要的符号❶。此外，也可以借助目前使用率颇高的搜狗输入法，可以利用"搜狗输入法"的"符号大全"对话框插入特殊字符。

❶ "符号"对话框

证件号码和手机号码的录入技巧

在制作员工信息表之类的表格时常需要输入身份证号码以及手机号码等。输入这些长串的号码时也有一定的技巧，下面先来了解一下输入身份证号码时的注意事项。

目前我国公民使用的是第二代身份证，身份证号码为18位。默认情况下在单元格中输入18位的身份证号码，按Enter键后会出现以下两个问题，即身份证号码以科学计数法显示❶；身份证号码15位以后的数字会遗失。

为了避免这样的问题，在输入身份证号码之前必须先对单元格的格式进行设置。通常只要将单元格设置成"文本"格式即可录入完整的身份证号码。

由于身份证号码较长，输入时很容易出错，为了降低操作时的错误率，可对单元格的输入范围进行限制。

在"数据"菜单项中的"数据工具"组中单击"数据验证"按钮，打开"数据验证"对话框，在该对话框中设置允许文本长度等于18❷。所选单元格中便只能输入字符长度为18的数据。

手机号码只有11位数，可直接录入到单元格中。为了防止输入无效的手机号码，也可使用数据验证功能限制输入文本的长度，即只能向单元格中输入11位的数字，并用文字进行提醒。

打开"数据验证"对话框，设置"允许"为自定义，公式为"=ISNUMBER(F2) * (LEN(F2)=11)"❸。随后在"输入信息"选项卡下设置文字提示内容"只能在此输入11位的数字"❹。单击"确定"按钮关闭对话框后，所选单元格中只能输入11位的数字❺。

❶ 输入的身份证号码以科学计数法显示

❷ 设置文本长度等于18

❸ 设置自定义公式

❹ 设置文字提示

❺ 输入手机号码

心得体会

Article 037 方程式的准确表示

如果需要在表格中输入带有上标的数字或符号单位的情况，不用担心，并不是只有在Word文档中才可以设置上标，Excel表格中照样可以。接下来将以输入方程组为例，介绍具体操作方法。首先在方程组中选中需要设置为上标的数字❶，然后按Ctrl+1组合键打开"设置单元格格式"对话框，在"字体"选项卡中勾选"上标"复选框，单击"确定"按钮，即可将数字设置为上标❷。按照同样的方法完成所有上标的设置❸。

同理，当需要设置下标时，例如，将CO2设置为CO_2，只需在"设置单元格格式"对话框中勾选"下标"复选框即可。

需要注意的是，虽然可以使用"插入"选项卡中的"公式"功能来插入包含上标的数学表达式，但这种方法创建的文本是以文本框的形式存在的，并不保存在某个特定单元格中。

	方程组	设置上标后的效果
	$3x2+y2+z2=18$	$3x2+y2+z2=18$
	$x2+2y2+z2=17$	$x2+2y2+z2=17$
	$x2+y2+z2=28$	$x2+y2+z2=28$

❶ 选中需要设置为上标的数字

	方程组	设置上标后的效果
	$3x2+y2+z2=18$	$3x^2+y^2+z^2=18$
	$x2+2y2+z2=17$	$x^2+2y^2+z^2=17$
	$x2+y2+z2=28$	$x^2+y^2+z^2=28$

❸ 设置上标

❷ 勾选"上标"复选框

Article 038 自动输入小数点

在实际工作中，制作如财务报表之类的表格时，往往需要输入大量的数据，如果这些数据包含大量的小数，那么可以提前进行设置，免去重复输入小数点的麻烦。打开"Excel选项"对话框，选择"高级"选项，在右侧区域勾选"自动插入小数点"复选框，并设置小数的位数为3❶，设置好后，在表格中输入134即可显示为小数0.134，输入8则会显示为0.008。由此可以看出，当自动插入小数点的位数设置成3时，在Excel中输入的数字会自动缩小为原来的1/1000。以此类推，当设置自动插入小数点位数为2时，在表格中输入的数字会缩小为原来的1/100；当设置自动插入小数点位数为1时，数字会缩小为原来的1/10……

需要注意的是，此设置不仅对当前工作表有效，对所有的工作簿都有效。就算重启Excel后依然有效，所以，如果不再需要使用此功能，应及时将其关闭，在"Excel选项"对话框中取消对"自动插入小数点"复选框的勾选即可关闭该功能。

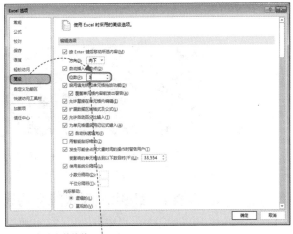

❶ 设置自动小数位数

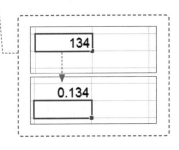

Article 039 记忆式输入功能

当输入的数据中包含较多的重复性文字，例如，在"毕业院校"列中重复输入"清华大学""北京大学""复旦大学""南开大学""南京大学"几个固定词汇时，为了避免重复操作，可通过记忆性输入的方法来实现数据的快速录入。

首先打开"Excel选项"对话框，然后选择"高级"选项，在右侧区域中勾选"为单元格值启用记忆式输入"复选框❶，一般该复选框默认是勾选状态。启动此项功能后，当在同一列输入重复的信息时，重复的内容会自动录入。

例如，当在F6单元格中输入"北"时，Excel会从上面的已有信息中找到"北"字开头的一条记录"北京大学"，并自动输入到单元格中❷。如果输入的第一个文字在已有的信息中存在多条对应的记录，则必须再增加文字的输入，直到能够仅与一条单独的信息匹配为止。例如，当在F10单元格中输入"南"时，由于前面输入了"南开大学"和"南京大学"，所以Excel不能在此提供唯一的建议输入项，直到输入第二个字"开"时，Excel才能找到唯一匹配项"南开大学"❸。

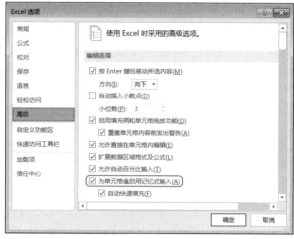

❶ 勾选"为单元格值启用记忆式输入"复选框

	姓名	性别	年龄	文化程度	毕业院校	毕业时间
	李昱韬	男	26	本科	清华大学	2015年6月
	马浩洋	男	26	本科	北京大学	2015年6月
	马硕言	男	29	硕士	复旦大学	2018年6月
	郭栗昊	男	27	本科	北京大学	2015年6月
	李元行	男	29	硕士		2018年6月
	徐子辰	男	30	硕士		2015年6月
	任嘉姗	男	26	本科		2015年6月
	朱思标	男	25	本科		2015年6月
	李怡霖	女	29	硕士		2018年6月

❷ 在F6单元格中输入"北"

	姓名	性别	年龄	文化程度	毕业院校	毕业时间
	李昱韬	男	26	本科	清华大学	2015年6月
	马浩洋	男	26	本科	北京大学	2015年6月
	马硕言	男	29	硕士	复旦大学	2018年6月
	郭栗昊	男	27	本科	北京大学	2015年6月
	李元行	男	29	硕士	南开大学	2018年6月
	徐子辰	男	30	硕士	北京大学	2015年6月
	任嘉姗	男	26	本科	南京大学	2015年6月
	朱思标	男	25	本科	南开大学	2015年6月
	李怡霖	女	29	硕士		2018年6月

❸ 找到唯一匹配项"南开大学"

Article 040 为单元格数据做备注

当查看表格中的内容时，如果一些内容变动了或者描述得不够清楚，可以利用批注功能对其中的内容作出批注，方便以后的查找和审核。那么怎样才能为单元格添加批注呢？

首先选中需要添加批注的单元格，然后在"审阅"选项卡中单击"新建批注"按钮❶，所选单元格的右侧就会出现一个批注框，在其中输入内容即可。如果以后不需要使用批注了，可以先选中需要删除批注的单元格，再单击"删除"按钮。

此外，如果想要将批注显示或隐藏，可以单击"审阅"选项卡中的"显示/隐藏批注"按钮❷。

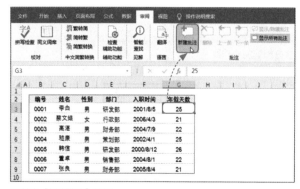

❶ 单击"新建批注"按钮

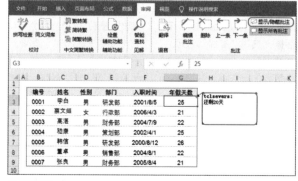

❷ 编辑批注

表格背景不再单调

如果觉得表格单调，不够美观，可为其设置背景效果。Excel表格的背景样式包括图片背景、纯色背景、渐变背景及图案背景。

下面先来了解一下如何设置图片背景。打开"页面布局"选项卡，在"页面设置"组中单击"背景"按钮，打开"插入图片"对话框。根据对话框中的操作提示从计算机中选择一张图片，便可将该图片设置成工作表背景。设置图片背景时，无法控制图片的显示比例，只能任由图片使用原始尺寸不断地拼接成铺满整张工作表的背景。所以在选择图片时既要注意图片的尺寸也要注意图片的颜色，以免影响阅读❶。为了更好地展示背景图片的效果，可以取消网格线的显示，这样的表格看起来既简单又美观❷。

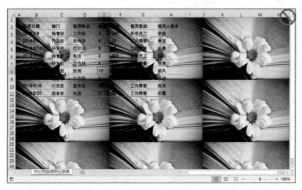

❶ 不合适的图片背景

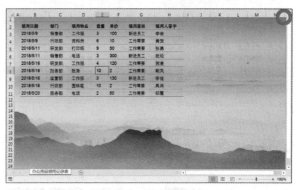

❷ 合适的图片背景

除了图片背景，其他的背景效果均可通过"设置单元格格式"对话框来设置。选择需要设置背景的单元格区域，按Ctrl+1组合键打开"设置单元格格式"对话框，切换到"填充"选项卡，在此处可设置合适的背景填充效果。设置完成后单击"确定"按钮即可❸。在工作中，大多数情况下并不需要为整个表格设置背景，只需要隔行设置填充色让表格行与行之间的关系更加清晰。当表格数据较多时，手动隔行填充无疑是很麻烦的操作，这时可以套用内置的表格样式❹，迅速完成隔行填充❺。

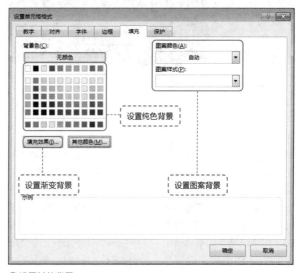

❸ 设置其他背景

❹ 套用表格样式

❺ 表格隔行填充颜色

化繁为简

如果收到来自朋友发来的表格，发现里面全是繁体字❶，阅读起来有困难，那么该怎么办呢？其实这个问题很好解决，可以利用

Excel自带的简繁转换功能，将表格中的繁体字转换为简体字。首先，选中需要转换的单元格区域，在"审阅"选项卡中单击"简繁转换"

按钮，弹出"中文简繁转换"对话框；然后从中根据需要进行选择，这里选择"繁体中文转换为简体中文"单选按钮；最后单击

"确定"按钮即可。

还可以在"审阅"选项卡中直接单击"繁转简"按钮，即可将表格中的繁体字转换为简体字❷。

▲	A	B	C	D	E	F	G	H
1								
2		工號	姓名	性別	年齡	文化程度	畢業院校	畢業時間
3		DS001	李昱喆	男	26	本科	復旦大學	2015年6月
4		DS002	馬浩洋	男	26	本科	浙江大學	2015年6月
5		DS003	馬碩言	男	29	碩士	清華大學	2018年6月
6		DS004	郭栗昊	女	27		南京大學	2018年6月
7		DS005	李元行	男	29	碩士	北京大學	2018年6月
8		DS006	徐子辰	男	30	碩士	武漢大學	2018年6月
9		DS007	任嘉嫻	男	26	本科	吉林大學	2015年6月
10		DS008	朱思棟	男	25	本科	四川大學	2015年6月
11								
12								

❶ 文本以繁体字显示

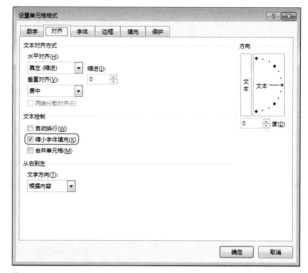

❷ 繁体文本转换简体文本

文字大小取决于单元格

当单元格中的内容长度超出列宽时❶，除了增大列宽或将内容换行显示，还可让单元格中的内容根据单元格的宽度自动缩放显示。自动缩小字体只适用于单元格中的内容超出列宽的字符不多时使用，因为当单元格中超出范围的内容较多时，即便是缩放到单元格中显示，字体也会变得相当小，辨认起来会很困难。设

置自动缩放其实很简单，接下来介绍其操作方法。

首先选中需要设置格式的单元格区域，按Ctrl+1组合键，打开"设置单元格格式"对话框，在"对齐"选项卡中勾选"缩小字体填充"复选框❷，然后单击"确定"按钮。操作完成后，当增加或减小列宽时，单元格中的字体也会随之放大或缩小，并且始终在单元格内部显示❸。

❷ 勾选"缩小字体填充"复选框

❶ 内容超出单元格

❸ 内容根据单元格大小自动缩放

Article 044 错误字符批量修改

在核查表格时，如果发现不小心将几名员工的后缀错登记成了163邮箱❶，那么该如何全部修正过来呢？方法很简单，只需要按Ctrl+F组合键或Ctrl+H组合键，打开"查找和替换"对话框，然后切换至"替换"选项卡，在"查找内容"文本框中输入163，接着在"替换为"文本框中输入qq❷，然后单击"全部替换"按钮，即可将邮箱后缀中163全部替换为qq❸。但随即就会发现"邮箱"@前面的数字和"手机号码"中的数字包含163的记录也一并被替换了。显然这不是想要的结果，那该怎么办呢？此时就需要更多的辅助条件来限定查找的范围，即在"查找内容"文本框中输入@163，在"替换为"文本框中输入@qq❹，最后单击"全部替换"按钮即可，此时把@加进去连成一个整体❺，起到缩小匹配范围的作用，从而更精确地进行匹配。

此外，如果要将邮箱的qq域名、163域名全部统一换成deshengsf域名或者其他域名也是可以实现的，只需要进行一次模糊匹配就可以统一替换，即在"查找内容"文本框中输入@*.com，在"替换为"文本框中输入@deshengsf.com❻，然后单击"全部替换"按钮即可❼。

	A	B	C	D	E	F	G
1							
2		工号	姓名	所属部门	职务	手机号码	邮箱
3		0001	赵A	财务部	经理	187****4061	4061221@qq.com
4		0002	钱B	销售部	员工	185****5032	5032222@qq.com
5		0003	孙C	生产部	主管	137****4163	4163223@163.com
6		0004	李D	办公室	经理	139****1024	1024224@qq.com
7		0005	周E	人事部	主管	187****9025	9025225@qq.com
8		0006	吴F	设计部	员工	137****4066	4066226@163.com
9		0007	郑G	销售部	主管	157****3067	3067227@qq.com
10		0008	王H	采购部	经理	139****2068	2068228@163.com
11		0009	刘I	销售部	员工	187****4669	4669229@qq.com
12							

❶ 包含错误信息的表格

查找和替换
查找(D) | 替换(P)
查找内容(N): 163
替换为(E): qq

选项(T) >>

全部替换(A) | 替换(R) | 查找全部(I) | 查找下一个(F) | 关闭

❷ 设置"查找内容"和"替换为"选项

	A	B	C	D	E	F	G
1							
2		工号	姓名	所属部门	职务	手机号码	邮箱
3		0001	赵A	财务部	经理	187****4061	4061221@qq.com
4		0002	钱B	销售部	员工	185****5032	5032222@qq.com
5		0003	孙C	生产部	主管	137****4qq	4qq223@qq.com
6		0004	李D	办公室	经理	139****1024	1024224@qq.com
7		0005	周E	人事部	主管	187****9025	9025225@qq.com
8		0006	吴F	设计部	员工	137****4066	4066226@qq.com
9		0007	郑G	销售部	主管	157****3067	3067227@qq.com
10		0008	王H	采购部	经理	139****2068	2068228@qq.com
11		0009	刘I	销售部	员工	187****4669	4669229@qq.com
12							

❸ 初步替换后的结果

查找和替换
查找(D) | 替换(P)
查找内容(N): @163
替换为(E): @qq

选项(T) >>

全部替换(A) | 替换(R) | 查找全部(I) | 查找下一个(F) | 关闭

❹ 设置"查找内容"和"替换为"选项

	A	B	C	D	E	F	G
1							
2		工号	姓名	所属部门	职务	手机号码	邮箱
3		0001	赵A	财务部	经理	187****4061	4061221@qq.com
4		0002	钱B	销售部	员工	185****5032	5032222@qq.com
5		0003	孙C	生产部	主管	137****4163	4163223@qq.com
6		0004	李D	办公室	经理	139****1024	1024224@qq.com
7		0005	周E	人事部	主管	187****9025	9025225@qq.com
8		0006	吴F	设计部	员工	137****4066	4066226@qq.com
9		0007	郑G	销售部	主管	157****3067	3067227@qq.com
10		0008	王H	采购部	经理	139****2068	2068228@qq.com
11		0009	刘I	销售部	员工	187****4669	4669229@qq.com
12							

❺ 最终替换结果

查找和替换
查找(D) | 替换(P)
查找内容(N): @*.com
替换为(E): @deshengsf.com

选项(T) >>

全部替换(A) | 替换(R) | 查找全部(I) | 查找下一个(F) | 关闭

❻ 设置"查找内容"和"替换为"选项

	A	B	C	D	E	F	G
1							
2		工号	姓名	所属部门	职务	手机号码	邮箱
3		0001	赵A	财务部	经理	187****4061	4061221@deshengsf.com
4		0002	钱B	销售部	员工	185****5032	5032222@deshengsf.com
5		0003	孙C	生产部	主管	137****4163	4163223@deshengsf.com
6		0004	李D	办公室	经理	139****1024	1024224@deshengsf.com
7		0005	周E	人事部	主管	187****9025	9025225@deshengsf.com
8		0006	吴F	设计部	员工	137****4066	4066226@deshengsf.com
9		0007	郑G	销售部	主管	157****3067	3067227@deshengsf.com
10		0008	王H	采购部	经理	139****2068	2068228@deshengsf.com
11		0009	刘I	销售部	员工	187****4669	4669229@deshengsf.com
12							

❼ 将qq域名、163域名，全部统一换成deshengsf域名

空格及多余字符也可以批量删除

在实际工作中，使用公式核对数据时会发现，明明看起来一模一样的数据，就是无法匹配。原因通常是因为其中一个数据中有看不见的字符存在，例如空格等 ❶。那么接下来就介绍如何利用查找替换法将表格中的所有空格全部删除。

首先，按Ctrl+H组合键，打开"查找和替换"对话框，在"查找内容"文本框中输入一个空格，"替换为"文本框中不做任何设置 ❷，然后单击"全部替换"按钮，即可将表格中的空格全部清除 ❸。

❷ 设置"查找内容"和"替换为"选项

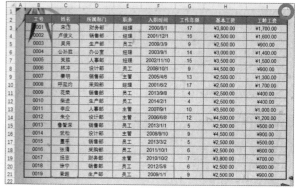

❶ 字符中包含空格

❸ 删除字符中的空格

其他任何数字、符号、文字都可以按照此方法批量删除，例如，在表格中，职工列包含序号001-、002-、003-等 ❹，现将这些序号全部删除。在此可以结合通配符进行操作，在"查找内容"文本框中输入*- ❺，"替换为"文本框中不填写任何内容，接着单击"全部替换"按钮，即可将表格中的001-、002-等数据全部删除 ❻。

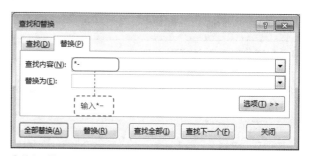

❺ 输入配符

❹ 包含序号的职工列

❻ 删除了职工列中的序号

Article 046 字符可以这样批量添加

前面的内容详细介绍了如何批量删除字符，那么如果想要批量添加字符该如何操作呢？例如，为表格中的邮箱批量添加qq.com❶。

使用查找和替换功能同样可以批量添加内容。添加内容和删除内容的操作方法类似，首先打开"查找和替换"对话框，在"查找内容"文本框中输入@，在"替换为"文本框中输入@qq.com，最后单击"全部替换"按钮❷，即可将邮箱地址批量添加qq.com❸。

❷ "查找和替换"对话框

	A	B	C	D	E	F	G
1							
2		工号	姓名	所属部门	职务	手机号码	邮箱
3		0001	赵A	财务部	经理	187****4061	4061221@
4		0002	钱B	销售部	员工	185****5032	5032222@
5		0003	孙C	生产部	主管	137****4163	4163223@
6		0004	李D	办公室	经理	139****1024	1024224@
7		0005	周E	人事部	主管	187****9025	9025225@
8		0006	吴F	设计部	员工	137****4066	4066226@
9		0007	郑G	销售部	主管	157****3067	3067227@
10		0008	王H	采购部	经理	139****2068	2068228@

❶ 邮箱地址不全

	A	B	C	D	E	F	G
1							
2		工号	姓名	所属部门	职务	手机号码	邮箱
3		0001	赵A	财务部	经理	187****4061	4061221@qq.com
4		0002	钱B	销售部	员工	185****5032	5032222@qq.com
5		0003	孙C	生产部	主管	137****4163	4163223@qq.com
6		0004	李D	办公室	经理	139****1024	1024224@qq.com
7		0005	周E	人事部	主管	187****9025	9025225@qq.com
8		0006	吴F	设计部	员工	137****4066	4066226@qq.com
9		0007	郑G	销售部	主管	157****3067	3067227@qq.com
10		0008	王H	采购部	经理	139****2068	2068228@qq.com

❸ 批量补全邮箱地址

Article 047 拒绝重复内容

当表格中存在重复的数据时❶，为了避免重复的数据造成错误的数据分析结果，需要将重复的数据删除❷。当表格数据不多时只要手动删除重复的数据即可，若是大型的表格，一个个地查找重复项会非常麻烦，这里介绍一种简单又迅速的删除重复项的方法，即选中数据表中的任意单元格，在"数据"选项卡中单击"删除重复值"按钮，弹出"删除重复值"对话框，从中单击"全选"按钮，将全部的列选中，然后单击"确定"按钮❸。

这时就可以看到工作表中的重复内容被删除了。

	A	B	C	D	E	F	G	H	I
1									
2		工号	姓名	所属部门	职务	入职时间	工作年限	基本工资	工龄工资
3		0001	宋江	财务部	经理	2000/8/1	18	¥3,800.00	¥1,800.00
4		0002	卢俊义	销售部	经理	2001/12/1	17	¥2,500.00	¥1,700.00
5		0003	吴用	生产部	员工	2009/3/9	9	¥2,500.00	¥900.00
6		0004	公孙胜	办公室	经理	2003/9/1	15	¥3,000.00	¥1,500.00
7		0005	关胜	人事部	经理	2002/11/10	16	¥3,500.00	¥1,600.00
8		0006	林冲	设计部	员工	2008/10/1	10	¥4,500.00	¥1,000.00
9		0001	宋江	财务部	经理	2000/8/1	18	¥3,800.00	¥1,800.00
10		0007	李应	人事部	主管	2007/9/1	11	¥3,500.00	¥1,100.00
11		0008	呼延灼	采购部	经理	2001/6/2	17	¥2,500.00	¥1,700.00
12		0009	花荣	销售部	员工	2013/9/8	5	¥2,500.00	¥500.00
13		0010	柴进	生产部	员工	2014/2/1	5	¥2,500.00	¥500.00

❶ 包含重复项

	A	B	C	D	E	F	G	H	I
1									
2		工号	姓名	所属部门	职务	入职时间	工作年限	基本工资	工龄工资
3		0001	宋江	财务部	经理	2000/8/1	18	¥3,800.00	¥1,800.00
4		0002	卢俊义	销售部	经理	2001/12/1	17	¥2,500.00	¥1,700.00
5		0003	吴用	生产部	员工	2009/3/9	9	¥2,500.00	¥900.00
6		0004	公孙胜	办公室	经理	2003/9/1	15	¥3,000.00	¥1,500.00
7		0005	关胜	人事部	经理	2002/11/10	16	¥3,500.00	¥1,600.00
8		0006	林冲	设计部	员工	2008/10/1	10	¥4,500.00	¥1,000.00
9		0007	李应	人事部	主管	2007/9/1	11	¥3,500.00	¥1,100.00
10		0008	呼延灼	采购部	经理	2001/6/2	17	¥2,500.00	¥1,700.00
11		0009	花荣	销售部	员工	2013/9/8	5	¥2,500.00	¥500.00
12		0010	柴进	生产部	员工	2014/2/1	5	¥2,500.00	¥500.00

❷ 重复项被删除

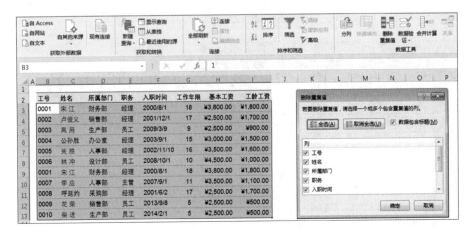

❸ 删除重复项操作

快速填充序列方法多

工作中经常需要输入各种各样的编码、序号、有序的时间等，例如1~1000的序号、员工编号、一个月的日期等。如果手动输入这些号码或日期，十分浪费时间。因为这些数据是有一定顺序的，所以完全可以利用填充的方式快速录入这些编号或日期。

填充分为复制填充和序列填充。下面先来了解一下如何利用鼠标拖动填充数据。首先在B3单元格中输入1，然后将鼠标光标移至B3单元格右下角，按住鼠标左键向下拖动鼠标进行填充，可以看到鼠标拖曳过的单元格内自动进行了复制填充❶。

如果在拖动鼠标的同时，按住Ctrl键，那么复制填充就会变成序列填充。

在执行填充操作之后在所填充的单元格区域右下角会出现一个"自动填充选择"按钮，单击这个按钮，在展开的列表中可以重新选择填充方式。

进行序列填充时，还可以根据指定的步长进行填充，在B3单元格中输入1，在B4单元格中输入4，然后选择B3:B4单元格区域，将光标移至B4单元格右下角，按住鼠标左键向下进行填充，便可以按照3的步长值进行有序填充，填充的结果为1、4、7、10、13、16……

除了拖动鼠标，双击鼠标也可以实现数据的填充。其操作方法和拖动鼠标填充十分相似，将光标移动到单元格右下角，当光标变成十字形状时双击鼠标即可。只是此方法只适用于在具有一定数据基础的表格中使用。也就是说需要执行填充操作的列，其相邻的列中必须有已经输入了数据，因此，双击鼠标法更适合在填充公式时使用。

如果表格中的数据比较多，而且对所生成的序列有明确的起始值和步长值要求，可以使用"序列"对话框设置条件，然后按照指定的条件自动批量生成序列。例如，要求在表格中的"日期"列批量生成2018/8/1~2018/8/20期间的工作日期（去除周六和周日的日期）。

首先在C3单元格中输入日期2018/8/1，然后在"开始"选项卡中单击"填充"按钮，从列表中选择"序列"选项，打开"序列"对话框，从中设置序列产生在"列"，类型为"日期"，日期单位为"工作日"，步长值为1，终止值为2018/8/20，设置完成后单击"确定"按钮即可❷。

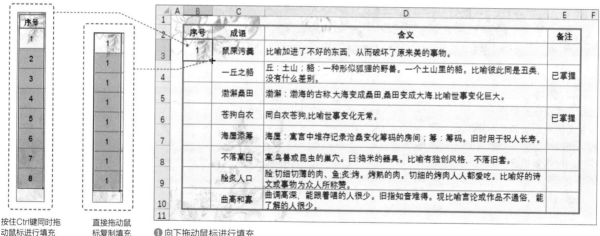

按住Ctrl键同时拖动鼠标进行填充　　直接拖动鼠标复制填充　　❶ 向下拖动鼠标进行填充

❷ 生成连续日期

自定义序列的填充

如果需要经常输入一些固定的但却无法直接使用填充功能输入的内容时，有没有什么办法可以提高输入速度呢？例如输入大写的一、二、三、四……，十二生肖，26个字母等。其实，利用Excel隐藏的自定义序列功能可以让用户将常用的内容设置成可快速填充的序列。下面介绍自定义序列的方法，打开"文件"菜单，选择"选项"选项，打开"Excel选项"对话框，切换到"高级"选项卡，单击"编辑自定义列表"按钮❶。打开"自定义序列"对话框，在"输入序列"列表框中输入自定义的序列，然后单击"添加"按钮，最后单击"确定"按钮即可❷。

自定义序列添加完成后在图❸B3单元格中输入"第一节"，然后将其向下填充即可自动输入自定义的序列❹。使用这种方法的好处就是，以后再需要填写"第一节、第二节、第三节……"这种内容时，不需要一个一个地手动输入，直接向下填充就行了。

❶ 单击"编辑自定义列表"按钮

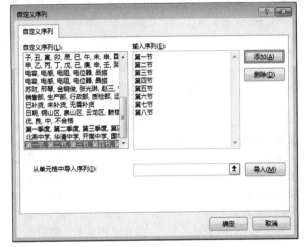

❷ 添加自定义序列

	课程 / 星期	星期一	星期二	星期三	星期四	星期五
第一节		英语	语文	数学	数学	英语
		语文	英语	语文	政治	语文
		数学	数学	语文	地理	生物
		体育	物理	英语	物理	电脑
		物理	历史	体育	历史	体育
		政治	英语	生物	语文	阅读
		地理	美术	数学	音乐	数学
第八节		班会	政治学习	综合实践	英语	业务学习

❸ 输入第一个数据后向下填充

课程 / 星期	星期一	星期二	星期三	星期四	星期五
第一节	英语	语文	数学	数学	英语
第二节	语文	英语	语文	政治	语文
第三节	数学	数学	语文	地理	生物
第四节	体育	物理	英语	物理	电脑
第五节	物理	历史	体育	历史	体育
第六节	政治	英语	生物	语文	阅读
第七节	地理	美术	数学	音乐	数学
第八节	班会	政治学习	综合实践	英语	业务学习

❹ 填充结果

心得体会

你可能还不知道的快速填充技巧

即使是对Excel非常熟悉的人也不一定能够掌握Excel的全部操作技巧。除了使用率高的功能，Excel还包含很多"你不知道，却很好用"的功能。自Excel 2013版开始，新增了"快速填充"功能，该功能可以基于示例快速填充数据。"快速填充"并非"自动填充"的升级，它强大到足以让用户抛弃分列功能和文本函数。在此基础上，Excel 2016中的"快速填充"功能更强大。

在2016版的Excel中，用户可通过多种方式执行"快速填充"命令。例如，①在"开始"选项卡的"编辑"组中单击"填充"下拉按钮，在下拉列表中选择"快速填充"选项；②在"数据"选项卡中单击"快速填充"按钮；③使用Ctrl+E组合键。

Technique 01

提取同类字符

如图❶所示，源数据保存在B列，B列中一个单元格内输入了多种信息，现在需要将这些信息分列提取出来。

首先分别在C2、D2、E2单元格中手动输入B2单元格中的规格、单价和制药商信息。然后选中C2：C17单元格区域，执行"快速填充"命令，即可根据第一个手动输入的规格示例自动提取出其他规格信息❷。

最后参照上述方法分别提取出"单价"和"制药商"信息。

Technique 02

智能合并文本

使用快速填充功能除了可以实现数据分列显示效果，还能够根据第一个合并示例对多列数据进行智能合并。在合并的过程中不需要使用任何公式或链接符号。

在单元格D2中手动输入合并示例文本，随后选中D2：D9单元格区域❸。按Ctrl+E组合键，所有活动单元格随即根据示例文本对右侧三列中的数据进行自动合并填充。快速填充后第一个被填充的单元格右侧会出现"快速填充选项"快捷按钮，单击该按钮，在下拉列表中可执行"撤销快速填充"和"接受建议"等操作❹。

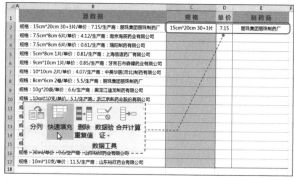

❶ 执行"快速填充"操作

❷ 自动填充源数据中的同类数据

根据示例自动填充

	A	B	C	D	E
1	姓名	性别	课程进度	进度统计	
2	吴浩然	先生	已完成	吴先生完成	
3	孙可欣	先生	已完成40%		
4	刘淼	女士	尚未开始		
5	程浩	先生	已完成30%		
6	王丹丹	女士	尚未开始	Ctrl+E	
7	吕胜娇	女士	已完成		
8	孙亚楠	女士	已完成80%		
9	高斌	先生	已完成		
10					

❸ 输入合并示例后选中快速填充区域

	A	B	C	D	E	F	G	H
1	姓名	性别	课程进度	进度统计				
2	吴浩然	先生	已完成	吴先生完成				
3	孙可欣	先生	已完成40%	孙先生完成40%				
4	刘淼	女士	尚未开始	刘女士未开始				
5	程浩	先生	已完成30%	程先生完成30%				
6	王丹丹	女士	尚未开始	王女士未开始				
7	吕胜娇	女士	已完成	吕女士完成				
8	孙亚楠	女士	已完成80%	孙女士完成80%				
9	高斌	先生	已完成	高先生完成				
10								

撤销快速填充(U)
接受建议(A)
选择所有 0 空白单元格(B)
选择所有 7 已更改的单元格(C)

❹ "快速填充选项"快捷按钮

心得体会

Technique 03
信息重组及大小写转换

这里所说的信息重组是指将单元格中的文本结构进行重新组合，当文本内容中包含英文时，快速填充功能甚至能对英文进行大小写转换。

先对单元格B2中的文本结构进行重新组合，并将英文的首字母修改为大写。在C2单元格中输入重新组合后的内容。最后选中C2单元格

⑤，直接按Ctrl+E组合键，执行快速填充命令。Excel即可根据B列数据自动完成填充⑥。

填充后的数据已经根据示例完成了信息的重新组合以及英文首字母的大小写转换。

Technique 04
规范日期格式

用户在制作表格时一定要使用规范的日期格式，否则会为后期的数据分析造成很大的麻烦。如果已经输入了大量格式不规范的日期，将无法通过设置单元格格式的方法直接进行修改，全部删除再重新输入又太浪费时间。这个时候应该想一想有没有办法将这些日期统一修正过来。

其实在Excel中有很多修正日期格式的方法，其中利用快速填充功能也可以完成此项任务。

在表格右侧输入格式正确的日期示例，按Ctrl+E组合键执行"快速填充"操作，得到A列中所有日期⑦。随后，先修改A列的日期格式为"长日期"，再复制快速填充得来的日期，以"值"方式粘贴到A列中的日期区域⑧。A列中的日期便能够以长日期形式显示。

序号	信息重组前	信息重组后
1	name（员工姓名）	员工姓名 Name：
2	employee（员工ID）	
3	department branch（部门名称）	
4	contact number（联系电话）	Ctrl+E
5	location（工作地点）	
6	final estimate（结算情况）	
7	total advanced funds（预支金额）	
8	reimbursement rmount（报销金额）	
9	refunding amount（退还金额）	
10	reissue amount（补发金额）	

⑤ 输入示例文本

序号	信息重组前	信息重组后
1	name（员工姓名）	员工姓名 Name：
2	employee（员工ID）	员工ID Employee：
3	department branch（部门名称）	部门名称 Department Branch：
4	contact number（联系电话）	联系电话 Contact Number：
5	location（工作地点）	工作地点 Location：
6	final estimate（结算情况）	结算情况 Final Estimate：
7	total advanced funds（预支金额）	预支金额 Total Advanced Funds：
8	reimbursement rmount（报销金额）	报销金额 Reimbursement Rmount：
9	refunding amount（退还金额）	退还金额 Refunding Amount：
10	reissue amount（补发金额）	补发金额 Reissue Amount：

⑥ 根据示例进行快速填充

访客登记表

日期	具体时间	访客姓名	证件登记	访客联系方式	访客签字	接待员签字	日期
2018.10.15	8:30 AM	余芳华	××公司质检干事	139****5560	余芳华	顾肯	2018/10/15
2018.10.15	2:30 PM	邵斌	××公司经理助理	158****1233	邵斌	顾肯	2018/10/15
2018.10.16	10:01 AM	2018.10.15	××律师事务所律师	136****1981			2018/10/16
2018.10.17	10:00 AM		××公司总经理助理	137****5500	2018.10.15		2018/10/17
2018.10.17	9:30 AM	于敏	××特快送货员	159****4562	于敏	顾肯	2018/10/17
2018.10.17	11:04 AM	李璐	××材料公司推销员	152****8580	李璐	顾肯	2018/10/17
2018.10.17	6:20 PM	赵芳琪	××广告公司设计师	159****1818	赵芳琪	顾肯	2018/10/17
2018.10.17	3:40 PM	孙杨	××网站推广业务员	133****7810	孙杨	顾肯	2018/10/17
2018.10.18	11:03 AM	王大陆	××杂志广告业务员	134****5555	王大陆	顾肯	2018/10/18
2018.10.18	12:02 AM	李霄	××公司技术部部长	133****2315	李霄	顾肯	2018/10/18

⑦ 快速填充格式正确的日期

访客登记表

日期	具体时间	访客姓名	证件登记	访客联系方式	访客签字	接待员签字	日期
2018年10月15日	8:30 AM	余芳华	××公司质检干事	139****5560	余芳华	顾肯	2018/10/15
2018年10月15日	2:30 PM	邵斌	××公司经理助理	158****1233	邵斌	顾肯	2018/10/15
2018年10月16			××律师事务所律师	136****1981	盛克勤	顾肯	2018/10/16
	10 AM		××公司总经理助理	137****5500	刘洋	顾肯	2018/10/17
2018年10月17日	9:30 AM	于敏	××特快送货员	159****4562	于敏	顾肯	2018/10/17
2018年10月17日	11:04 AM	李璐	××材料公司推销员	152****8580	李璐	顾肯	2018/10/17
2018年10月17日	6:20 PM	赵芳琪	××广告公司设计师	159****1818	赵芳琪	顾肯	2018/10/17
2018年10月17日	3:40 PM	孙杨	××网站推广业务员	133****7810	孙杨	顾肯	2018/10/17
2018年10月18日	11:03 AM	王大陆	××杂志广告业务员	134****5555	王大陆	顾肯	2018/10/18
2018年10月18日	12:02 AM	李霄	××公司技术部部长	133****2315	李霄	顾肯	2018/10/18

⑧ 以"值"方式粘贴日期

Article 051　不再重复输入

制作报表时常常需要输入重复的内容，如果靠人工一遍遍地输入是非常浪费时间和精力的，下面将介绍几种快速输入重复内容的方法。

第一种方法是使用复制粘贴功能按钮。

第二种方法是使用快捷键。Ctrl+C和Ctrl+V这两组合键在制表过程中使用的频率非常高，它们相当于功能按钮，操作起来更方便快捷，但是需要注意的是，使用快捷键会默认使用"保留源格式"的粘贴方式，所以当表格使用较复杂的底纹、边框时不推荐使用Ctrl+C和Ctrl+V组合键。

第三种方法是同时选择需要输入相同内容的多张工作表，然后在当前工作表的单元格中输入内容，则被选中的工作表中也会出现相同的内容。

Article 052 部分相同内容也可以快速输入

在制作报表时，如果有大量相同的内容需要输入时，可以使用一些快捷方式避免重复操作。输入相同的内容又分多种情况，比较常见的是在相邻区域内输入相同内容以及在不相邻的区域内输入相同内容，这两种情况都可以使用复制和填充的方法解决。然而在填充相同内容时还会遇到一些比较棘手的情况，例如在每个单元格中输入部分相同的内容。以图❶为例，D列中的每一个住址之前都需要添加"徐州市"，形成图❷中的效果，用以往掌握的方法很难根据要求快速完成操作。

这时可变换思路，尝试其他方式。自Excel 2013版开始，新增了"快速填充"功能，该功能可以基于示例快速填充数据。先在本例表格的右侧空白单元格内输入一个示例"徐州市泉山区"，然后按Ctrl+E组合键，示例下方的单元格随即会根据D列中的内容自动完成填充❸。随后将填充得来的内容复制到住址列即可❹。

除此之外，通过自定义单元格格式也能够完成操作。首先选中需要输入部分相同内容的单元格区域，打开"设置单元格格式"对话框，在"数字"选项卡中选择"自定义"选项；然后在"类型"文本框中输入"徐州市@"；最后单击"确定"按钮关闭对话框❺。这时可看到选中的单元格区域前面统一出现了"徐州市"。

❶ 没有输入城市信息

❷ 批量输入城市信息

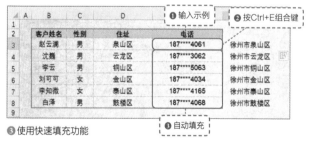

❸ 使用快速填充功能

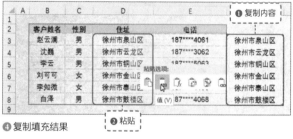

❹ 复制填充结果

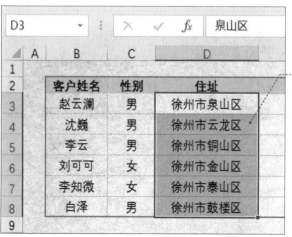

❺ 显示效果

只允许对指定区域进行编辑

对于一些具有特殊性质的表格，为了保证其安全性往往需要对其加以保护。根据报表的类型以及使用范围可选择不同的保护方式。如果报表的机密程度较高，可采用设置访问密码的形式进行保护；若报表可以公开展示，但不希望他人随意更改其中的内容，可限制报表的编辑范围；同一份报表有的人只能查看内容，而有的人却可以凭借密码对限制编辑的区域进行编辑……以上列举的这些都是保护工作表和工作簿时的常用操作。下面将对一份常见的公司差旅费报销单进行保护。

要求如下，①只显示报销单，报销单以外区域不可编辑；②限制只能对表格中的黄色底纹区域进行编辑，其他区域不可选中，不可编辑；③隐藏网格线、编辑栏及标题栏。

要想只显示表格区域很简单，将表格以外的行和列隐藏即可。由于工作表中的行列数太多，手动拖选比较麻烦，这时候可以借助快捷键选择。选中图❶中的P列，按Ctrl+Shift+→组合键可选中P列向右的所有列，然后通过右键菜单执行"隐藏"命令，将所有选中的列隐藏❷。隐藏行的方法和隐藏列相似。向下选中多余列的组合键为Ctrl+ Shift+↓。

限制编辑区域时，要注意对区域的锁定以及解锁顺序。单击行号和列标相交处的█按钮，全选表格。按

Ctrl+1组合键打开"设置单元格格式"对话框，在"保护"选项卡中勾选"锁定"按钮❸。选中表格中填充了黄色底纹的多个单元格区域，再次打开"设置单元格格式"对话框，在"保护"选项卡中取消"锁定"复选

框的勾选❹。在"审阅"选项卡中单击"保护工作表"按钮，打开"保护工作表"对话框，勾选"选定未锁定的单元格"复选框❺。

此时工作表中只有填充了黄色底纹的单元格区域可以编辑，其他单元格区域处

于不可选中的状态。

最后在"视图"选项卡中取消"网格线""编辑栏""标题"复选框的勾选，将多余的表格元素隐藏，使界面看上去更清爽❻。

❶ 选中多余的列

❷ 隐藏列

❸ 锁定表格中所有单元格

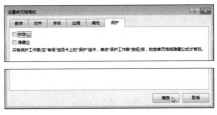

❹ 取消锁定表格中黄色底纹区域

❺ 保护锁定的单元格

❻ 隐藏网格线、编辑栏及标题栏

从身份证号码中提取生日的*n*种方法

　　一个18位的身份证号码包含了许多信息，如果将这些信息提取出来就可以了解这个人的大概情况，如户籍所在地、出生年月日、性别等。

　　从身份证号码中提取信息之前需要先了解身份证号码中的每个数字代表的含义。

　　18位的身份证号码前6位为地址码，表示编码对象第一次申领居民身份证时的常住户口所在地，其中第1、2位是省、自治区、直辖市代码；第3、4位是地级市、自治州、盟代码；第5、6位是县、县级市、区代码；第7~14位表示编码对象出生的年、月、日；15~17位是县、区级政府所辖派出所的分配码，其中单数为男性分配码，双数为女性分配码，也就是说通过第17位号码即可判断出身份证持有人的性别。身份证最后一位是校验码，可以是数字0~9或者X。

　　图❶用表格的形式清晰地展示了身份证号码对应的信息情况。

　　公司人事部的职员可能经常和员工档案、员工基本信息之类的表格打交道，在此类表格中用户完全可以通过身份证号码批量采集有用的信息。从身份证号码中提取出生日期便是很常见的操作，提取方法也有很多种。

Technique **01**

用公式提取

　　会用函数的人只需要编写正确的公式便能从身份证号码中提取出生日期。并根据公式类型返回相应的日期格式，例"短日期"❷和"长日期"❸。

　　如果身份证号码发生了变动或者有新的身份证号码输入，公式都会自动从新号码中提取出生日期，由此可见使用公式提取身份证号码中的出生日期不仅方便快捷，而且能够防止错误信息的产生。

　　使用公式提取出的日期只是形式上看起来像日期，其本质上还是文本字符串，要想将文本日期转换成真正的日期格式还需进行一系列操作。

Technique **02**

利用"快速填充"提取

　　虽然函数功能强大，但是并非每个人都会用函数，在从身份证号码中提取出生日期时其实有更简单的方法。之前的方法中介绍过

"快速填充"功能，利用该功能提取生日更简单。在提取之前，需要将保存出生日期的单元格设置成2012-03-04日期格式❹。

　　在出生日期列中手动输入前两个身份证号码中的出生日期（即身份证号码的第7~14位数）并用"-"符号将年、月、日隔开。然后选中所有需要填充出生日期的单元格，按Ctrl+E组合键❺，即可从身份证号码列中批量提取出生日期。

3	1	0	1	0	1	Y	Y	Y	Y	M	M	D	D	0	0	6	X
地址码						出生日期码								分配码			校验码

❶ 身份证号码中隐藏的个人信息

❷ 公式提取"短日期"格式的出生日期

❸ 公式提取"长日期"格式的出生日期

用分列功能提取

"分列"功能即按固定宽度进行分列的特性，将出生日期从身份证号码中拆分出来。

选中所有身份证号码，在"数据"选项卡中单击"分列"按钮 6。打开"文本分列向导"对话框。该对话框共分3步。在第1步对话框中选择"固定宽度" 7；第2步在对话框的"数据预览"区域中分别在出生日期之前和之后单击，添加两条分隔线 8；第3步在对话框中依次单击出生日期之前及之后的区域，并分别选中"不导入此列（跳过）"单选按钮 9。最后单击出生日期区域，并选中"日期"单选按钮。设置好"目标区域"（导出出生日期的单元格区域，或首个单元格）。单击"完成"按钮 10，便可将所选身份证号码中的所有出生日期提取出来，并保存到指定的单元格中。

使用"快速填充"和"分列"功能提取出生日期，省去了编写公式的麻烦，提取出的生日是标准的日期格式。这两种方法更适用于所有身份证号码已输入完成，并且以后不会再对身份证号码进行修改的情况。

❹ 设置日期类型

❺ 输入前两个出生日期后进行快速填充操作

❻ 单击"分列"按钮

❼ 选择"固定宽度"

❽ 根据宽度分隔出生日期

❾ 设置"不导入此列（跳过）"的号码段

❿ 设置导出号码段的格式及位置

Article
055
为工作簿/表上把锁

实际工作中，财务表、销售表、采购表之类的报表往往会涉及一些保密信息，为了防止他人泄露信息，需要为这些报表加密。那如何进行加密呢？首先打开需要加密的工作表所在的工作簿，这里为"员工薪资统计表"进行加密，单击"文件"按钮，打开"文件"菜单；然后在"信息"选项中单击"保护工作簿"下拉按钮❶，从列表中选择"用密码进行加密"选项，随即弹出"加密文档"对话框，在其中设置密码后单击"确定"按钮，随后弹出"确认密码"对话框，再次输入设置的密码后单击"确定"按钮即可；最后再次打开该工作簿就会发现只有填写正确的密码才可以查看表格中的信息❷，这样就防止了他人随意查看，确保信息的安全性。

此外，还可以通过隐藏工作表来防止他人查看信息，具体操作方法为选择需要隐藏的工作表，然后右击，从弹出的快捷菜单中选择"隐藏"命令❸，该工作表就被隐藏起来了，他人就无法查看了。

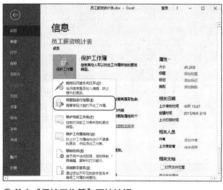
❶ 单击"保护工作簿"下拉按钮

❷ 工作簿设置了密码保护

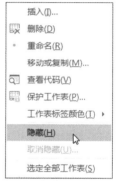
❸ 选择"隐藏"命令

有时候给别人发送了一张表格，没有经过别人允许就擅自更改表格中的数据，最后导致整张表格中的数据汇总错误。为了避免这种情况，最直接的方法就是给工作表加密。

打开工作表，在"审阅"选项卡中单击"保护工作表"按钮，弹出"保护工作表"对话框，在其中设置密码，并取消所有复选框的勾选，单击"确定"按钮后弹出"确认密码"对话框，重新输入密码，单击"确定"按钮即可❹。此时表格中的数据则只能被查看，他人无法选中，若想要更改表格中的数据则会弹出提示信息，提示只有输入密码后才可以进行修改❺。

有一些表格需要在特定的区域填写数据，这时可为表格设置允许编辑的区域，限定只能在受允许的区域内

❹ "保护工作表"按钮

❺ 禁止更改提醒对话框

52

填写数据。以图⑥为例，现在需要设置只允许在添加了底纹的区域内填写数据。

首先选中蓝色区。在"开始"选项卡中单击"格式"按钮，从列表中取消"锁定单元格"选项的选择，然后在"审阅"选项卡中单击"允许编辑区域"按钮，弹出"允许用户编辑区域"对话框，从中单击"新建"按钮，弹出"新区域"对话框，从中为区域命名，然后单击"确定"按钮返回"允许用户编辑区域"对话框，单击"保护工作表"按钮⑦，打开"保护工作表"对话框，为蓝色区域以外默认锁定保护区域设置编辑密码，接着取消勾选"选定锁定单元格"复选框⑧，最后单击"确定"按钮。保护工作表后，蓝色区以外的范围是无法被选中的，也无法做任何更改。

❻ 取消锁定单元格

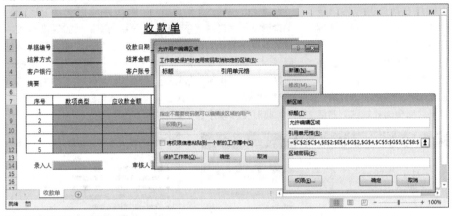

❼ 添加设置允许用户编辑区域

❽ "保护工作表"对话框

Article 056 来去自由的滚动条

当打开一张工作表时，发现没有垂直和水平滚动条❶，那么遇到这种情况该怎么办呢？其实不用着急，稍微设置一下，滚动条就会出现。首先在"文件"菜单中选择"选项"选项，打开"Excel选项"对话框，从中选择"高级"选项，然后在右侧区域中勾选"显示水平滚动条""显示垂直滚动条"复选框❷，最后单击"确定"按钮即可。

同样，如果不想让滚动条出现，直接取消"显示水平滚动条""显示垂直滚动条"复选框的勾选即可。

❶ 窗口中不显示水平滚动条及垂直滚动条

❷ 勾选"显示水平滚动条""显示垂直滚动条"复选框

你选择的数据就是"焦点"

核对数据很考验眼力，尤其是在数据量很大的情况下。如果在核对数据的时候鼠标点到哪里，单元格对应的行和列就高亮显示形成聚光灯效果，那就再也不用担心会看错行列了。排除了干扰，工作量自然会提高很多。

在Excel中制作聚光灯效果可通过以下两个步骤来完成。第1步是设置条件格式；第2步是编写VBA代码。

下面来了解一下具体的制作过程。

第1步，设置条件格式之前先要选中整个数据区域，当数据区域较大时，鼠标拖动选择比较麻烦。可将单元格定位在数据区域内，按Ctrl+A组合键全选包含数据的单元格区域。随后在"开始"选项卡中单击"条件格式"按钮，在其下拉列表中选择"新建规则"选项❶。打开"新建格式规则"对话框，从中选择"使用公式确定要设置格式的单元格"选项，输入公式"=OR(CELL("row")=ROW(),CELL("col")=COLUMN())"，随后单击"格式"按钮，在"设置单元格格式"对话框中设置字体为白色，单元格背景填充为橙色。设置完成后返回"新建格式规则"对话框，单击"确定"按钮关闭对话框❷。

此时工作表中还不能形成聚光灯效果。接下来还需要编写VBA代码。

第2步，右击工作表标签，选择"查看代码"选项，打开Visual Basic窗口。输入下面这段代码❸，输入完成后关闭Visual Basic窗口。此时在工作表中选中任意一个单元格，该单元格所在的行和列即可被高亮显示，形成标题所述的聚光灯效果❹。

❶ 选择"新建规则"选项

❷ 自定义规则

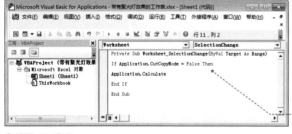

❸ 编写VBA代码

```
Private Sub Worksheet_SelectionChange(ByVal Target As Range)
If Application.CutCopyMode = False Then
Application.Calculate
End If
End Sub
```

	A	B	C	D	E	F	G	H
1	年份	业务员	客 户	出库单号	产品类型	数量	单价	金额
2	2018	王 珑	内蒙古	XXD1301-001	小型数控雕刻机	3	¥45,000.00	¥135,000.00
3	2018	刘悦悦	四 川	XXD1301-002	小型数控雕刻机	2	¥45,000.00	¥90,000.00
4	2018	孙小菲	四 川	XXD1301-003	小型数控雕刻机	4	¥45,000.00	¥180,000.00
5	2018	冯 志	四 川	XXD1301-004	小型数控雕刻机	1	¥45,000.00	¥45,000.00
6	2018	王 珑	黑龙江	SKC1301-005	数控车床	5	¥110,000.00	¥550,000.00
7	2018	刘悦悦	广 东	XXD1301-006	小型数控雕刻机	7	¥45,000.00	¥315,000.00
8	2018	孙小菲	辽 宁	XXD1301-007	小型数控雕刻机	4	¥45,000.00	¥180,000.00
9	2018	冯 志	辽 宁	XXD1301-008	小型数控雕刻机	1	¥45,000.00	¥45,000.00

❹ 聚光灯效果

由于在设置聚光灯效果时使用了VBA，所以在关闭工作簿的时候需要将该工作簿保存为启用宏的工作簿，这样才能保证代码长期有效。

Article 058 1秒钟在所有空白单元格中输入数据

当表格中有部分单元格需要输入相同的内容时，可以按住Ctrl键依次选中这些单元格，然后在最后一个选中的单元格内输入数据，按Ctrl+Enter组合键便可将这些数据填充到选中的每一个空白单元格中。

若空白单元格数量较多且分散在不同的区域时，逐一选择这些单元格比较麻烦，这种情况可使用"定位条件"功能快速定位所有空白单元格。首先选中工作表中的数据区域❶，按Ctrl+G组合键打开"定位"按钮，单击"定位条件"按钮❷，打开"定位条件"对话框，从中选择"空值"单选按钮并单击"确定"按钮❸。这时工作表中的所有空白单元格都被选中了，接着在"编辑栏"中输入数据70，再按Ctrl+Enter组合键进行填充即可❹。

此外，使用"查找和替换"功能也能够实现批量填充相同内容，并且操作起来更为便捷，打开"查找和替换"对话框，在"替换为"文本框中输入70❺，最后单击"全部替换"按钮即可完成数据的填充。

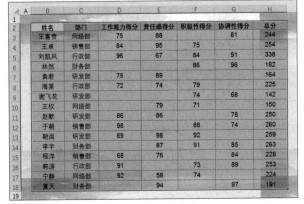

❶ 选中工作表中的数据区域

❷ "定位"对话框

❸ 选择"空值"单选按钮

❹ 批量输入相同数据

❺ 将空值替换为相同内容

只能输入指定数据

在工作表中输入数据时，为了确保输入信息的准确性，提高输入速度，减少工作量，可以使用数据验证功能，限定数据输入的范围，例如在输入手机号码时，会不小心多输入一位或少输入一位数字，在这里可以设置只能输入11位数字。

首先选中I3:I19单元格区域，在"数据"选项卡中单击"数据验证"按钮，打开"数据验证"对话框，在"允许"下拉列表中选择"文本长度"选项，然后在"数据"下拉列表中选择"等于"选项，最后在"长度"文本框中输入11，单击"确定"按钮即可①。

此时选中的单元格区域只能输入11位的手机号码。如果输入的不是11位数字②，系统会给出提示信息对话框，单击"重试"按钮，输入正确的手机号码即可③。

此外，还可以设置系统提示信息的内容，即在"数据验证"对话框中的"出错警告"选项卡中进行设置。

① 设置"文本长度"

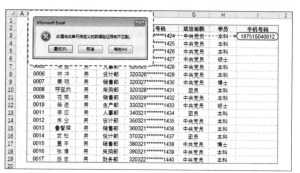
② 输入12位手机号码

③ 输入正确的手机号码

圈释无效数据

在制作报表的过程中，填写数据时由于疏忽会填写一些不符合要求的数据①，这时就需要对表格进行核查，把不符合要求的数据圈释出来。首先在此工作表中设置"领用日期"列，即B3:B17单元格区域中的"数据验证"，在"允许"下拉列表中选择"日期"，"数据"下拉列表中选择"介于"，然后设置"开始日期"和"结束日期"选项，最后单击"确定"按钮②；然后设置"数量"列，即E3:E17单元格区域中的"数据验证"，在"允许"下拉列表中选择"整数"，"数据"下拉列表中选择"介于"，"最小值"设置为1，"最大值"设置为10，设置好后单击"确定"按钮③；最后单击"数据"选项卡中的"数据验证"下拉按钮，从列表中选择"圈释无效数据"选项，即可将表格中不符合要求的数据突显出来④。

① 原始效果

② 设置"领用日期"

③ 设置"数量"

④ 圈释无效数据

第二篇

Article 061 联动的多级列表

当输入到报表中的内容有一个已知的范围时，例如文化程度的范围为本科、硕士、博士，性别的范围为男和女等，输入时可以先将这部分内容通过数据有效性添加到下拉列表中，在输入时只需要从列表中进行选择即可输入想要的内容❶。在本例工作表中需要为"文化程度"创建下拉列表。具体操作方法为选中需要添加下拉列表的单元格区域E3:E17，在"数据"选项卡中单击"数据验证"按钮❷，打开"数据验证"对话框，在"允许"下拉列表中选择"序列"，然后在"来源"文本框中输入将要添加到下拉列表中的内容即"本科,硕士,博士"，每个内容之间用英文逗号隔开，最后单击"确定"按钮即可❸。

❶ 通过下拉列表输入内容

❷ 单击"数据验证"按钮

❸ 设置验证条件

使用数据验证还能制作出多级列表的效果，下面介绍如何制作二级下拉列表。图❹和图❺是同一份表格，该表中B~E列保存了一份菜系及菜系下包括的菜名，现在希望能够实现在F列选择菜系，在G列选择该菜系下的菜名的效果。其具体操作方法为首先选择F3:F16单元格区域，在"数据"选项卡中单击"数据验证"按钮。打开"数据验证"对话框，在"允许"下拉列表中选择"序列"选项，在"来源"文本框中输入公式"=$B$2:$E$2"，然后单击"确定"按钮❻。此时F3:F16区域的下拉列表即设置完成。

接着设置G3:G16单元格区域的二级下拉列表。设置数据验证之前先要为菜系及菜名定义名称。选中B2:E16单元格区域，按Ctrl+Shift+F3组合键，打开"根据所选内容创建名称"对话框，只保留"首行"复选框为选中状态，单击"确定"按钮❼。定义名称后选中G3:G16单元格区域，再次打开"数据验证"对话框，设置验证条件中的"允许"为"序列"，在"来源"文本框中输入公式"=INDIRECT($F3)"，❽单击"确定"按钮，G3:G16单元格区域的二级下拉列表设置完成。

❹ 通过下拉列表选择菜系

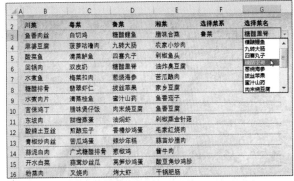
❺ 通过二级下拉列表选择菜名

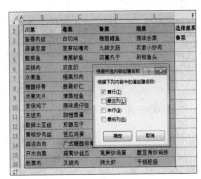
❻ F3:F16区域数据验证

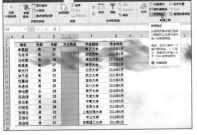
❼ 定义名称

❽ G3:G16区域数据验证

销售报表的数据随单位而变

有时需要将报表中的金额以不同单位显示，以满足更多场合的使用。接下来介绍关于金额显示的技巧。操作步骤并不复杂，首先选中G2单元格❶，在"数据"选项卡中单击"数据验证"按钮，打开"数据验证"对话框。然后在"允许"下拉列表中选择"序列"选项，接着在"来源"文本框中输入"元,万元,十万元,百万元"❷。设置完成后单击"确定"按钮。

然后选中金额列所在范围，即G4:G14单元格区域，在"开始"选项卡中单击"条件格式"按钮，从列表中选择"新建规则"选项，打开"新建格式规则"对话框，在"选择规则类型"列表框中选择"使用公式确定要设置格式的单元格"选项。然后从中输入公式"=$G$2="万元""❸，接着单击"格式"按钮，打开"设置单元格格式"对话框，在"数字"选项卡中选择"自定义"选项，然后在"类型"文本框中输入"0!.0,"❹，最后单击"确定"按钮即可。按照同样的方法设置金额列条件格式的公式为"=$G$2="十万元

"，格式代码为"0!.00,"。然后按照同样的方法再次设置金额列条件格式的公式为"=$G$2="百万元""，格式代码为"0.00,"。设置完成

后，只要从下拉列表中选择金额单位❺，就可以按指定的单位显示金额❻，这样看起来一目了然。

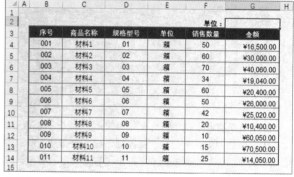

❶ 选中G2单元格

❷ 设置验证条件

❸ 输入公式

❹ 设置自定义格式

❺ 选择金额单位

❻ 按指定的单位显示金额

Article 063 一眼看穿单元格的性质

如果想知道一张表格中是否有单元格设置了数据验证，那就来个精确定位。首先按Ctrl+G组合键打开"定位"对话框❶，然后单击"定位条件"按钮，打开"定位条件"对话框❷，选中"数据验证"单选按钮，最后单击"确定"按钮，这时设置了数据验证的单元格会全部被选中。如果弹出提示对话框，显示"未找到单元格"，则说明该工作表中没有设置数据验证的单元格。

❶ "定位"对话框

❷ "定位条件"对话框

Article 064 花样查找

经常使用Excel的人应该都用过查找和替换功能，但一般只是用其在茫茫的数据海洋中查找指定的数据。其实查找和替换功能很强大，如果了解其更多的用法，那么，工作起来将事半功倍。下面就对查找功能进行详细的介绍。

Technique 01
按单元格格式查找

在实际工作中，有时候会对表格中的数据设置格式，来突出显示该数据。但有时候设置的数据格式过多反而很难找出想要的数据。例如，在表格中将各项得分大于90和小于60的数据设置了单元格格式❶，现在通过查找单元格格式的方法将各项得分大于90的数据查找出来。具体操作方法为打开"查找和替换"对话框，在"查找"选项卡中单击"查找内容"右侧的"格式"按钮，然后在列表中选择"从

单元格选择格式"选项❷。此时进入工作表编辑区，光标变为了吸管形状，这时单击需要查找数据的单元格格式。选择格式后，"未设定格式"按钮将变为"预览"形式，接着单击"查找全部"按钮❸。此时对话框中便会显示出查找到的所有符合条件的单元格信息❹。

姓名	部门	工作能力得分	责任感得分	积极性得分	协调性得分	总分
王富贵	网络部	75	88	98	81	342
王卓	销售部	84	95	75	82	336
刘凯风	行政部	96	67	84	88	335
林然	财务部	81	84	86	96	347
袁君	研发部	75	89	82	74	320
海棠	行政部	72	74	79	66	291
谢飞花	研发部	45	72	74	68	259
王权	网络部	68	79	71	63	281
赵默	财务部	86	86	68	50	290
于朝	销售部	98	80	88	74	340
朝闻	研发部	69	98	89	76	332
李宇	财务部	78	87	91	85	341
程洋	销售部	68	76	59	84	287
郭涛	行政部	91	75	73	89	328
宁静	网络部	70	58	74	98	300
夏天	财务部	86	85	86	70	327

❶ 包含多种格式的表

工作能力得分	责任感得分
75	88
84	95
96	67
81	84
75	89

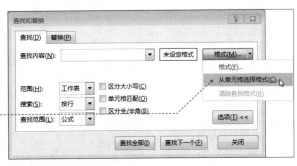
❷ 从单元格选择格式

❸ 单击"查找全部"按钮

❹ 显示查找结果

59

使用通配符进行查找

当不能确定所要查找的内容时，可以通过模糊查找查询需要的内容。所谓模糊查找，是指使用通配符进行查找。在进行模糊查找前需要对通配符的类型及使用方法进行说明。在Excel中的通配符有三种，分别是星号"*"，表示占位多个字符；问号"?"，表示占位一个字符；波浪符"~"，表示波浪符右侧的符号为普通字符。通配符之间组合应用能够表达许多不同的含义，组合示例如图⑤所示。

下面将在实际案例中介绍通配符在查找和替换功能中的应用。先在表格中查找产品名称最后一个字为"机"的单元格。首先选中"产品名称"列，按Ctrl+F组合键打开"查找和替换"对话框，在"查找内容"文本框中输入"*机"，随后单击"全部查找"按钮，便可查找到选区内所有最后一个字为"机"的单元格。如果想要选中这些单元格，按Ctrl+A组合键全选对话框中的查找记录即可⑥。

接下来继续查找字符总个数是5个，前两个字符是"无线"的单元格。再次打开"查找和替换"对话框，展开对话框中的所有选项，勾选"单元格匹配"复选框，之后再单击"查找全部"按钮⑦，这样才能够准确地查找到与要求相匹配的单元格，若不勾选"单元格匹配"复选框，而直接进行查找，那么所有以"无线"开头的单元格都会被查找出来⑧。

使用区分大小写

有些表格中同时包含大写

字母和小写字母，若要使用查找和替换功能查找某个大写字母，需要启动区分大小写功能。例如，查找"等级"为A的大写字母。打开"查找和替换"对话框，输入查找内容为大写的A，先勾选"区分大小写"复选框，再进行查找。即可查找到表格中所有包含大写A的单元格⑨。

通配符	含义	示例	可以匹配的字符
?	任意一个字符	?果	水果、苹果、后果、因果等
??	任意两个字符	??果	火龙果、长生果、天仙果等
???	任意三个字符	果???	果不其然、果然如此等
*	任意数量的字符	你*	你好、你在哪里、你是大海星辰等
??-???	共6个字符，第三个字符为"-"	??-???	XY-051、00-18X等
abc	包含"abc"的字符	*风*	春风十里不如你、忽如一夜春风来等
*~?	结尾是问号的字符	*~?	你是Excel大神吗？我漂亮吗？等

⑤ 通配符组合使用示例

⑥ 查找最后一个字是"机"的单元格

⑦ 设置单元格匹配

⑧ 未设置单元格匹配

⑨ 查找内容为大写字母A的单元格

用色块归类数据信息

在工作中，常常需要为表格中的单元格填充颜色，使该单元格中的内容与其他单元格区分开来，这样也便于查找和阅读❶。在这里需要将包含同类课程的单元格填充统一的颜色，例如，将健身课程表中相同的课程填充统一的颜色，可以使用"查找和替换"功能来实现快速操作。

首先，按Ctrl+H组合键打开"查找和替换"对话框，然后在"查找内容"文本框中输入要查找的内容，这里输入"普拉提"，接着单击"替换为"右侧的"格式"按钮❷，打开"替换格式"对话框，然后在"填充"选项卡中设置单元格的填充颜色❸。如果没有满意的颜色，可以单击"其他颜色"按钮，从中选择满意的颜色。还可以根据需要设置

单元格的填充效果或者设置单元格填充图案的样式和颜色，设置完成后单击"确定"按钮返回"查找和替换"对话框，从中可以看到"替换为"右侧的预览颜色。接着单击"全部替换"按钮，将所有课程是"普拉提"的单元格填充颜色。此时表格中课程是"普拉提"的单元格全部被填充了浅蓝色❹。最后按照同样的方法

为其他相同的课程填充统一的颜色。

此外，还可以使用"填充颜色"功能为单元格填充颜色，即选中G2:H2单元格区域，在"开始"选项卡中单击"填充颜色"按钮，从列表中选择合适的颜色，即可为所选单元格填充颜色。例如，根据属于同一类别的课程颜色，为"团课有氧操"填充颜色。

❶ 单元格填充了颜色的表格

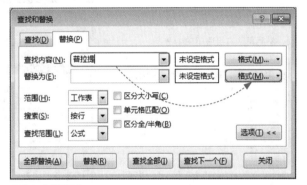

❷ 输入"普拉提"

❸ 选择合适的填充颜色

❹ 填充颜色效果

突显符合条件的报表数据

如果表格中的数据量非常大，想要从大量的数据中找出需要的数据是非常费时间的，这时，可以将符合条件的数据突显出来。例如，在工作表中找出销售金额大于90000的数据。此时可以使用条件格式功能，将销售金额大于90000的单元格突显出来❶。

具体操作方法为首先选中F3:F21单元格区域，然后在"开始"选项卡中单击"条件格式"下拉按钮，从列表中选择"突出显示单元格规则"选项，然后再从其级联菜单中选

择"大于"选项，打开"大于"对话框，从中输入90000，然后设置填充颜色为"浅红填充色深红色文本"，设置完成后单击"确定"按钮即可。这时可以在工作表中看到销售金额大于90000的单元格被突显出来了。

此外，在"突出显示单元格规则"选项的级联菜单中还可以设置销售金额小于某值、介于某两个值、等于某值等，

可以根据需要进行设置。

如果菜单中没有需要的选项，可以选择"其他规则"进行自定义设置。

在查看工作表时，还可以根据需要将符合条件范围的数据突显出来，例如将表格中的"总分"最大的3个数据查找并突显出来❷。此时不需要对比查看找出最大的3个总分，只需要选中H3:H20单元格区域，然后在"开始"

选项卡中单击"条件格式"下拉按钮，从列表中选择"最前/最后规则"选项，然后在其级联菜单中选择"前10项"选项，弹出了"前10项"对话框，在文本框中输入3，接着设置填充颜色为"绿填充色深绿色文本"，设置完成后单击"确定"按钮即可。此时在工作表中可以看到"总分"最大的前3个的单元格已被突出显示出来。

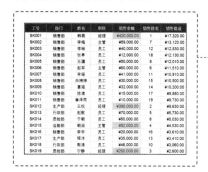

❶ 设置突出显示大于90000的销售金额

❷ 设置突出总分的前3名

被忽视的数据条

数据条属于图形化条件格式，使用数据条可以使数据更加直观地展现出来。例如，为了对比"期中成绩"和"期末成绩"的情况，可以分别为其添加数据条，即选中C3:C11单元格区域❶，在"开始"选项卡中单击"条件格式"按钮，从列表中选择"数据条"选项，然后从其级联菜单中选择"绿色数据条"选项。接着按照同样的方法为D3:D11和E3:E11单元格区域添加合适的数据条❷。

"分数增减"列中同时存在正数和负数，当应用数据条时，会呈现出双色反向对比的效果。此方法常用来进行盈亏平衡分析、涨跌幅度分析、偏离平均值的分析等。

添加完数据条后，如果想要反向显示左侧的数据条，得到像"旋风"一样的效果图❸，可以选中C3:C11单元格区域，在"条件格式"列表中选择"管理规则"选项，打开"条件格式规则管理器"对话框，从中单击"编辑规则"按钮。打开"编辑格式规则"对话框，从中将"条形图方向"设置为"从右到左"❹，最后单击"确定"按钮即可。可以看到C列中的条形图方向发生了改变，从而得到"旋风图"效果。

从上面的"旋风型"条形图中可以看到，部分数据被数据条遮挡住了，而且每个系列的最大数值均占满单元格，代表100%。这就意味着两个系列对比的是各自的百分比，而不是绝对数值。如果想要对比"期中成绩"和"期末成绩"分数的大小，则必须统一两个系列的取值范围。具体操作方法为首先选中C3:C11单元格区域，打开"编辑格式规则"对话框，从中将"最小值"和"最大值"的类型更改为"数字"，然后将最小值改为0，最大值改为120❺。这里需说明，由于两组数据的最大值均为90，所以120>90，这样可以为数据留出空间，防止遮挡最大的数值。设置完成后单击"确定"按钮即可，然后按照同样的方法设置D3:D11单元格区域。最后将C列数据左对齐，将D列数据右对齐，即可完成设置❻。

❶ 选中C3：C11单元格区域

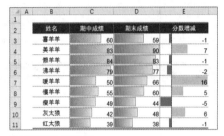
❷ 用数据条展示数值

❸ 旋风图效果

❹ 更改"条形图方向"

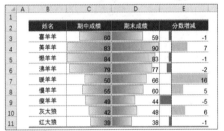

❺ 设置数据条最大值和最小值

❻ 数据条以数值实际大小显示

Article 068 漂亮的色阶

日常生活中经常会看到一些用颜色反映数据变化的图形，利用Excel色阶功能也可以实现类似的效果。例如，对一周的实时温度使用色阶功能，可以更加直观地反映温度变化情况❶。

选中C4:I27单元格区域，在"开始"选项卡中单击"条件格式"按钮，从展开的列表中选择"色阶"选项，然后从其级联菜单中选择"红-黄-绿

色阶"选项❷，数据即可应用所选色阶效果。

从完成的温度色阶中可以看出，温度越高，颜色越红，温度越低，颜色越绿。如果大家觉得色阶的渐变效果不够明显，可以自定义色阶的取值范围以及色阶颜色。

具体操作方法为在"条件格式"下拉列表中选择"管理规则"选项，打开"条件格式规则管理器"对话框，

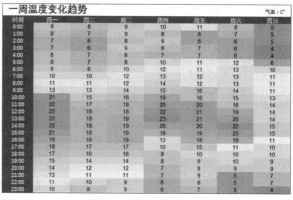

❶ 色阶显示一周气温变化

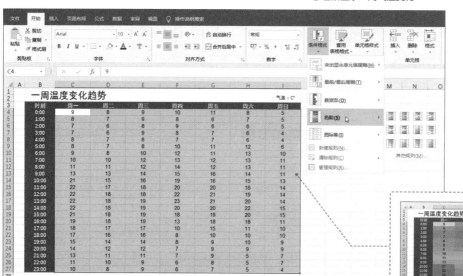

❷ 设置色阶

单击"编辑规则"按钮，弹出"编辑格式规则"对话框，重新选择类型为"数字"并分别设置最小值、中间值及最大值，通过"颜色"下拉列表可以重新选择最小值、中间值以及最大值的颜色❸，设置完成后单击"确定"按钮即可显示修改后的效果❹。

❸ 设置色阶的取值范围及颜色

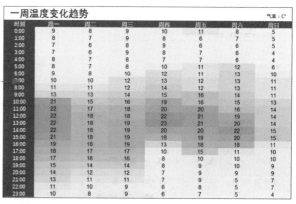

❹ 色阶的取值范围及颜色得到修改

形象的图标集

在进行展示数据时，可以使用"图标集"功能将数据划分等级，使数据等级更形象地展示出来。图标集默认划分方式是以数据区域内的最小值和最大值作为两个端点，按照图标的个数等距划分，接下来以"完成进度"为标准等级划分❶，介绍如何为项目进度添加图标集，具体操作方法为选中数据区域❷，在"开始"选项卡中单击"条件格式"按钮，从列表中选择"图标集"选项，然后从其级联菜单中选择合适的图标集，即可为表中数据添加图标集❸。这时如果更改表格中的数据，会发现图标集并不能同步变化❹，那么该如何修改呢？其实很简单，首先打开"编辑格式规则"对话框，对图标的"值"和"类型"

进行设置❺，设置完成后单击"确定"按钮即可❻。

接下来再讲解一个案例，要求将绩效考核成绩进行等级划分，即大于或等于80为一个等级，大于或等于60而小于80为一个等级，

小于60为一个等级。

具体操作方法为选中D3:G20单元格区域❼，在"条件格式"列表中选择"图标集"选项，然后从其级联菜单中选择"其他规则"选项，打开"新建格式规则"对

话框，从中进行设置❽，设置完成后单击"确定"按钮即可。此时可以看到为绩效考核成绩添加图标集后的效果❾。

完成进度	进度显示
80%~100%	●
60%~80%（不包含）	◕
40%~60%（不包含）	◑
20%~40%（不包含）	◔
0%~20%（不包含）	○

❶ 标准等级划分

工作项目	项目进度
A	100%
B	70%
C	50%
D	30%
E	0%

❷ 初始数据

工作项目	项目进度
A	● 100%
B	◕ 70%
C	◑ 50%
D	◔ 30%
E	○ 0%

❸ 添加图标集

工作项目	项目进度
A	● 70%
B	● 60%
C	◑ 40%
D	● 30%
E	● 20%

❹ 更改表中数据

❺ 设置"值"和"类型"

图标(N)　当值是　>= 1　数字
　当 <1 且　>= 0.6　数字
　当 < 0.6 且　>= 0.4　数字
　当 < 0.4 且　>= 0.2　数字
　当 < 0.2

工作项目	项目进度
A	◕ 70%
B	◕ 60%
C	◑ 40%
D	◔ 30%
E	◔ 20%

❻ 图标取值范围得到修改

❽ 设置图标集参数

基于各自值设置所有单元格的格式：
格式样式(O)：图标集　反转图标次序(D)
图标样式(C)：●●●　仅显示图标(I)
根据以下规则显示各个图标：
图标(N)　当值是　>= 80　数字
　当 < 80 且　>= 60　数字
　当 < 60

姓名	部门	工作能力得分	责任感得分	积极性得分	协调性得分	总分
王富贵	网络部	75	88	98	40	301
王卓	销售部	84	51	75	82	292
刘凯风	行政部	96	67	36	60	259
林然	财务部	80	84	86	96	346
袁君	研发部	75	89	82	74	320
海棠	行政部	72	74	79	51	276
谢飞花	研发部	45	72	70	68	255
王权	网络部	68	79	71	63	281
赵默	研发部	86	86	68	39	279
于朝	销售部	48	91	80	74	293
朝阆	研发部	69	98	42	76	285
李宇	财务部	78	87	91	85	341
程洋	销售部	68	76	59	48	251
郭涛	行政部	52	75	50	80	257
宁静	网络部	92	58	74	98	322
夏天	财务部	86	94	86	97	363
李龙	研发部	59	74	85	50	268
于正	销售部	70	55	90	68	283

❼ 绩效考核数据

姓名	部门	工作能力得分	责任感得分	积极性得分	协调性得分	总分
王富贵	网络部	◑ 75	● 88	● 98	◑ 40	301
王卓	销售部	● 84	◑ 51	◑ 75	● 82	292
刘凯风	行政部	● 96	◑ 67	◑ 36	◑ 60	259
林然	财务部	● 80	● 84	● 86	● 96	346
袁君	研发部	◑ 75	● 89	● 82	◑ 74	320
海棠	行政部	◑ 72	◑ 74	◑ 79	◑ 51	276
谢飞花	研发部	◑ 45	◑ 72	◑ 70	◑ 68	255
王权	网络部	◑ 68	◑ 79	◑ 71	◑ 63	281
赵默	研发部	● 86	● 86	◑ 68	◑ 39	279
于朝	销售部	◑ 48	● 91	● 80	◑ 74	293
朝阆	研发部	◑ 69	● 98	◑ 42	◑ 76	285
李宇	财务部	◑ 78	● 87	● 91	● 85	341
程洋	销售部	◑ 68	◑ 76	◑ 59	◑ 48	251
郭涛	行政部	◑ 52	◑ 75	◑ 50	● 80	257
宁静	网络部	● 92	◑ 58	◑ 74	● 98	322
夏天	财务部	● 86	● 94	● 86	● 97	363
李龙	研发部	◑ 59	◑ 74	● 85	◑ 50	268
于正	销售部	◑ 70	◑ 55	● 90	◑ 68	283

❾ 添加图标集后的效果

Article 070 标记重复姓名

财务人员在制作工资发放表时，由于疏忽重复录入了员工姓名，这样可能会造成给同一个员工发放两次工资的情况。因此在工资发放表制作完成时，需要对表格进行检查，检查是否录入重复的员工姓名和信息，并将重复的姓名标记出来，再进行仔细核对。

这种情况可以使用条件格式对其进行标记。具体操作方法为选择"姓名"列，在"开始"选项卡中单击"条件格式"下拉按钮，从

列表中选择"新建规则"选项❶，打开"新建格式规则"对话框，在"选择规则类型"列表框中选择"仅对唯一值或重复值设置格式"，然后在"选定范围中的数值"列表中选择"重复"选项，接着单击"格式"按钮❷，弹出"设置单元格格式"对话框，从中对"字形""颜色""背景色"进行设置❸，设置完成后单击"确定"按钮即可。此时工作表中重复的姓名就被标记出来了❹。

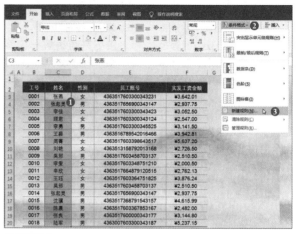

❶ 新建规则

❷ "新建格式规则"对话框

❸ 设置单元格格式

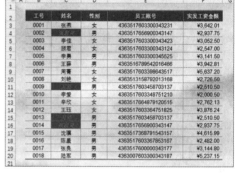

❹ 重复值突出显示

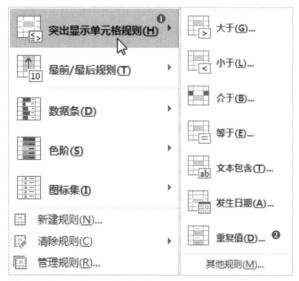

❺ 选择"突出显示单元格规则"选项

此外，还可以在"条件格式"列表中选择"突出显示单元格规则"选项❺，然后从其级联菜单中选择"重复值"选项，打开"重复值"对话框，从中按照需要进行设置❻，将工作表中重复的姓名标记出来。

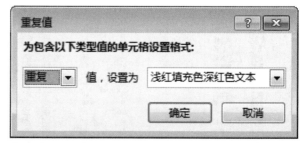

❻ 按照需要进行设置

保留条件格式的显示

对工作表中的数据设置了条件格式后❶，还可以将单元格中的数据隐藏起来，只保留条件格式的显示，让其看起来具有类似于图表的效果❷。

具体操作方法为选中D3:H20单元格区域，在"条件格式"列表中选择"管理规则"选项❸，弹出"条件格式规则管理器"对话框，然后从中选择"数据条"规则，单击"编辑规则"按钮，打开"编辑格式规则"对话框，从中勾选"仅显示数据条"复选框❹，最后单击"确定"按钮即可，然后按照同样的方法设置"图标集"的规则。设置完成后，即可成功隐藏数值，只显示数据条和图标集。

姓名	部门	工作能力得分	责任感得分	积极性得分	协调性得分	总分
王富贵	网络部	75	88	98	40	301
王卓	销售部	84	51	75	82	292
刘凯风	行政部	96	67	36	60	259
林然	财务部	80	84	86	96	346
袁君	研发部	75	89	82	74	320
海棠	行政部	72	74	79	51	276
谢飞花	研发部	45	72	70	68	255
王权	网络部	68	79	71	63	281
赵默	研发部	86	86	68	39	279
于朝	销售部	48	91	80	74	293
朝阁	研发部	69	98	42	76	285
李宇	财务部	78	87	91	85	341
程洋	销售部	68	76	59	48	251
郭涛	行政部	52	75	50	80	257
宁静	网络部	92	58	74	98	322
夏天	财务部	86	94	86	97	363
李龙	研发部	59	74	85	50	268
于正	销售部	70	55	90	68	283

❶ 值和数据条同时显示

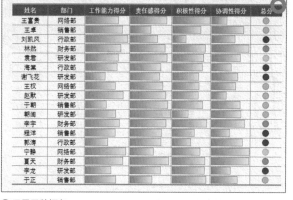

❷ 只显示数据条

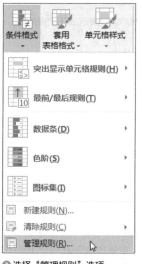

❸ 选择"管理规则"选项

大多数情况都是为数值类型的数据添加图标集，其实文本型的数据也可以添加图标集，设置的前提是，将表格中的文本❺转换成数值，相同的文本需要转换成统一的数字❻，文本型数据便能够以图标集显示❼。

选择好文本型数据区域后，在"条件格式"列表中选择"新建规则"选项，然后打开"新建格式规则"对话框，从中进行相关设置❽。

❹ 设置仅显示数据条

当不再需要工作表中的条件格式时，可以将其清除，那么该如何操作呢？有两种方法可以选择，一种方法是直接删除，即在"条件格式"列表中选择"清除规则"选项，然后从其级联菜单中选择合适的清除范围；另一种方法是在"条件格式规则管理器"对话框中选择需要删除的条件格式规则，然后单击"删除规则"按钮即可。

❺ 文本型数据

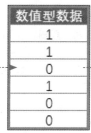

❻ 数值型数据

❼ 以图标集显示

❽ 设置参数

玩转单元格样式

表格制作完成后，有时候需要为单元格设置特定的单元格样式❶，以增强可读性和规范性，方便后期进行数据处理。这时可以直接套用系统内置的一些典型样式，以快速实现单元格格式的设置。具体操作方法为选中需要设置单元格样式的单元格区域，在"开始"选项卡中单击"单元格样式"下拉按钮，从列表中选择合适的样式即可。这时就可以看到为列标题应用单元格样式的效果❷。

如果不想要系统内置的单元格样式，也可以自定义单元格样式来满足需求，那么如何自定义单元格样式呢？首先在"开始"选项卡中单击"单元格样式"下拉按钮，从列表中选择"新建单元格样式"选项❸，然后打开"样式"对话框，在"样式名"文本框中输入名称"标题样式"，然后单击"格式"按钮❹，打开"设置单元格格式"对话框，从中对"字体"和

A	B	C	D	E	F	G	H	
1								
2	编号	姓名	性别	部门	入职时间	工龄	年假天数	
3	0001	李白	男	研发部	2001/8/5	16	25	
4	0002	蔡文姬	女	行政部	2006/4/3	12	21	
5	0003	高渐	男	财务部	2004/7/9	13	22	
6	0004	程康	男	策划部	2002/4/1	16	25	
7	0005	韩信	男	研发部	2000/8/12	17	26	
8	0006	董卓	男	销售部	2004/8/1	13	22	
9	0007	张良	男	财务部	2005/8/4	12	21	
10	0008	范嘉	男	销售部	2003/6/4	15	24	
11	0009	项羽	男	行政部	2001/2/20	17	26	
12	0010	西施	女	策划部	2002/8/12	15	24	
13	0011	刘邦	男	财务部	2003/4/1	15	24	
14	0012	房玄龄	男	研发部	2003/4/12	15	24	
15	0013	齐小白	男	销售部	2001/7/1	16	25	

❶ 表格没有设置特定格式

A	B	C	D	E	F	G	H	
1								
2	编号	姓名	性别	部门	入职时间	工龄	年假天数	
3	0001	李白	男	研发部	2001/8/5	16	25	
4	0002	蔡文姬	女	行政部	2006/4/3	12	21	
5	0003	高渐	男	财务部	2004/7/9	13	22	
6	0004	程康	男	策划部	2002/4/1	16	25	
7	0005	韩信	男	研发部	2000/8/12	17	26	
8	0006	董卓	男	销售部	2004/8/1	13	22	
9	0007	张良	男	财务部	2005/8/4	12	21	
10	0008	范嘉	男	销售部	2003/6/4	15	24	
11	0009	项羽	男	行政部	2001/2/20	17	26	
12	0010	西施	女	策划部	2002/8/12	15	24	
13	0011	刘邦	男	财务部	2003/4/1	15	24	
14	0012	房玄龄	男	研发部	2003/4/12	15	24	
15	0013	齐小白	男	销售部	2001/7/1	16	25	

❷ 列标题套用单元格样式

好、差和适中
常规	差	好	适中

数据和模型
计算	检查单元格	解释性文本	警告文本	链接单元格	输出
输入	注释				

标题
标题	标题 1	标题 2	标题 3	标题 4	汇总

主题单元格样式
20% - 着色 1	20% - 着色 2	20% - 着色 3	20% - 着色 4	20% - 着色 5	20% - 着色 6
40% - 着色 1	40% - 着色 2	40% - 着色 3	40% - 着色 4	40% - 着色 5	40% - 着色 6
60% - 着色 1	60% - 着色 2	60% - 着色 3	60% - 着色 4	60% - 着色 5	60% - 着色 6
着色 1	着色 2	着色 3	着色 4	着色 5	着色 6

数字格式
百分比	货币	货币[0]	千位分隔	千位分隔[0]

新建单元格样式(N)...
合并样式(M)...

❸ 选择"新建单元格样式"选项

❻ 自定义标题样式

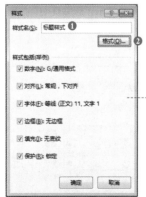
❹ 单击"格式"按钮

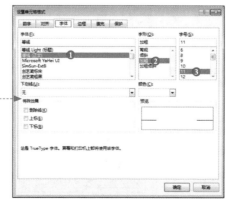
❺ 对"字体"和"填充"进行设置

"填充"进行设置❺，设置完成后单击"确定"按钮即可。接着再次单击"单元格样式"下拉按钮，在"自定义"区域可以看到新建的"标题样式"，然后便可以应用该自定义标题样式❻。

如果想要删除应用的标题样式，可以在"单元格样式"列表中右击应用的标题样式，然后从弹出的快捷菜单中选择"删除"命令即可。除此之外，单击"开始"选项卡中的"清除"按钮，从列表中选择"清除格式"选项，也可以删除应用的标题样式。

小身材也有大作为的快速分析

当选中两个以上包含内容的单元格后，单元格右下角会出现一个小图标，这个图标即"快速分析"工具图标❶。光标靠近所选区域时，图标出现，光标远离所选区域时，图标消失。这个快捷工具是自Excel 2013开始新增的功能。它可以通过一些实用的工具方便、快速地分析数据。

下面来看一下快速分析工具究竟能执行哪些数据分析。

单击"快速分析"按钮，观察展开的列表可以发现，该列表中保存了格式化、图表、汇总、表格及迷你图五种工具。

打开快速分析工具列表后默认显示的是格式化工具，在不同的工具名称上方单击可切换到相应的工具组。

快速分析工具列表会根据所选数据的类型自动提供不同类型的分析工具。以格式化工具为例，当选择的数据为数值型时，格式化工具会提供数据条、色阶、图标集等数据分析工具❷；当选择的数据为文本型时，则会提供文本包含、重复值、唯一值等文本数据分析工具❸。将光标移动到某个工具图标上方时可预览相应的效果，单击可应用该工具❹。

另外，利用快速分析工具还能够快速插入图表❺，以不同的方式对数据进行汇总❻，创建数据透视表❼，创建迷你图❽。快速分析看上去虽小，却拥有这么多好用的功能，绝对不容忽视。

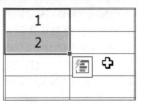

❶ 快速分析工具

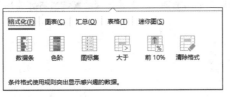

❷ 选择数值型数据时显示的格式化工具

❸ 选择文本型数据时显示的格式化工具

❹ 应用图标集

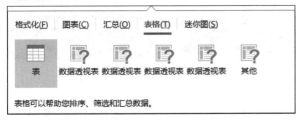

❺ 插入图表

❻ 汇总数据

❼ 创建数据透视表

❽ 创建迷你图

内置表格格式来帮忙

前 面的内容中讲解了如何为单元格快速套用样式，那么能不能为整个工作表 ❶应用一种样式 ❷，让其看起来更加美观呢？其实使用套用表格格式功能就能实现。

首先选中表格中的任意单元格，然后在"开始"选项卡中单击"套用表格格式"下拉按钮，从列表中选择合适的表格样式。接着弹出"套用表格式"对话框，然后保持默认设置，单击"确定"按钮 ❸，工作表便可成功套用所选样式。

此时的表格已经由普通的表格转换成了数据分析表，顶端标题中出现了下拉按钮，用于排序和筛选，功能区中自动新增了"表格工具-设计"选项卡 ❹，利用该选项卡中的命令，可以对表格的样式、属性进行设置或者对表中的数据进行处理与分析。

如果希望将表变回原来的表格模式，可以在"表格工具-设计"选项卡中单击"转换为区域"按钮，然后根据需要对表格进行进一步的美化。

❶ 表格未设置样式

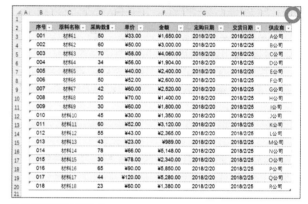

❷ 表格套用了内置格式

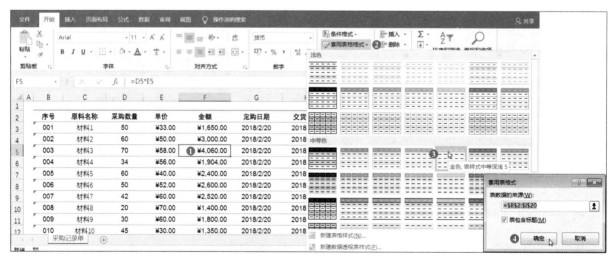

❸ 套用表格样式

❹ "表格工具-设计"选项卡

插入行/列的方式由我定

当制作好表格后，发现还需要补充数据，这时就需要插入新的行或列❶。下面总结了几种常用的插入行或列的方法，以供大家参考。

（1）右键插入法。单击需要插入行下方的行号，选中该行，然后右击选中的行，从弹出的快捷菜单中选择"插入"命令❷即可插入一个空白行。

（2）功能区按钮插入法。选中要插入行下方的行，然后在"开始"选项卡中单击"插入"按钮，从列表中选择"插入工作表行"选项即可❸。

（3）快捷键插入法。选中要插入行下方的行，接着按Ctrl+Shift+=组合键即可在其上方插入空白行❹。

（4）单元格插入法。选择要插入行下方的任意单元格，然后右击，从快捷菜单中选择"插入"命令，打开

"插入"对话框，从中选中"整行"单选按钮即可❺。

	员工编号	员工姓名	所属部门	医疗报销种类	报销日期	医疗费用	企业报销金额
	001	薛洋	采购部	计划生育费	2018/4/1	¥ 2,200.00	¥ 1,650.00
	002	宋岚	财务部	药品费	2018/4/7	¥ 2,000.00	¥ 1,500.00
	003	长庚	客服部	理疗费	2018/4/10	¥ 800.00	¥ 600.00
	004	顾昀	销售部	体检费	2018/4/15	¥ 450.00	¥ 337.50
	005	君书影	研发部	针灸费	2018/4/20	¥ 300.00	¥ 225.00

❶ 插入空行

❷ 右键插入法

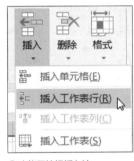

❸ 功能区按钮插入法

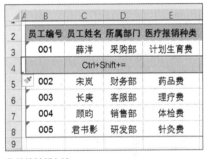

❹ 快捷键插入法

❺ 单元格插入法

插入列的方法和插入行的方法基本相同。

最后，再介绍一种隔行插入一个空行的方法，具体操作方法为在表格右侧列中输入两组序号，第一组序号为从1开始的奇数序列，第二组序号是从2开始的偶数序列，这两组辅助数据可以使用鼠标拖曳，自动填充❻。然后选中辅助列中的任意一个单元格。在"数据"选项

卡中的"排序和筛选"组中单击"升序"按钮。此时的表格已经隔行插入了空行❼。最后需要删除辅助列并对表格边框进行修饰即可。

此操作方法其实是利用数据排序的原理，将表格下方的空白行向上移动，形成隔行插入空白行的效果，事实上，表格中并没有被插入新的空白行。

❻ 插入一个辅助列

❼ 隔行插入一个空行的效果

Article 076 让所有的空白行消失

如果工作表中包含了大量的空白行❶，为了节省资源和方便对表格中的数据进行分析处理，需要将空白行全部删除。但是若一个个找出空白行并将其删除非常费时，那么如何才能快速将所有的空白行删除并且做到不漏删、不误删呢？

方法很简单，首先可以采取排序删除的方法，即选择整个工作表，然后在"排序和筛选"列表中选择"升序"选项，即可发现所有的空行都集中在底部❷，此时只要将其全部删除即可。此外，还可以采用筛选删除的方法，即选择整个工作表，在"排序和筛选"列表中选择"筛选"选项，工作表中的列标题右侧出现了筛选按钮，然后在每一列的筛选条件列表中仅勾选"空白"复选框。这时就把表格中的所有空白行筛选出来了❸，然后执行删除操作即可，最后再单击"数据"选项卡中的"筛选"按钮，取消"自动筛选"，可以看到工作表中的所有空白行都被删除了❹。

	加班人	职务	加班原因	日期	开始时间	结束时间
	郭靖	员工	当天任务未完成	2018/5/8	18:00	21:30
	黄蓉	主管	需提前完成任务	2018/5/8	19:00	22:30
	杨康	主管	需提前完成任务	2018/5/8	19:30	23:30
	穆念慈	副主管	需提前完成任务	2018/5/9	20:30	23:00
	柯镇恶	员工	当天任务未完成	2018/5/9	18:00	21:30
	韩宝驹	主管	需提前完成任务	2018/5/9	19:00	22:30
	南希仁	副主管	需提前完成任务	2018/5/9	20:00	23:00
	全金发	员工	当天任务未完成	2018/5/10	20:30	23:30
	韩小莹	员工	当天任务未完成	2018/5/10	18:00	21:30
	欧阳锋	员工	当天任务未完成	2018/5/10	19:00	23:00
	谭处端	员工	当天任务未完成	2018/5/10	20:30	22:30
	王童阳	主管	需提前完成任务	2018/5/10	18:00	21:30

❶ 表格中包含大量空白行

❷ 所有的空行都集中在底部

❸ 筛选出所有空白行

❹ 所有空白行被删除

Article 077 报表中合理的行列关系

表格制作完成后，为了使工作表的布局更加合理，就需要手动调整数据行或列的顺序❶，那么如何才能快速调整呢？有两种方法可以选择。一种方法是剪切插入法，即选择要改变位置的数据列，然后将其剪切，接着选中目标列右击，从快捷菜单中选择"插入剪切的单元格"命令即可。另一种方法是拖动改变法，即选择所需调整顺序的数据列，然后将光标置于右侧框线处，在按住Shift键的同时进行拖动即可❷。

员工编号	姓名	部门	性别	上班打卡	下班打卡	迟到和早退次数
001	高长恭	行政部	男	8:21	17:40	0
002	卫玠	销售部	男	8:31	18:30	1
003	慕容冲	财务部	男	8:11	17:30	0
004	宋玉	人事部	男	8:40	17:45	1
005	貂蝉	销售部	女	10:21	18:50	1
006	潘安	人事部	男	9:11	17:20	2
007	韩子高	研发部	男	8:15	18:46	0
008	嵇康	财务部	男	9:01	19:30	1

❶ 初始表格

员工编号	姓名	性别	部门	上班打卡	下班打卡	迟到和早退次数
001	高长恭	男	行政部	8:21	17:40	0
002	卫玠	男	销售部	8:31	18:30	1
003	慕容冲	男	财务部	8:11	17:30	0
004	宋玉	男	人事部	8:40	17:45	1
005	貂蝉	女	销售部	10:21	18:50	1
006	潘安	男	人事部	9:11	17:20	2
007	韩子高	男	研发部	8:15	18:46	0
008	嵇康	男	财务部	9:01	19:30	1

❷ 重调"性别"和"部门"列的位置

固定表头

当表格中的数据较多时，无法显示工作表的首行和首列❶，为便于查看数据，应该固定住表头❷。表头通常位于工作表首行或首列。

那么如何固定表头，让首行或首列一直显示呢？方法很简单，首先在"视图"选项卡中单击"冻结窗格"下拉按钮，在列表中选择"冻结首行"选项❸，此时在工作表中拖动上下滚动条后发现首行一直显示在工作表的顶部❹。若在"冻结窗格"列表中选择"冻结首列"选项，则拖动左右滚动条后，会发现首列始终显示在工作表的最左端。

如果想要同时固定首行和首列，可以选中B2单元格，然后单击"拆分"按钮，接着在"冻结窗格"列表中选择"冻结拆分窗格"选项❺，这样首行和首列就可以始终同时显示了。

若要取消表头的固定，再次打开"冻结窗格"下拉列表，从中选择"取消冻结窗格"选项即可❻。

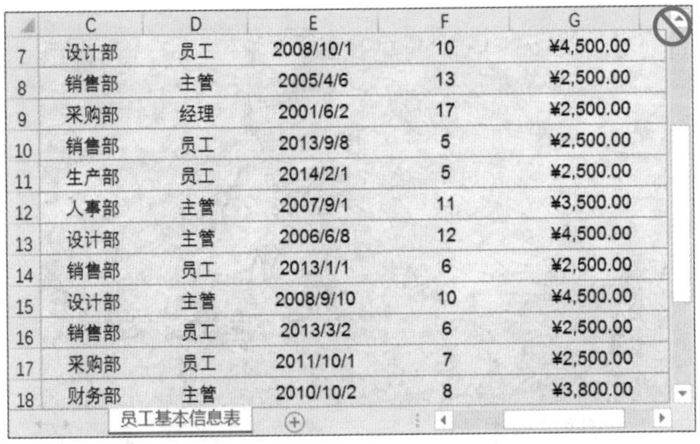

❶ 窗口中无法显示首行和首列

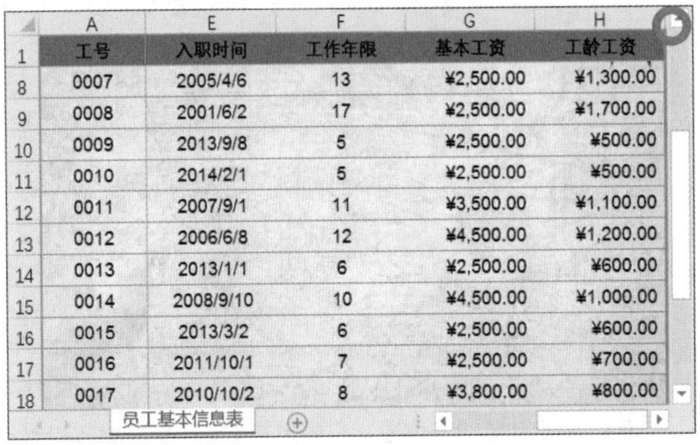

❷ 窗口中始终显示首行和首列

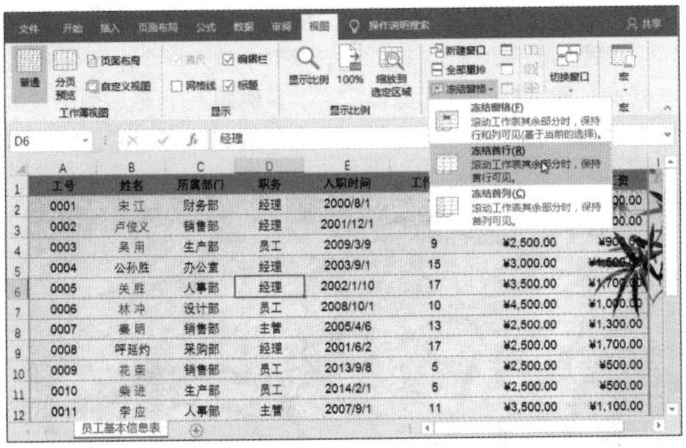

❸ 选择"冻结首行"选项

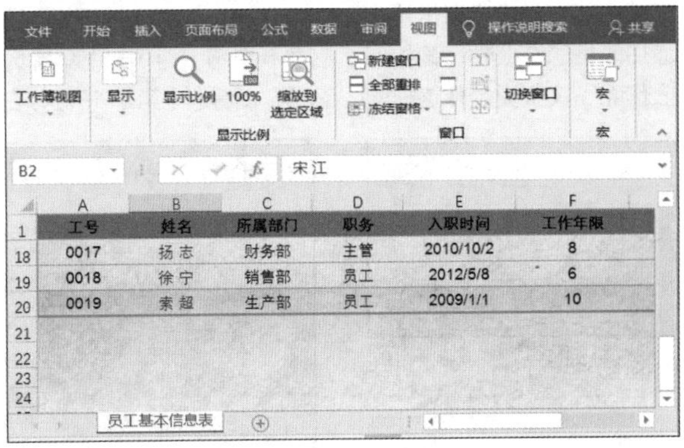

❹ 首行被冻结

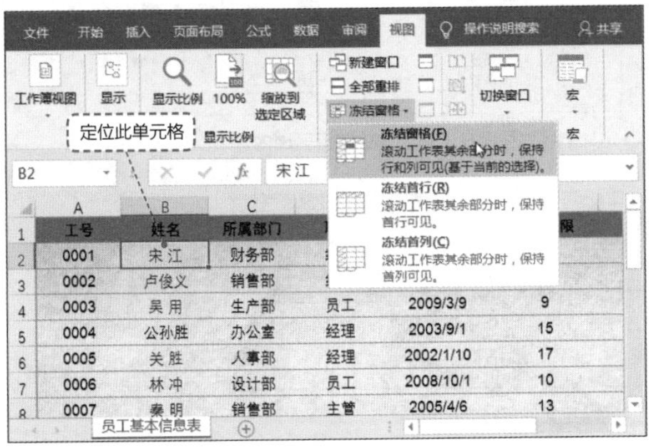

❺ 选择"冻结窗格"选项

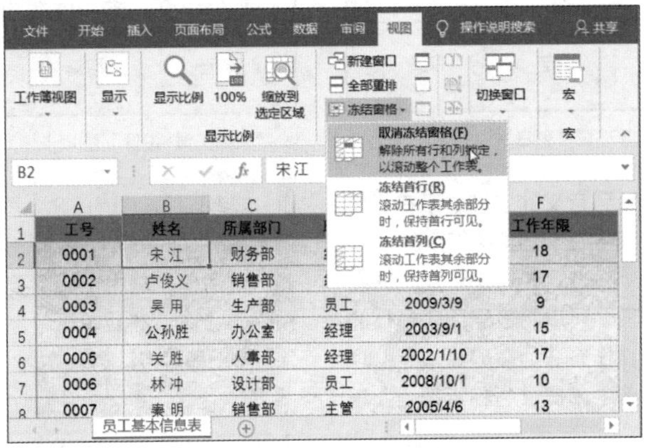

❻ 取消冻结窗格

为单元格区域命名很关键

为单元格区域定义名称，可以便于根据名称查找相关的内容。那么既然定义名称有这样的优点，该如何进行操作呢？接下来将进行详细的讲解。

首先选中D3:H18单元格区域，在"公式"选项卡中单击"定义名称"按钮，弹出"新建名称"对话框，然后在"名称"文本框中输入要定义的名称Data，最后单击"确定"按钮即可❶。

除此之外，还有一个更为简便的操作方法，即通过名称框创建。选中D3:H18单元格区域，在"名称框"中输入要定义的名称，然后按Enter键，即可完成名称的定义。

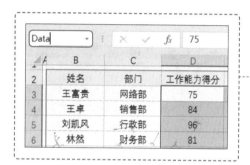

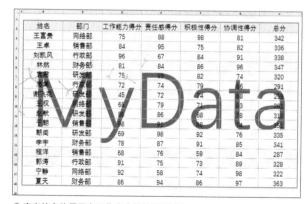

❶ 表格未设置样式

如果想让定义的名称显示在单元格区域内，让指定区域中的数据更容易辨认，增加表格的专业性，该如何操作呢？其实要制作这样的效果并不难，首先将B2:H18单元格区域定义名称为MyData，然后在"开始"选项卡中将"字号"设置为30；接着选中第2~18行，右击，从快捷菜单中选择"行高"命令，打开"行高"对话框，将行高设置为44.25❷，然后再选中B:H列，打开"列宽"对话框，将列宽设置为30❸，接着在"视图"选项卡中单击"显示比例"按钮，弹出"显示比例"对话框，然后在"自定义"文本框中输入一个小于40的数字，例如39，最后单击"确定"按钮即可❹。这时可以

❷ 设置"行高"

❸ 设置"列宽"

❹ "表格工具-设计"选项卡

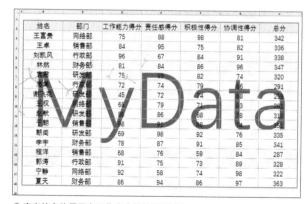

❺ 定义的名称显示在工作表中的数据区域内

看到定义的名称显示在工作表中的数据区域内了❺。

如果不再使用定义的名称，可以将其删除，具体的操作方法为在"公式"选项卡中单击"名称管理器"按钮，或者直接按Ctrl+F3组合键，打开"名称管理器"对话框，从中选择需要删除的名称，然后单击"删除"按钮即可将其删除❻。

按Ctrl+F3

❻ 删除定义的名称

手动选择单元格区域

在选择单元格区域时，一般会使用鼠标进行拖选，其实除了使用鼠标，还可以使用快捷键或鼠标+按键的方法进行选择。接下来将介绍对不同单元格区域的选择方法。

如果想要选择连续区域，可以先选择一个单元格，例如B3单元格，然后在按住Shift键的同时选择单元格D8，即可选中该矩形区域内的所有单元格❶。如果想要选择多个不连续的区域，

可以在选取一个单元格区域后，按住Ctrl键，拖动鼠标选取第二个单元格区域，如此反复操作即可❷。若想要选择当前数据区域，可先选择当前数据区域中的任何一个单元格，然后按Ctrl+A组合键即可全部选中❸。若想要选择从活动单元格至A1单元格的区域，只需按Ctrl+Shift+Home组合键即可。若按Ctrl+Shift+End组合键则可选中自活动单元格至工作表最后一个单

元格间的所有区域❹。

此外，还可以在被选中的单元格区域中移动某个单元格，例如，在已选定单元格区域按Enter键，可将活动单元格下移❺。在选中的单元格区域中按Tab键，可将活动单元格向右移动❻。

按Shift+Enter组合键，可将单元格在已选中区域中向上移动。而按Shift+Tab组合键，可将活动单元格在已选中单元格区域中左移。

❶ 选择连续区域

❷ 选择多个不连续的区域

❸ 选择当前数据区域

❹ 选中自活动单元格至工作表最后一个单元格间的所有区域

❺ 选区内活动单元格下移

❻ 选区内活动单元格向右移动

Article 081
快捷键输入当前日期/时间

在制作表格时，有时需输入当前的日期和时间。一般情况下会采用传统手动输入，下面将介绍一个快捷输入方法。通过快捷方式输入日期，首先选中要输入当前日期的单元格，然后按 Ctrl+; 组合键即可❶；通过快捷方式输入当前时间，首先选中要输入当前时间的单元格，然后按 Ctrl+Shift+; 组合键即可❷。最后根据需要设置日期和时间的格式。

	日期	2018/6/29				时间	
编号	姓名		性别	部门	入司时间	工龄	年假天数
0001	李白		男	研发部	2001/8/5	16	25
0002	蔡文姬		女	行政部	2006/4/3	12	21
0003	高湛		男	财务部	按Ctrl+; /9	13	22
0004	嵇康		男	策划部	2002/4/1	16	25
0005	韩信		男	研发部	2000/8/12	17	26
0006	董卓		男	销售部	2004/8/1	13	22
0007	张良		男	财务部	2005/8/4	12	21
0008	范蠡		男	销售部	2003/6/4	15	24
0009	项羽		男	行政部	2001/2/20	17	26
0010	西施		女	策划部	2002/8/12	15	24
0011	刘邦		男	财务部	2003/4/1	15	24
0012	房玄龄		男	研发部	2003/4/12	15	24
0013	齐小白		男	销售部	2001/7/1	16	25
0014	吕布		男	行政部	2007/1/2	11	20

❶ 输入当前日期

	日期	2018/6/29				时间	17:03
编号	姓名		性别	部门	入司时间	工龄	年假天数
0001	李白		男	研发部	2001/8/5	16	25
0002	蔡文姬		女	行政部	2006/4/3	12	21
0003	高湛		男	财务部	按Ctrl+Shift+; /9	13	22
0004	嵇康		男	策划部	2002/4/1	16	25
0005	韩信		男	研发部	2000/8/12	17	26
0006	董卓		男	销售部	2004/8/1	13	22
0007	张良		男	财务部	2005/8/4	12	21
0008	范蠡		男	销售部	2003/6/4	15	24
0009	项羽		男	行政部	2001/2/20	17	26
0010	西施		女	策划部	2002/8/12	15	24
0011	刘邦		男	财务部	2003/4/1	15	24
0012	房玄龄		男	研发部	2003/4/12	15	24
0013	齐小白		男	销售部	2001/7/1	16	25
0014	吕布		男	行政部	2007/1/2	11	20

❷ 输入当前时间

Article 082
清除报表也是有学问的

当拿到一张工作表时❶，可以根据需要对工作表进行一些清除操作，例如，清除工作表中的内容和格式、清除内容保留格式或者清除格式保留内容，那么该如何操作呢？如果想清除内容保留格式，则可以选中工作表中的数据区域，在"开始"选项卡中单击"清除"按钮，从列表中选择"清除内容"选项，即可将工作表中的数据清除，并且保留格式❷。如果想要清除格式，保留内容，则在"清除"列表中选择"清除格式"选项即可❸。如果既不想保留内容也不想保留格式，可在"清除"列表中选择"全部清除"即可❹。此外，若表格中含有批注和超链接，也可以通过"清除"列表中的选项清除。

工号	姓名	所属部门	职务	入职时间	工作年限	基本工资	工龄工资
0001	宋江	财务部	经理	2000/8/1	17	¥3,800.00	¥1,700.00
0002	卢俊义	销售部	经理	2001/12/1	16	¥2,500.00	¥1,600.00
0003	吴用	生产部	员工	2009/3/9	9	¥2,500.00	¥900.00
0004	公孙胜	办公室	经理	2003/9/1	14	¥3,000.00	¥1,400.00
0005	关胜	人事部	经理	2002/11/10	15	¥3,500.00	¥1,500.00
0006	林冲	设计部	员工	2008/10/1	9	¥4,500.00	¥900.00
0007	呼延灼	采购部	经理	2001/6/2	16	¥2,500.00	¥1,600.00
0008	花荣	销售部	员工	2013/9/8	4	¥2,500.00	¥400.00
0009	柴进	生产部	员工	2014/2/1	4	¥2,500.00	¥400.00
0010	朱仝	设计部	主管	2006/6/8	11	¥4,500.00	¥1,100.00
0011	鲁智深	销售部	员工	2013/1/1	5	¥2,500.00	¥500.00
0012	武松	设计部	主管	2008/9/10	5	¥4,500.00	¥900.00
0013	董平	销售部	员工	2013/3/2	5	¥2,500.00	¥500.00

❶ 包含数据的完整表格

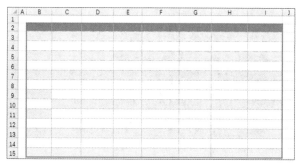

❷ 清除数据，保留格式

工号	姓名	所属部门	职务	入职时间	工作年限	基本工资	工龄工资
1	宋江	财务部	经理	36739	17	3800	1700
2	卢俊义	销售部	经理	37226	16	2500	1600
3	吴用	生产部	员工	39881	9	2500	900
4	公孙胜	办公室	经理	37865	14	3000	1400
5	关胜	人事部	经理	37570	15	3500	1500
6	林冲	设计部	员工	39722	9	4500	900
7	呼延灼	采购部	经理	37044	16	2500	1600
8	花荣	销售部	员工	41525	4	2500	400
9	柴进	生产部	员工	41671	4	2500	400
10	朱仝	设计部	主管	38876	11	4500	1100
11	鲁智深	销售部	员工	41275	5	2500	500
12	武松	设计部	主管	39701	5	4500	900
13	董平	销售部	员工	41335	5	2500	500

❸ 清除格式，保留内容

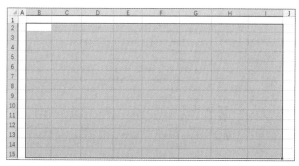

❹ 清除所有内容

从启动画面看Excel的起源和变迁

现在最常用的电子表格软件就是Excel（全称Microsoft Excel），是Microsoft为Windows和Apple Macintosh操作系统的计算机而编写和运行的一款试算表软件，1993年Excel第一次被捆绑进Microsoft Office中，成为微软办公套装软件Microsoft Office的一个重要的组成部分，它可以进行各种数据的处理、统计分析和辅助决策操作，广泛地应用于管理、统计财经、金融等众多领域。

据说Excel是从单词Excellent（优秀、卓越）的前半部分截取而来，那么Excel从什么时候出现，又是如何发展起来的？

1982年，Microsoft推出了它的第一款电子制表软件Multiplan，并在CP/M系统上大获成功，但在MS-DOS系统上，Multiplan败给了Lotus 1-2-3（莲花公司最著名的试算表软件，该公司现已被IBM收购）。这件事促使了Excel的诞生，正如Excel研发代号 Doug Klunder：做Lotus 1-2-3能做的，并且做得更好。

1983年9月比尔·盖茨召集了微软顶级的软件专家召开了3天的"头脑风暴会议"。盖茨宣布此次会议的宗旨就是尽快推出世界上最高速的电子表格软件。

1985年，第一款Excel诞生，它只用于Mac系统，中文译名为"超越"。1987年11月，第一款适用于Windows系统的Excel产生了（与Windows环境直接捆绑，在Mac中的版本号为2.0）。Lotus 1-2-3迟迟不能适用于Windows系统。到了1988年，Excel的销量超过了Lotus，使得Microsoft站在了PC软件商的领先位置。

岁月辗转成歌，时光流逝如花。下面来看一下在岁月变迁之下Excel的启动界面都发生了怎样的变化。

```
Microsoft® Excel
Version 1.01
December 4, 1985
© 1985 Microsoft Corp.
```
Microsoft Excel 1.01

> 这个Excel启动界面十分简单，通俗易懂。

```
Microsoft® Excel 1.5
May 19, 1988
© 1985-1988 Microsoft Corp.
```
Microsoft Excel 1.5

> 1.5版本延续了1.01版本的简洁风格，在左上角增加了黑白色的标志，形似X代表表格的意思。

```
Microsoft Excel Promotional Edition
Version 2.1p
December 29, 1988
Copyright © 1987 - 1989 Microsoft Corp.
```
Microsoft Excel 2.1

> 2.1版本取消了标志的展示，稍微变宽了一些。

MICROSOFT EXCEL
Version 2.2 September 18, 1989
Copyright © 1985 - 1989

Microsoft Excel 2.2

> 色彩的时代终于来临了，2.2版的黑白的边框变成了彩色。

```
Microsoft    Microsoft Excel Version 3.0
             Copyright © 1985-1991

             This copy of Microsoft Excel is licensed to:

Warning: This computer program is protected by copyright law
and international treaties. Unauthorized reproduction or
distribution of this program, or any portion of it, may result in
severe civil and criminal penalties, and will be prosecuted to
the maximum extent possible under law.
```
Microsoft Excel 3.0

> Excel 3.0的进步是标志使用了立体的设计，增加了说明文字。

```
Microsoft®    Microsoft Excel Version 4.0
              Copyright© 1985-1992 Microsoft Corporation
              Rechtschreibhilfe Copyright© 1984-1992
              Soft-Art, Inc. Alle Rechte vorbehalten.
              Diese Kopie von Microsoft Excel wurde lizensiert für:

Achtung: Dieses Programm ist urheberrechtlich geschützt.
Unbefugte Vervielfältigung oder unbefugter Vertrieb dieses Programms oder
eines Teils sind strafbar. Dies wird sowohl straf- als auch zivilrechtlich
verfolgt, und kann schwere Strafen und Schadenersatzforderungen zur Folge
haben.
```
Microsoft Excel 4.0

> 灰色的4.0版本看起来还不错，整体显示出了立体的感觉。

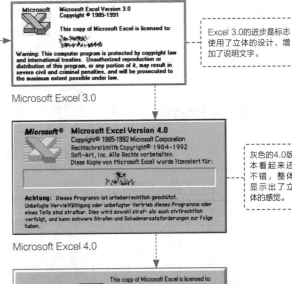
```
This copy of Microsoft Excel is licensed to:

Microsoft. Excel
Version 5.0
Copyright© 1985-1994
Microsoft Corporation

Spelling Checker Copyright© 1984-1994
Soft-Art, Inc. All rights reserved
This program is protected by US and international copyright laws as described in Help About.
```
Microsoft Excel 5.0

> 5.0版本高端了很多，这也是Excel以数字命名的最后一个版本。

Microsoft Excel 95

1995年发布了Excel 95版本，这个版本让很多人似曾相识，但是却很少有人真正使用过。

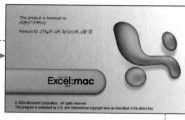

Microsoft Excel 2004

2004版本适用于苹果系统，设计风格让人一言难尽。

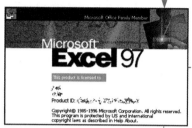

Microsoft Excel 97

97版的Excel整体呈上下结构，看上去还不错，只是左上方的黑色条形有点奇怪。

Excel 2007（测试版）沿用了Excel 2003的设计。

Microsoft Excel 2007, Beta 2

Microsoft Excel 98
Excel 98的设计很有空间穿越感。

Microsoft Excel 2001 mac

Excel 2001 mac的设计是所有版本中最清新的。

Microsoft Excel 2007

Excel 2007正式版看起来充满了艺术感，看上去的确很漂亮。

Microsoft Excel 2000
最经典的时代终于来临了，Excel 2000进入了大众的视线。

Microsoft Excel v. X

苹果风格设计，突出了科技和艺术的融合。

Microsoft Excel 2010

2010版本设计使用了大面积的留白。

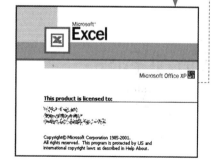

Microsoft Excel XP
这就是传说中的Excel XP。

Microsoft Excel 2003

终于看到了大家熟悉的界面，身为经典版本的2003，到现在为止还有很多用户在使用。

Microsoft Excel 2013

Excel 2013完全颠覆了Excel的设计理念，整个背景使用绿色，极简风格正是当下流行的风格。Excel 2016和Excel 2019仍然沿用Excel 2013的启动画面。

第三篇

数据处理与分析篇

让数据有序排列

当表格中包含大量数据时，为了让数据的关系更加清晰，易于查看，通常需要对其进行排序操作，使数据有序地排列。例如，为了方便查看销售员销售商品数量的多少，对"数量"进行升序排列。首先选中"数量"列的任意单元格，如D6单元格，然后在"数据"选项卡中单击"升序"按钮❶，即可将"数量"按照从低到高的顺序排列❷。此外，如果想要将"数量"由高到低地排列，可以单击"降序"按钮。

❶ 执行升序命令

❷ 数量升序排序

上面介绍了如何对某一列进行排序。那么如果需要对多列数据进行排序该怎么办呢？例如将工作表中的"部门"升序排列，而"年假天数"降序排列。首先选中工作表中任意单元格，在"数据"选项卡中单击"排序"按钮❸。打开"排序"对话框，从中将"主要关键字"设为"部门"，"次序"设为"升序"，然后将"次要关键字"设为"年假天数"，"次序"设为"降序"，设置完成后单击"确定"按钮即可。可以看到工作表中的数据按照设置的排列方式进行排序❹。

此外，如果表格中存在一些特殊的序列，可以通过自定义序列来进行排序。首先选中表格中任意单元格，打开"排序"对话框，设置"主要关键字"为"等级"，然后在"次序"列表中选择"自定义序列"选项，打开"自定义序列"对话框，在"输入序列"列表框中输入自定义的序列"优，良，中，不合格"，然后确认即可。可以看到工作表中的"等级"列按照设置的序列进行了排序❺。

❸ 单击"排序"按钮

❹ 部门及年假天数同时排序

❺ 自定义排序

Article 085 排序的招式

除了要掌握常规的排序方法，还要熟悉其他排序方法。例如按汉字笔画排序，按行排序，按颜色排序，按单元格图标排序、按字符数量排序等。接下来将分别对其进行介绍。

Technique 01

按照汉字笔画进行排序

默认情况下，Excel对汉字的排序方式是按照“字母”顺序。然而，文中常常是按照“笔画”的顺序来排列姓名的。那么如何按照“笔画”来排列姓名呢？首先选中数据区域中的任意单元格，在“数据”选项卡中单击“排序”按钮，打开“排序”对话框，设置“主要关键字”为“姓名”，“次序”为“升序”，单击“选项”按钮，在出现的“排序选项”对话框中选中“笔画排序”单选按钮❶。最后确认即可。可以看到“姓名”列按照“笔画”进行升序排序了❷。

按照笔画进行排序的原则是按照首字的笔画数排列，若笔画数相同，则按照起笔顺序（横、竖、撇、捺、折）排列。

若这两者都相同，则再按照字型结构排列，先左右结构，后上下结构，最后整体字。首字相同，则以此类推，比较第二个字、第三个字等。

工号	姓名	所属部门	职务	入职时间			工龄工资
0001	宋江	财务部	经理	2000/8/1			¥1,700.00
0002	卢俊义	销售部	经理	2001/12/1			¥1,600.00
0003	吴用	生产部	员工	2009/3/9			¥900.00
0004	公孙胜	办公室	经理	2003/9/1			¥1,400.00
0005	关胜	人事部	经理	2002/11/1			¥1,500.00
0006	林冲	设计部	员工	2008/10/1			¥900.00
0007	秦明	销售部	主管	2005/4/6			¥1,300.00
0008	呼延灼	采购部	经理	2001/6/2			¥1,600.00
0009	花荣	销售部	员工	2013/9/8			¥400.00
0010	柴进	生产部	员工	2014/2/1	4	¥2,500.00	¥400.00
0011	李应	人事部	主管	2007/9/1	10	¥3,500.00	¥1,000.00
0012	朱仝	设计部	主管	2006/6/8	11	¥4,500.00	¥1,100.00
0013	鲁智深	销售部	员工	2013/1/1	5	¥2,500.00	¥500.00
0014	武松	设计部	主管	2008/9/10	9	¥4,500.00	¥900.00
0015	董平	销售部	员工	2013/3/2	5	¥2,500.00	¥500.00
0016	张清	采购部	员工	2011/10/1	6	¥2,500.00	¥600.00
0017	杨志	财务部	主管	2010/10/2	7	¥3,800.00	¥700.00
0018	徐宁	销售部	员工	2012/5/8	6	¥2,500.00	¥600.00
0019	索超	生产部	员工	2009/1/1	9	¥2,500.00	¥900.00

❶选择“笔画排序”单选按钮

工号	姓名	所属部门	职务	入职时间	工作年限	基本工资	工龄工资
0004	公孙胜	办公室	经理	2003/9/1	14	¥3,000.00	¥1,400.00
0002	卢俊义	销售部	经理	2001/12/1	16	¥2,500.00	¥1,600.00
0017	扬志	财务部	主管	2010/10/2	7	¥3,800.00	¥700.00
0012	朱仝	设计部	主管	2006/6/8	11	¥4,500.00	¥1,100.00
0005	关胜	人事部	经理	2002/11/10	15	¥3,500.00	¥1,500.00
0009	花荣	销售部	员工	2013/9/8	4	¥2,500.00	¥400.00
0011	李应	人事部	主管	2007/9/1	10	¥3,500.00	¥1,000.00
0003	吴用	生产部	员工	2009/3/9	9	¥2,500.00	¥900.00
0001	宋江	财务部	经理	2000/8/1	17	¥3,800.00	¥1,700.00
0016	张清	采购部	员工	2011/10/1	6	¥2,500.00	¥600.00
0014	武松	设计部	主管	2008/9/10	9	¥4,500.00	¥900.00
0006	林冲	设计部	员工	2008/10/1	9	¥4,500.00	¥900.00
0008	呼延灼	采购部	经理	2001/6/2	16	¥2,500.00	¥1,600.00
0007	秦明	销售部	主管	2005/4/6	13	¥2,500.00	¥1,300.00
0019	索超	生产部	员工	2009/1/1	9	¥2,500.00	¥900.00
0010	柴进	生产部	员工	2014/2/1	4	¥2,500.00	¥400.00
0018	徐宁	销售部	员工	2012/5/8	6	¥2,500.00	¥600.00
0015	董平	销售部	员工	2013/3/2	5	¥2,500.00	¥500.00
0013	鲁智深	销售部	员工	2013/1/1	5	¥2,500.00	¥500.00

❷按照“笔画”升序排序

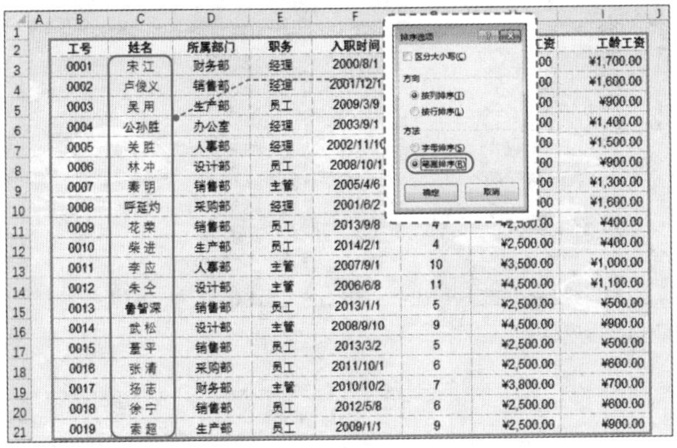

Technique 02

按行排序

有些人认为Excel只能按列进行排序，而实际上，Excel既可以按列排序，也可以按行排序。在某些特定的情况下，例如面对某些二维表格时，按行排序功能非常实用，而且操作起来也不难，首先选中C2:F9单元格区域，打开“排序”对话框，单击“选项”按钮，打开“排序选项”对话框，在“方向”区域中选中“按行排序”单选按钮❸，单击“确定”按钮。返回到“排序”对话框，可以看到关键字列表框中的内容此时都发生了改变。选择“主要关键字”为“行2”，“次序”为“升序”，最后单击“确定”按钮关闭对话框。可以看到表格中的数据按“季度”的升序排序了❹。

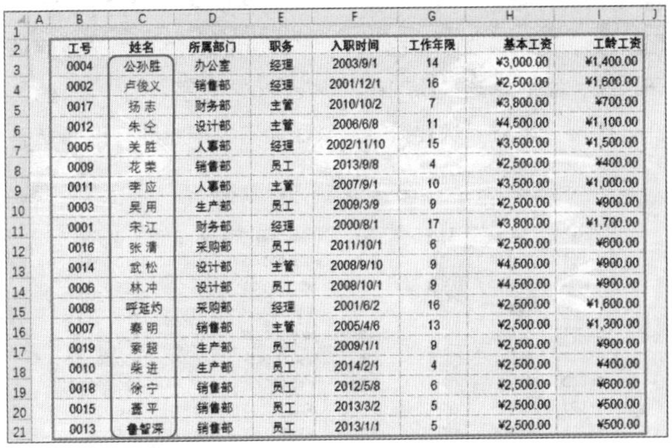

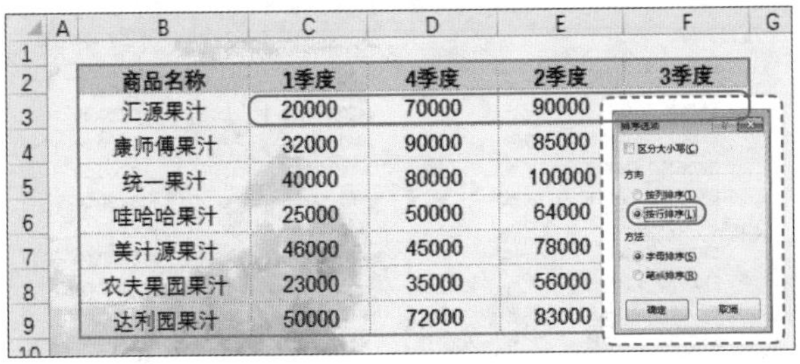

商品名称	1季度	4季度	2季度	3季度
汇源果汁	20000	70000	90000	
康师傅果汁	32000	90000	85000	
统一果汁	40000	80000	100000	
哇哈哈果汁	25000	50000	64000	
美汁源果汁	46000	45000	78000	
农夫果园果汁	23000	35000	56000	
达利园果汁	50000	72000	83000	

❸选择“按行排序”单选按钮

商品名称	1季度	2季度	3季度	4季度
汇源果汁	20000	90000	120000	70000
康师傅果汁	32000	85000	160000	90000
统一果汁	40000	100000	220000	80000
哇哈哈果汁	25000	64000	90000	50000
美汁源果汁	46000	78000	160000	45000
农夫果园果汁	23000	56000	46000	35000
达利园果汁	50000	83000	150000	72000

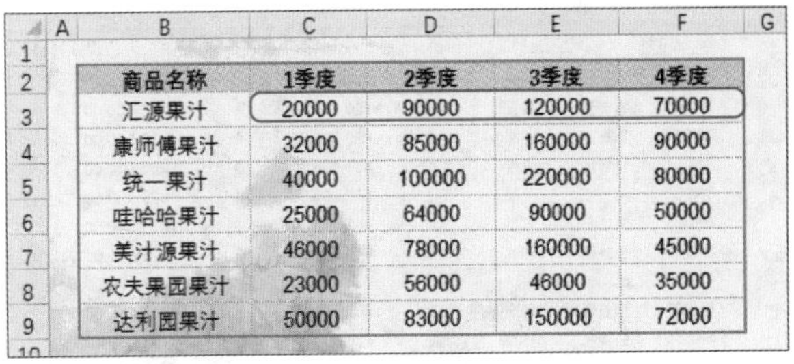

❹“行2”按照升序排序

按行排序不能像按列排序时一样，可以选定整个目标区域。因为Excel的排序功能中没有“行标题”的概念，所以如果选定全部数据区域再按行排序，包含行标题的数据列也会参与排序，从而出现意外的结果。

Technique 03

按颜色排序

为单元格设置背景色或字体颜色，可以标注表格中较特殊的数据。由于Excel能够在排序的时候识别单元格颜色和字体颜色，所以可以

利用单元格颜色或字体颜色来为数据排序。例如将表格中的橙色单元格放到最前面❺。首先选中表格中任意一个橙色单元格，右击，从弹出的快捷菜单中选择"排序-将所选单元格颜色放在最前面"命令。即可将所有的橙色单元格排列到表格的最前面❻。

此外，还可以在将橙色单元格向前排的同时，按照数据的大小进行排序❼。首先选中表格中任意单元格，打开"排序"对话框，设置"主要关键字"为"销售排名"，"排序依据"为"单元格颜色"，"次序"为"橙色"在顶端；然后单击"添加条件"按钮，设置"次要关键

字"为"销售排名"，"排序依据"为"单元格值"，"次序"为"升序"，最后单击"确定"按钮❽。可以看到橙色单元格按数据的大小从低到高进行排序❾。

如果表格中被手动设置了多种单元格颜色❿，而又希望可以按颜色的次序进行排序，可以选中表格中任意单元格，打开"排序"对话框，设置"主要关键字"为"销售排名"，"排序依据"为"单元格颜色"，"次序"为"橙色"在顶端，添加次要关键字，仍以"销售排名"为关键字，"单元格颜色"为"排序依据"，"次序"为"绿色"在顶端，按照同样的方法，

继续设置单元格颜色的排列次序，设置完成后单击"确定"按钮⓫。可以看到排序的效果⓬。

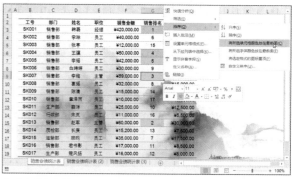

❺ 执行按颜色排序命令

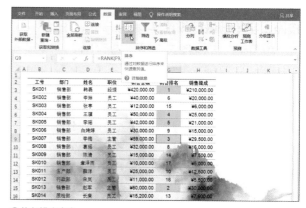

❼ 执行排序命令

❽ 设置主要关键字和次要关键字

❻ 橙色单元格全部排列到表格的最前面

❾ 排序后的效果

❿ 未排序的效果

排序

列	排序依据	次序
①主要关键字 销售排名	单元格颜色	在顶端
③次要关键字 销售排名	单元格颜色	在顶端
④次要关键字 销售排名	单元格颜色	在顶端
⑤次要关键字 销售排名	单元格值	升序

②添加条件(A) ✕删除条件(D) 复制条件(C) ▲ ▼ 选项(O)... ☑ 数据包含标题(H)

确定 取消

⑪ 设置主要关键字和次要关键字

工号	部门	姓名	职位	销售金额	销售排名	销售提成
SK001	销售部	韩磊	经理	¥420,000.00	1	¥210,000.00
SK013	销售部	赵军	主管	¥60,000.00	3	¥30,000.00
SK007	销售部	李梅	主管	¥59,000.00	3	¥29,500.00
SK004	销售部	王璜	员工	¥50,000.00	4	¥25,000.00
SK005	销售部	李瑶	员工	¥42,000.00	5	¥21,000.00
SK002	销售部	李琳	员工	¥40,000.00	6	¥20,000.00
SK015	运输部	顾昀	员工	¥35,000.00	7	¥17,500.00
SK008	销售部	蕙瑶	员工	¥32,000.00	8	¥16,000.00
SK006	销售部	白鸿烊	员工	¥30,000.00	9	¥15,000.00
SK011	生产部	薛洋	员工	¥25,000.00	10	¥12,500.00
SK009	销售部	陈清	员工	¥15,000.00	14	¥7,500.00
SK003	销售部	张泰	员工	¥12,000.00	15	¥6,000.00
SK012	行政部	宋岚	员工	¥11,000.00	16	¥5,500.00
SK010	销售部	姜泽熙	员工	¥10,000.00	17	¥5,000.00
SK016	销售部	君书影	员工	¥17,000.00	11	¥8,500.00
SK017	生产部	楚凤扬	员工	¥16,000.00	12	¥8,000.00

⑫ 按照多种颜色排序的效果

Technique 04

按单元格图标排序

　　为了让结果更加一目了然，通常会为表格套用图标格式，在这里就可以利用单元格图标对数据进行排序。首先选中需要排序表格中的任意单元格，打开"排序"对话框，设置"主要关键字"为"总分"，"排序依据"为"条件格式图标"，然后在"次序"下拉列表中选择相应的图标，接着单击"添加条件"按钮，依次设置"次要关键字"⑬，设置完成后单击"确定"按钮即可。可以看到已经按照设置的单元格图标进行了排序⑭。

姓名	部门	工作能力得分	责任感得分	积极性得分	协调性得分	总分
王富贵	网络部	75	88	98	81	342
王卓	销售部	84	95	75	82	336
刘凯风	行政部	96	67	84	91	338
林然	财务部	81	84	86	96	347
袁君	研发部	75	89	82	74	320
海棠	行政部				66	291
谢飞花	研发部				68	259
王权	网络部				63	281
赵默	研发部				78	318
于朝	销售部				74	351
朝闻	研发部				76	335
李宇	财务部	78	87		85	341
程洋	销售部	68	76	59	84	287
郭涛	行政部	91	75	73	89	328
宁静	网络部	92	58	74	98	322
夏天	财务部	86	94	86	97	363

⑬ 执行按图标排序命令

姓名	部门	工作能力得分	责任感得分	积极性得分	协调性得分	总分
夏天	财务部	86	94	86	97	363
于朝	销售部	98	91	88	74	351
林然	财务部	81	84	86	96	347
王富贵	网络部	75	88	98	81	342
李宇	财务部	78	87	91	85	341
刘凯风	行政部	96	67	84	91	338
王卓	销售部	84	95	75	82	336
朝闻	研发部	69	98	92	78	335
郭涛	行政部	91	75	73	89	328
宁静	网络部	92	58	74	98	322
袁君	研发部	75	89	82	74	320
赵默	研发部	86	86	68	78	318
海棠	行政部	72	74	79	66	291
程洋	销售部	68	76	59	84	287
王权	网络部	68	79	71	63	281
谢飞花	研发部	45	72	74	68	259

⑭ 按照设置的单元格图标进行排序

Technique 05

按字符数量排序

　　工作表中的数据还可以按字符数量排序。例如，卡拉OK的歌曲清单大多都是按歌名的字数进行排序。那么对一张随意排序的歌曲工作表⑮，如何按照歌名的字数多少来排序呢？想要达到这个目的，需要先计算出每个歌曲名称的字数，然后排序。首先创建辅助列，即在D2单元格中输入"字数"，作为D列的列标题。然后在D3单元格中输入公式"=LEN(B3)"，接着填充公式直到D11单元格⑯。然后选中"字数"列任意单元格，在"数据"选项卡中单击"升序"按钮即可完成按字数歌曲名进行排序的任务⑰。

　　如果有必要，可以在排序完成后删除辅助列。

歌曲名称	歌手
演员	薛之谦
认真的雪	薛之谦
不将就	李荣浩
模特	李荣浩
荷塘月色	凤凰传奇
最炫民族风	凤凰传奇
同一个世界同一个梦想	刘欢/那英
酸酸甜甜就是我	张含韵
Forever Friends	张楠/张蕙妹

⑮ 随意排序的歌曲表

D3　fx =LEN(B3)

歌曲名称	歌手	字数
演员	薛之谦	2
认真的雪	薛之谦	4
不将就	李荣浩	3
模特	李荣浩	2
荷塘月色	凤凰传奇	4
最炫民族风	凤凰传奇	5
同一个世界同一个梦想	刘欢/那英	10
酸酸甜甜就是我	张含韵	7
Forever Friends	张楠/张蕙妹	13

⑯ 创建辅助列

歌曲名称	歌手
演员	薛之谦
模特	李荣浩
不将就	李荣浩
认真的雪	薛之谦
荷塘月色	凤凰传奇
最炫民族风	凤凰传奇
酸酸甜甜就是我	张含韵
同一个世界同一个梦想	刘欢/那英
Forever Friends	张楠/张蕙妹

⑰ 按照字符数的升序排序

Article 086 随机排序很任性

在某些情况下，并不希望按照既定的规则来为数据排序，而是希望数据能够随机排序。例如为了公平起见，需要随机安排假期值班人员。在Excel表格中如何实现随机排序呢？首先在表格中创建一个辅助列"随机安排值班人员"，然后在E3单元格中输入公式"=RAND()"，随后将公式填充到E12单元格❶。这样每一个包含公式的单元格内都产生了一个随机的数值。这些随机生成的数值即是随机排序的关键。

接下来选中表格中除日期以外的其他所有单元格，然后打开"排序"对话框，从中设置"主要关键字"为"随机安排值班人员"，"排序依据"为"单元格值"，"次序"为"升序"或"降序"。设置好后单击"确定"按钮关闭对话框❷，即可完成对员工的随机值班安排。

RAND函数是易失性函数，所以每次排序都将改变其计算值，从而改变排序次序，实现每次排序都产生不一样的结果。

这里需要说明一下，不选择日期列是为了不让日期参与排序。对本例来说只有日期不变，才能真正实现随机的效果。

为了保持日期的顺序不被打乱，简单排序也要使用"排序"对话框来操作，似乎还是有些麻烦，其实只要断开日期列与表格其他部分的联系，就能让日期列不再参与排序。大家不要把这个操作想得太复杂，只要在日期列之后插入一个空白列便可轻松实现日期不参与排序的愿望，这个是一个笨方法，但是却行之有效。空白列可以隐藏起来，以保持表格的逻辑性和完整性。

随机排序完成后对辅助列的处理方式也可使用"隐藏"来处理。即选中整列，然后右击，在快捷菜单中执行"隐藏"命令。

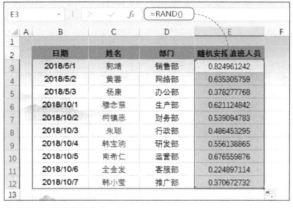

❶创建辅助列并填充公式

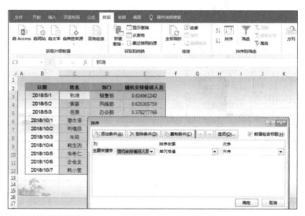

❷根据随机数据排序

Article 087 重现排序前的表格

对表格中的数据进行排序以后，表格中数据次序会被打乱，虽然使用撤销功能可以方便地取消最近的操作，但这个功能在进行某些操作后会失效，所以不能确保可以返回到之前的次序。

如果大家在排序前就知道需要保持表格在排序前的状态，可以添加序号列来记录原来的次序❶。这样，无论进行了多少轮的排序，最终只要对序号列进行升序排序即可还原数据的初始排列顺序。

序号	原料名称	规格型号	单位	采购数量	单价	金额	定期日期	供应商
1	材料1	XL001	箱	50	¥53.00	¥2,650.00	2018/2/20	A公司
2	材料3	XZ002	箱	60	¥50.00	¥3,000.00	2018/2/20	B公司
3	材料3	XM003	箱	70	¥58.00	¥4,060.00	2018/2/20	C公司
4	材料4	XG004	箱	34	¥56.00	¥1,904.00	2018/2/20	A公司
5	材料1	XS005	箱	60	¥40.00	¥2,400.00	2018/2/20	A公司
6	材料3	MN006	箱	50	¥30.00	¥1,500.00	2018/2/20	B公司
7	材料4	MZ007	箱	42	¥60.00	¥2,520.00	2018/2/20	B公司
8	材料3	MI008	箱	20	¥70.00	¥1,400.00	2018/3/15	C公司
9	材料1	DS009	箱	55	¥60.00	¥3,300.00	2018/3/15	B公司
10	材料3	DF010	箱	63	¥32.00	¥2,016.00	2018/3/15	D公司
11	材料4	PK011	箱	25	¥55.00	¥1,375.00	2018/3/15	D公司
12	材料1	PL012	箱	40	¥24.00	¥960.00	2018/4/25	A公司
13	材料3	HL013	箱	80	¥25.00	¥2,000.00	2018/4/25	B公司
14	材料3	HKD14	箱	39	¥39.00	¥1,521.00	2018/4/25	B公司

❶使用序号

英文字母和数字的混合排序

在工作中，经常会遇到字母和数据混合使用的情况。当字母和数字组合后，进行排序时却常常不能达到预想的操作效果。例如升序排序时，字母+数字组合A1会排在A10之后。图❶已经对"陈列位置"（E列）进行了升序排序。排序结果可以看出，字母的顺序没有问题，但是数字的排序却并不理想，较大的数字排在了较小的数字之前。这是由于此时的数字是文本形式，文本形式的数字在排序时会按照首个值的大小来排序。用户在遇到此类问题时可使用函数轻松解决。

在表格右侧创建辅助列，输入公式"=LEFT(E3,1)&TEXT(MID(E3,2,2),"00")"，填充公式后，对辅助列按升序排序，字母之后的数字即可按照从小到大的顺序排列❷。

公式"=LEFT(E3,1)&TEXT(MID(E3,2,2),"00")"❸中用到了三个函数，分别为LEFT函数、TEXT函数和MID函数，这三个函数都是文本函数。

LEFT函数的作用是从文本字符串的第一个字符开始返回指定个数的字符，语法格式为"=LEFT(字符串,要提取的字符个数)"；TEXT

函数可根据指定的数值格式将数字转换成文本，语法格式为"=TEXT(数值,文字形式的数字格式)"；MID函数可从文本字符串的指定位置起返回指定长度的字符，语法格式为"=MID(文本字符串,要提取的第一个字符位置,要提取的字符长度)"。

这个公式可灵活运用到其他不同个数的字母与数字组合排序的案例中，若前面有2个字母，最大的数字是4位数，那么这个公式该如何修改？大家可以试着编写一下。

除了使用公式外，用户也可创建辅助列将字母与汉字分列，然后进行多条件排

序来实现字母和数字组合时的理想排序效果。

快速填充和分列功能都能够对数据进行分列，此处使用更为便捷的快速填充功能将字母和汉字分列❹。

分列完成后在"数据"选项卡中单击"排序"按钮，打开"排序"对话框，设置"主要关键字"和"次要关键字"分别为"辅助列1"和"辅助列2"，"次序"均选择"升序"，单击"确定"按钮❺，E列中的混合数据会先按照字母排序再按照数字由小到大排序。排序完成后删除辅助列即可。

❶ 升序排序陈列位置

❷ 辅助列升序排序

提取E3单元格值的第一个字符　　从E3单元格值的第2位起提取2位数

$$=LEFT(E3,1)\&TEXT(MID(E3,2,2),"00")$$

❸ 公式分析

链接符　　　　转换成2位数字形式

❹ 字母、数字分列显示

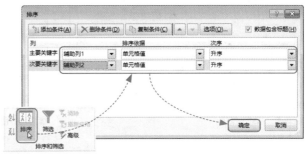

❺ 多条件排序

第一篇

第二篇

第三篇

第四篇

第五篇

轻松解决排序时的"疑难杂症"

在Excel中进行排序其实并不难，常见的排序方式有按照数值大小排序、按颜色排序、按字母排序、按笔画排序、根据条件排序、随机排序、自定义排序等。

在实际工作中，由于表格内容和排序要求不同，在排序的过程中可能会遇到一些棘手的问题。这时候应该思考一下问题的产生原因，然后再想办法解决这个问题。下面介绍了排序时经常会出现的问题以及解决方法。

Technique 01
顶端数值没有参与排序

对一列数值进行排序时，位于顶端的那个数值却没有参与排序，例如图❶和图❷分别对同一组数值执行了升序和降序操作。但是列

| 1000 |
| 66 |
| 125 |
| 150 |
| 180 |
| 300 |
| 5500 |
| 38900 |

❶ 升序排序

| 1000 |
| 38900 |
| 5500 |
| 300 |
| 180 |
| 150 |
| 125 |
| 66 |

❷ 降序排序

顶端的数值位置却一直没有发生变化。这时候，可以打开"排序"对话框，观察"数据包含标题"复选框是否被勾选❸。在复选框被勾选的状态下，排序时系统会将顶端的数据作为标题处理，不参与下方内容的排序。

只要取消"数据包含标题"复选框的勾选即可让顶端数据参与排序。

❸ "数据包含标题"复选框

Technique 02
合并单元格造成的无法排序

如果无法对数据进行排序，并弹出图❹所示对话框，则说明报表中存在合并单元格，此时需要将报表中的所有合并单元格取消才能继续排序。

在大型的报表中，仅用双眼可能很难快速判断合并单元格的位置，若有多处合并单元格，一个一个处理也

很麻烦，这时可使用查找功能迅速批量查找合并单元格。

具体操作方法为按Ctrl+F组合键打开"查找和替换"对话框❺，单击"选项"按钮，显示所有可操作的按钮，再单击"格式"按钮，打开"查找格式"对话框。勾选"合并单元格"复选框❻后，单击"确定"按钮关闭该对话框。返回"查找和替换"对话框，单击"查找全部"按钮，对话框下方随

即显示工作表中包含的所有合并单元格。按Ctrl+A组合键可将这些合并单元格全部

选中❼。最后执行"取消单元格合并"操作，即可取消所有合并单元格。

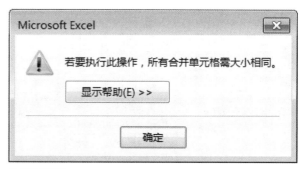

❹ 系统对话框

❺ 单击"格式"按钮

❻ 勾选"合并单元格"复选框

❼ 查找所有合并单元格

Technique 03

数字不能按照正确顺序排序

造成数字不能按照正常顺序排序的原因有很多,最常见的原因是数字格式不正确,在遇到此问题时首先要检查排序数字的格式,文本格式的数字在排序时往往会出错。用户可在"开始"选项卡的"数字"组中查看数字格式,或者按Ctrl+1组合键打开"设置单元格格式"对话框,查看数字的格式❽。

若是文本格式的数字造成排序出错,可利用分列功能将文本格式的数字统一转换成常规格式的数字,然后再进行排序。在"数据"选项卡中单击"分列"按钮,可打开"文本分列向导"对话框,前两步对话框中保持默认设置,进入第3步对话框后选中"常规"单选按钮❾,单击"完成"按钮即可完成转换。

Technique 04

不让序号参与排序

进行常规排序时,序号总是跟随其他数据一同被排序,除非使用"排序"对话框排序,并在选择排序区域的时候将序号列排除在外。如果经常执行排序操作,这样就会显得很麻烦。而如果使用ROW函数来创建序号就可以避免上述问题。使用ROW函数创建的序号可以自动更新。无论对报表进行多少次排序,序号的顺序永远都不会变。

Technique 05

根据字符长度排序

根据字符长度排序也是排序中常见的操作,但是使用常规的排序方法很难实现。其实,用户可借助LEN函数来完成排序操作。

LEN函数可计算文本字符串中的字符个数,英文字母、标点符号以及空格都会被作为字符被计算。LEN函数只有一个参数,这个参数即需要计算字符个数的单元格或字符串本身。例如"=LEN(A1)"或"=LEN(156300)",文本字符需要加英文双引号。

下面以实际案例进行操作说明:首先在需要排序的表格右侧创建辅助列,然后输入公式计算出需要排序C列中所有书籍名称的字符个数❿,然后对辅助列进行升序排序,书籍名称即可按字符数从少到多的顺序排序⓫。

❽ 查看数字的格式

❿ 计算字符个数

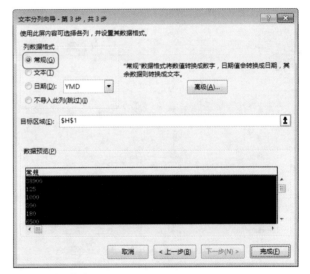

❾ 转换成常规格式

⓫ 对辅助列升序排序

强大的筛选功能

在分析报表时，常常需要根据某种条件来筛选出匹配的数据。这时候可以使用"筛选"功能来实现数据的自动筛选，也可以根据数据的特征来进行筛选，主要有按照文本特征筛选、按照数字特征筛选、按照颜色筛选、按照日期特征筛选等。接下来将分别进行详细介绍。

Technique 01

自动筛选

自动筛选常用来筛选重复项或指定的数值，例如筛选出"所属部门""销售部"的员工信息，具体操作方法为首先选中表格中任意单元格，打开"数据"选项卡，在"排序和筛选"组中单击"筛选"按钮，或者直接按Ctrl+Shift+L组合键❶，即可为数据表的每一个字段添加筛选按钮❷。接着单击需要筛选的字段右侧的下拉按钮，如"所属部门"，然后在展开的列表中取消"全选"的勾选，并勾选"销售部"复选框，单击"确定"按钮便可将"销售部"的数据全部筛选出来❸。

❶ 快捷启用键筛选

❷ 报表添加了筛选按钮

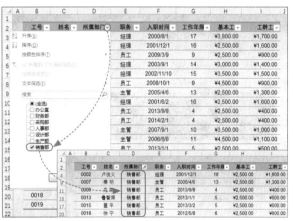

❸ 筛选"销售部"信息

❹ 执行"文本筛选-包含"命令

Technique 02

按照文本特征筛选

如果要对指定形式或包含指定字符的文本进行筛选，可以利用通配符来辅助。例如将"姓名"列中姓"李"的数据筛选出来。

首先单击"筛选"按钮，进入筛选状态，单击"姓名"单元格中右侧下拉按钮，然后在展开的列表中选择"文本筛选-包含"选项❹，打开"自定义自动筛选方式"对话框，在"姓名"下方的列表中设置条件为"包含"，设置其值为"李*"，设置完成后单击"确定"按钮关闭对话框❺，即可将姓李的数据筛选出来❻。

❺ 设置筛选条件

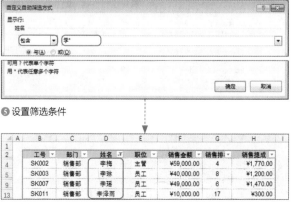

❻ 被筛选出来的姓李的数据

Technique 03
按照数字特征筛选

数值型字段可以使用"数字筛选"功能进行筛选。例如将"总分"最大的

5项筛选出来。首先进入筛选状态，单击"总分"单元格右侧下拉按钮，从列表中选择"数字筛选-前10项"选项❼，打开"自动筛选前10个"对话框，从中将"最

大"值修改为5❽，然后单击"确定"按钮。可以看到将总分最大的前5项数据筛选出来了❾。

如果从列表中选择"自定义筛选"选项，将打开

"自定义自动筛选方式"对话框，从中进行相应的设置即可。

需要说明的是，通过该对话框设置的条件是不区分大小写字母的。

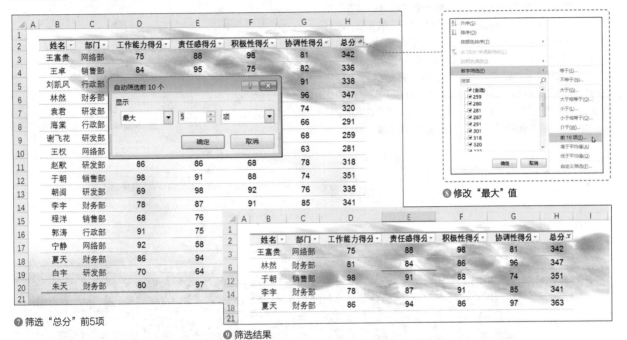

❼ 筛选"总分"前5项

❽ 修改"最大"值

❾ 筛选结果

Technique 04
按照颜色筛选

当要筛选的列中设置了单元格颜色或字体颜色时，可以按照颜色来进行筛选数据。例如，将表格中"领用原因"是"新进员工"的红色字体筛选出来。同样是先进入筛选状态，然后单击"领用原因"单元格右侧下拉按钮，从列表中选择"按颜色筛选"，然后从其级联菜单中选择"红色"，可以看到字体颜色是红色的数据被筛选出来了❿。在此需要注意的是，无论是单元格颜色还是字体颜色，一次只能按一种颜色进行筛选。

Technique 05
按照日期特征筛选

如果表格中含有日期型数据，同样可以对日期进行筛选，例如将2018/5/20之前的日期筛选出来。其操作方法为在"领用日期"列表中选择"日期筛选-之前"选项，打开"自定义自动筛选方式"对话框，从中在"在以下日期之前"右侧文本框中输入"2018/5/20"，设置完成后单击"确定"按钮即可将2018/5/20前的日期筛选出来⓫。

❿ 按照颜色筛选

⓫ 按照日期特征筛选

89

Article 091

按指定单元格内容进行快速筛选

在工作表中，如果已经选定了某个单元格，而这个单元格的数据内容正好与希望进行筛选的条件相同，那么不用进入筛选状态便可以进行快速筛选。例如，快速筛选出"职务"是"经理"的数据信息。首先选中E列中

任意一个内容为"经理"的单元格，如E3单元格，然后右击，从弹出的快捷菜单中选择"筛选-按所选单元格的值筛选"命令①，即可将"职务"为"经理"的信息筛选出来，同时整个数据报表自动开始启动筛选模式②。

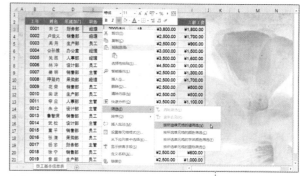

❶ 执行"筛选-按所选单元格的值筛选"命令

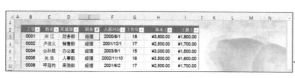

❷ 快速筛选的结果

Article 092

在受保护的工作表中实施筛选

在工作中，常常需要对重要的工作表进行保护，防止工作表内容被他人更改。如果在保护工作表的同时，又希望能够对工作表中的数据使用自动筛选功能，以便进行一些数据分析工作，那么要想达到这个目的该如何操作呢？首先选中表格中任意单元格，单击"筛选"按钮，使工作表处于筛选状态。然后单击"审

阅"选项卡中的"保护工作表"按钮，打开"保护工作表"对话框，在"允许此工作表的所有用户进行"列表框中只勾选"使用自动筛选"复选框，在此，还可以设置保护密码，然后单击"确定"按钮。最后，可以发现功能区处于不可用状态，但是可以对工作表执行筛选操作①。

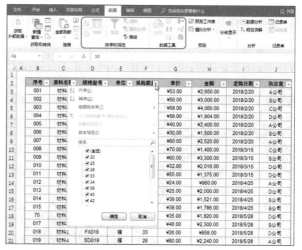

❶ 功能区处于不可用状态

心得体会

90

Article 093
多条件筛选也不难

在对表格数据进行筛选时，可以同时根据多个字段设置筛选条件，各个条件之间是"与"的关系。正常情况下，将"货品名称"字段的条件设置为"足球上衣"，再将"颜色"设置为"黑红"，就可以筛选出表格中所有的"黑红"色"足球上衣"。然而，如果既希望同时根据多个字段设置条件，又希望每个字段有多个条件，且各条件之间存在关联关系，这就比较难实现。例如，筛选出表格中所有的"蓝白"色"足球上衣"和"白"色"足球鞋"。那么究竟该如何操作呢？首先需要借助辅助列，即在I2单元格中输入"条件"。然后在I3单元格中输入公式"=D3&F3"，再将公式复制到I20单元格❶，这样就通过简单的公式计算得到了每一条记录的货品名称和颜色的组合。接着进入筛选状态，单击"条件"单元格右侧下拉按钮，从列表中取消"全选"复选框的勾选，然后选中"足球上衣蓝白"和"足球鞋白"复选框，最后单击"确定"按钮❷，即可按照要求将数据筛选出来。

最后可以删除辅助列，使工作表看起来整洁美观。

其实上面的案例也可以使用高级筛选功能将符合条件的数据筛选出来。下面将介绍高级筛选功能的应用。高级筛选和自动筛选的区别在于，自动筛选只将不同字段条件之间的关系看作"与"，即条件必须同时成立，而高级筛选不仅可以将不同字段条件之间的关系是"与"的数据筛选出来，还可以将关系是"或"的数据筛选出来。例如将表格中"原料名称"是"材料4"或"采购数量"大于70或"单价"小于30的数据信息筛选出来。具体操作方法为首先在工作表的右方建立列标题行，然后输入筛选条件；接着选择表中任意单元格，在"数据"选项卡中单击"高级"按钮，打开"高级筛选"对话框，从中设置"列表区域"和"条件区域"选项，设置完成后单击"确定"按钮。可以看到已经将符合条件的数据筛选出来了❸。

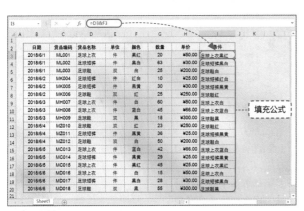

❶ 创建辅助列

❷ 筛选辅助列

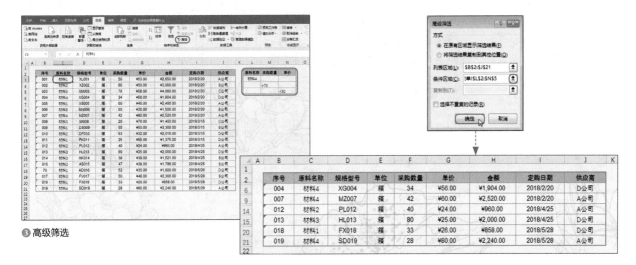

❸ 高级筛选

筛选表格中的不重复值

重复值是处理问题表格时经常要解决的问题。除了可以使用"删除重复项"功能来删除重复值，还有其他方法吗？事实上，也可使用高级筛选功能来获取表格中的不重复记录。

以图❶中的表格为例，表格的每一列中都包含重复数据，这些重复数据有些是有意义的，有些是无意义的。可以根据不同的要求对重复值进行处理。例如，希望分别得到编号不重复、菜名不重复以及整条记录不重复的数据。接下来将分别进行详细讲解。

Technique 01
筛选唯一编号

在"数据"选项卡的"排序和筛选"组中单击"高级"按钮，打开"高级筛选"对话框，选择列表区域为B2:B21的单元格区域，勾选"选择不重复的记录"复选框❷。最后单击"确定"按钮，便可针对"编号"字段筛选出不重复记录❸。

Technique 02
筛选唯一菜名

根据菜名筛选唯一值，其操作方法和筛选编号相同。只要在执行高级筛选时选择菜名所在单元格区域，再勾选"选择不重复的记录"复选框❹，便可筛选出唯一的菜名。

❶ 包含重复值的表

❷ 执行高级筛选

❸ 根据编号筛选出不重复记录

❹ 筛选唯一菜名

Technique 03
删除重复记录

使用高级筛选功能筛选数据时，不但可以在原表格上显示筛选结果，还可以将筛选结果输出到其他位置。

下面将在删除重复记录时使用这一功能。

选中表格中的任意一个单元格，单击"排序和筛选"组中的"高级"按钮，此时列表区域中默认选中的是包含数据的表格区域，选中"将筛选结果复制到其他位置"单选按钮。在"复制到"文本框中选择想要放置高级筛选结果的首个单元格，这里选择当前工作表的G2单元格。勾选"选择不重复的记录"复选框，最后单击"确定"按钮❺。此时，被删除了重复记录的表格被复制到G2单元格起始的单元格区域❻。最后删除原数据表，只保留删除了重复项的表格。

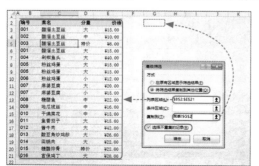
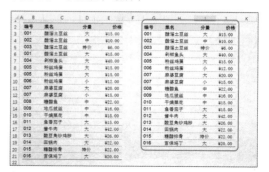

❺ 筛选整条重复记录

❻ 被复制的筛选结果

轻松实现分类汇总

分类汇总是数据分析过程中常用的方法之一。它能够快速针对数据列表中指定的分类项进行关键指标的汇总计算。当然，进行分类汇总的表格要规范、简洁和通用。因为不规范的表格无法用Excel完成分类汇总❶。

分类汇总前必须保证数据表中没有合并的单元格，所以首先检查数据源表是否规范，取消所有合并单元格，让数据表有一个清晰明确的行列关系❷。然后，对需要分类汇总的字段进行排序。这里先对"客户名称"进行降序排序。接着在"数据"选项卡中的"分级显示"组中单击"分类汇总"

按钮。打开"分类汇总"对话框。设置好分类字段、汇总方式和选定汇总项，设置完成后单击"确定"按钮❸。此时，工作表会按照"客户名称"分类对"金额"进行汇总❹。分类汇总后，工作表左上角会出现1、2、3三个按钮，可以分别打开三个不同的界面，1包含总

计❺，2包含分类合计❻，3包含明细（即分类汇总后默认显示的界面）。此外，对数据进行汇总的方式除了"求和"以外还有"计数""平均值""最大值""最小值"以及"乘积"。只要在"分类汇总"对话框中设置不同的"分类字段"及"汇总方式"即可。

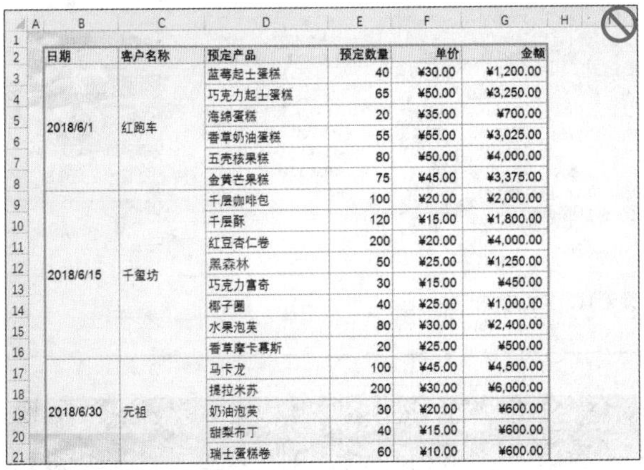

❶ 表中包含大量合并单元格

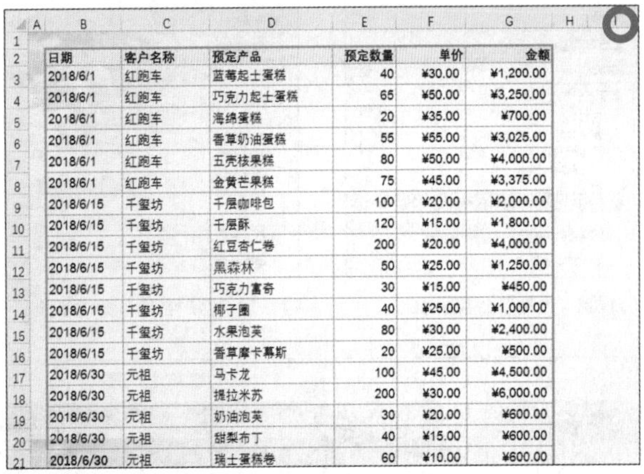

❷ 取消所有合并单元格

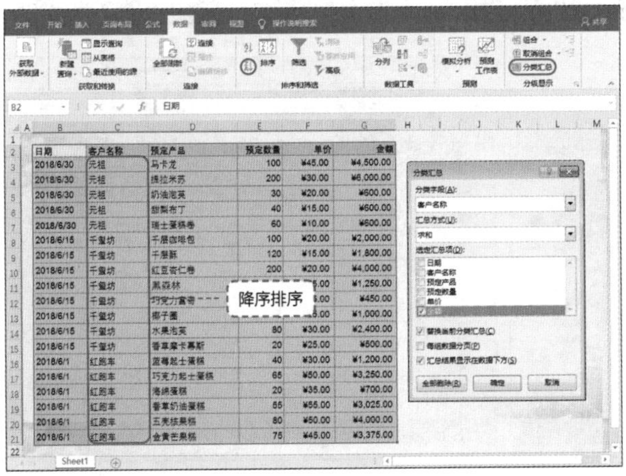

❸ 设置分类汇总

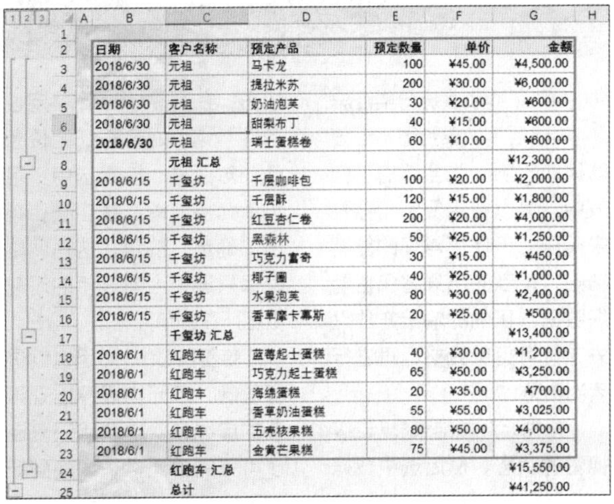

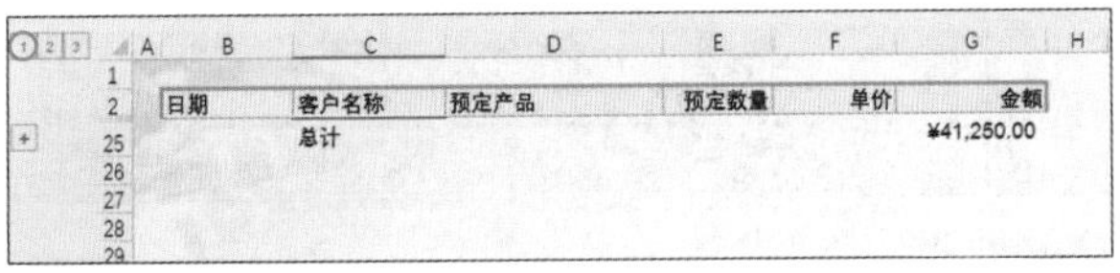

❹ 分类汇总结果

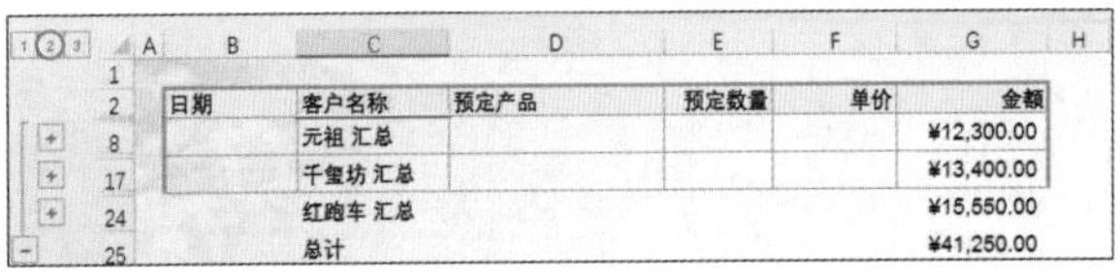

❺ 单击按钮1

❻ 单击按钮2

有时候需要同时对多个字段进行分类汇总，即在一个已经进行了分类汇总的工作表中继续创建其他分类汇总，这样就构成了分类汇总的嵌套。嵌套分类汇总也就是多级的分类汇总。

实现嵌套汇总前，首先为需要进行分类汇总的字段排序，即打开“排序”对话框，并对主要关键字和次要关键字进行相应的设置❼。设置完成后单击“确定”按钮即可。接着打开“分类汇总”对话框，从中对“分类字段”“汇总方式”“选定汇总项”进行设置❽。设置完成后单击“确定”按钮，先为主要字段“日期”进行分类汇总。接着再次打开“分类汇总”对话框，为次要字段“客户名称”设置分类汇总，然后取消勾选“替换当前分类汇总”复选框❾，单击“确定”按钮。

此时可以得到按照“日期”和“客户名称”进行分类汇总的结果❿。

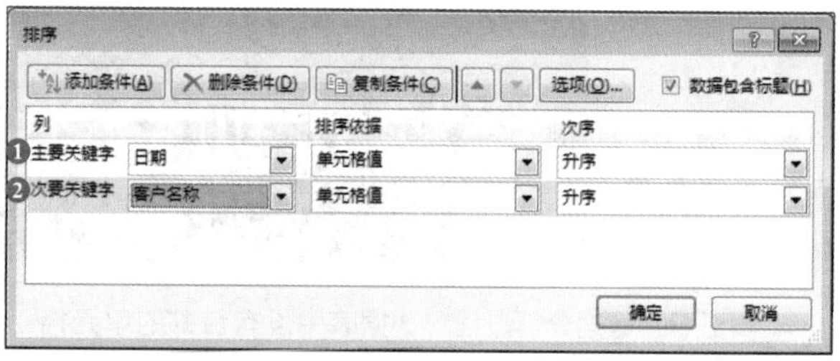

❼ 设置“主要关键字”和“次要关键字”

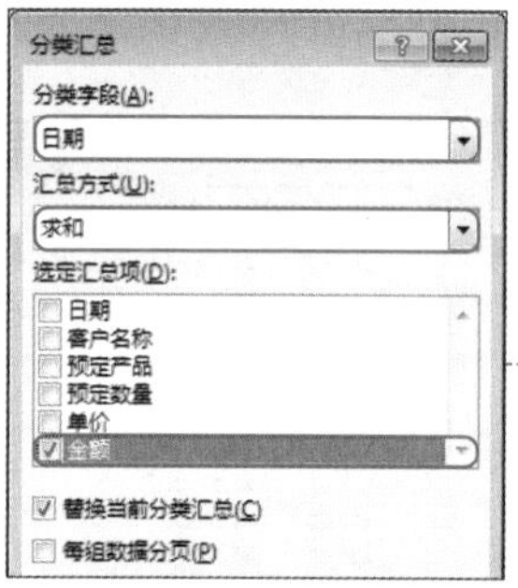

❽ 设置“日期”分类字段

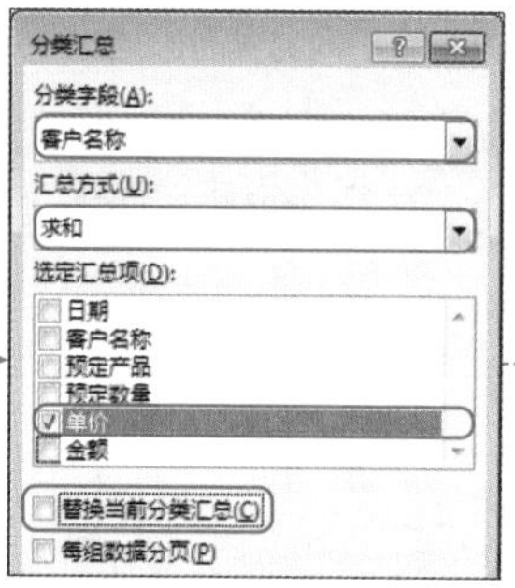

❾ 设置“客户名称”分类字段

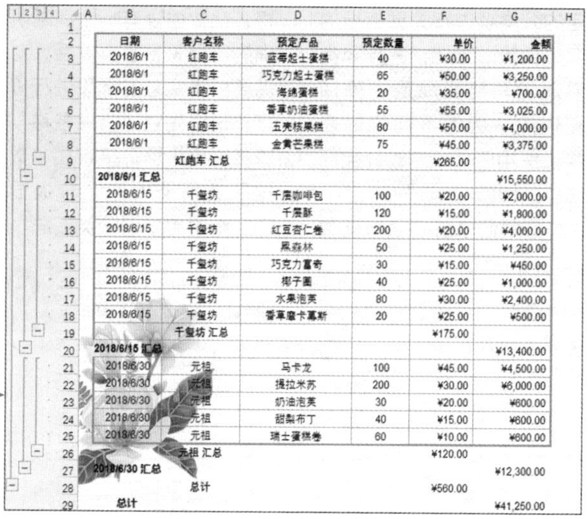

行	日期	客户名称	预定产品	预定数量	单价	金额
3	2018/6/1	红跑车	蓝莓起士蛋糕	40	¥30.00	¥1,200.00
4	2018/6/1	红跑车	巧克力起士蛋糕	65	¥50.00	¥3,250.00
5	2018/6/1	红跑车	海绵蛋糕	20	¥35.00	¥700.00
6	2018/6/1	红跑车	香草奶油蛋糕	55	¥55.00	¥3,025.00
7	2018/6/1	红跑车	五壳核果糕	80	¥50.00	¥4,000.00
8	2018/6/1	红跑车	金黄芒果糕	75	¥45.00	¥3,375.00
9		红跑车 汇总			¥265.00	
10	2018/6/1 汇总					¥15,550.00
11	2018/6/15	千玺坊	千层咖啡包	100	¥20.00	¥2,000.00
12	2018/6/15	千玺坊	千层酥	120	¥15.00	¥1,800.00
13	2018/6/15	千玺坊	红豆杏仁卷	200	¥20.00	¥4,000.00
14	2018/6/15	千玺坊	黑森林	50	¥25.00	¥1,250.00
15	2018/6/15	千玺坊	巧克力富奇	30	¥15.00	¥450.00
16	2018/6/15	千玺坊	椰子圈	40	¥25.00	¥1,000.00
17	2018/6/15	千玺坊	水果泡芙	80	¥30.00	¥2,400.00
18	2018/6/15	千玺坊	香草摩卡慕斯	20	¥25.00	¥500.00
19		千玺坊 汇总			¥175.00	
20	2018/6/15 汇总					¥13,400.00
21	2018/6/30	元祖	马卡龙	100	¥45.00	¥4,500.00
22	2018/6/30	元祖	提拉米苏	200	¥30.00	¥6,000.00
23	2018/6/30	元祖	奶油泡芙	30	¥20.00	¥600.00
24	2018/6/30	元祖	甜梨布丁	40	¥15.00	¥600.00
25	2018/6/30	元祖	瑞士蛋糕卷	60	¥10.00	¥600.00
26		元祖 汇总			¥120.00	
27	2018/6/30 汇总					¥12,300.00
28		总计			¥560.00	
29	总计					¥41,250.00

❿ 嵌套分类汇总的结果

Article 096 巧妙复制分类汇总的结果

在对工作表实施分类汇总以后，如果希望将汇总结果输出到一张全新的工作表中，可以使用复制和粘贴来操作，但使用常规的复制粘贴，得到的结果将包含明细数据。正确的输出方法是先定位可见单元格，再进行复制粘贴。

首先让汇总结果显示2级视图的状态，然后选中数据单元格区域，在“开始”选项卡中单击“查找和选择”按钮，在列表中选择“定位条件”选项，打开“定位条件”对话框，接着选中“可见单元格”单选按钮❶，单击“确定”按钮，这样就能确保只选中当前显示的汇总数据所在的单元格。

接着按Ctrl+C组合键进行复制，单元格周围出现绿色的虚线❷，这表明只复制了可见的单元格，切换到新的工作表中，按Ctrl+V组合键进行粘贴即可。

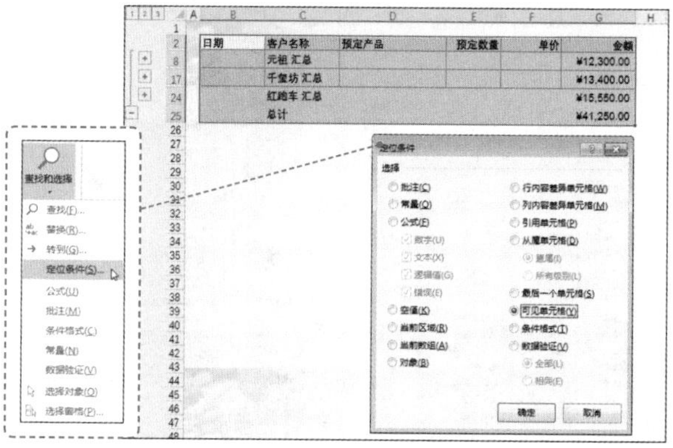

❶ 设置定位条件

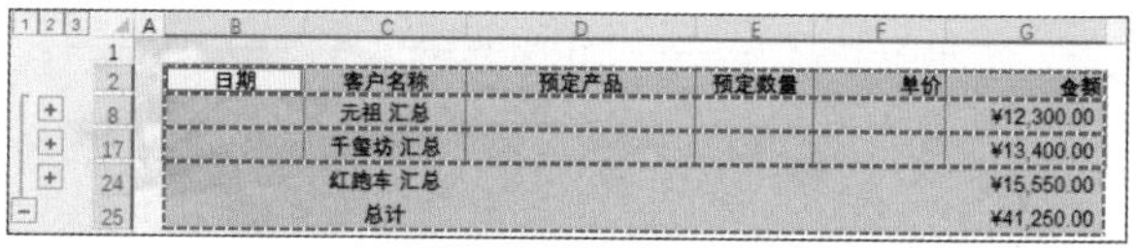

行	日期	客户名称	预定产品	预定数量	单价	金额
8		元祖 汇总				¥12,300.00
17		千玺坊 汇总				¥13,400.00
24		红跑车 汇总				¥15,550.00
25		总计				¥41,250.00

❷ 复制可见单元格

Article 097 定位条件的五种妙用

定位条件是Excel中非常实用，但常常会被新手忽略的一项功能。顾名思义，定位条件是在对表格中某些特殊单元格进行查找或定位时使用的，例如，定位表格中的空值、错误值公式等。定位条件除了能实现对单元格的快速定位，灵活搭配其他应用，还可以实现数据填充、替换、删除等操作，轻松帮助用户解决众多棘手的问题。下面将介绍五种利用定位条件实现的常见操作。

作，那么隐藏的明细数据将被一同复制，在复制其他包含隐藏内容的区域时也是同样的道理。这种情况可使用定位条件，定位可见的单元，然后再执行复制粘贴操作。

在Excel中打开"定位条件"对话框的方法不止一种，除了在"开始"选项卡中通过"查找和选择"命令按钮打开，还可使用

F5键或Ctrl+G组合键打开"定位"对话框❶，然后单击"定位条件"按钮打开"定位条件"对话框❷。

Technique 01 复制分类汇总结果

分类汇总的结果隐藏了明细数据，如果用户直接对分类汇总结果执行复制操

❶ "定位"对话框

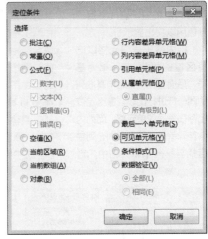

❷ "定位条件"对话框

Technique 02 批量输入相同内容

当需要向表格中的空白单元格内批量添加指定内容时可先定位空值，然后使用快捷键统一输入内容。在"定位条件"对话框中选中"空值"单选按钮，选中所选区域中的所有空白单元格❸，然后在编辑栏中输入内容，按Ctrl+Enter组合键便可将内容输入到所有空白单元格中❹。

Technique 03 删除或隐藏错误值

使用定位条件可快速定位表格中包含公式的所有单元格或者由公式产生的各种结果。在"定位条件"对话框中选中

"公式"单选按钮后，保持选项下方所有复选框均为选中状态，即可选中所有包含公式的单元格❺。当只勾选"错误"复选框时，则只会选中产生错误值的公式所在单元格，此

时，错误值可直接删除或隐藏，按Delete键可批量删除选中的错误值或将错误值的字体颜色设置成白色便可达到隐藏错误值的效果❻（字体颜色根据单元格的底纹颜色来定）。

❸ 定位空白单元格

❹ 批量输入相同内容

❺ 定位所有公式

❻ 定位并隐藏错误公式

查找存在差异的单元格

工作中经常会碰到需要核对两行或两列内容是否完全一致的情况，可以使用IF函数编写公式"IF(A1=B1,是,否)"来判断。除了公式之外还有更简单的判断方法，即使用定位条件的"行（列）内容差异单元格"来定位存在差异的单元格⑦。查找出存在差异的单元格后可将其中数据设置成醒目的颜色用以突出显示⑧。

行内容差异单元格以选择区域的第1列单元格为基准，后面各列单元格与基准列的同一行进行比较。最终定位出存在差异的单元格。而列内容差异单元格则是在同一列中查找与第一个单元格中内容存在差异的单元格⑨。

查找差异单元格时，对单元格的选择方式尤为重要。例如选择A1：A5和选择A5：A1，虽然是同一个区域，由于选择的方向不同（选取的第一个单元格不同），在定位列内容差异单元格时，A1：A5的效果⑩与A5：A1的效果⑪完全不同。

通过定位行（列）内容差异单元格还能够解决更复杂的问题，例如将某个区域中除了指定数值以外的其他值全部替换成一个固定的值。图⑫中以红色字体显示的值是不需要替换的值，现需要将其他值替换成数值10。具体操作方法如下。第1步：添加辅助数据；第2步：选中G6：A1单元格区域⑬；第3步：打开"定位条件"对话框，选中"行内容差异单元格"单选按钮；第4步：按住Ctrl键选中F2单元格，再次执行定位"行内容差异单元格"操作；第5步：按住Ctrl键选中E1单元格，再次定位"行内容差异单元格"；第6步：在编辑栏中输入10，按Ctrl+Enter组合键，删除辅助数据，完成操作⑭。

定位并删除空行

当表格中存在大量空行时，可使用定位空值功能定位空行，然后一次性删除所有空行。再调出"定位条件"对话框，执行定位"空值"操作。表格中的所有空行全部被选中⑮。

按Ctrl+-组合键，执行删除行操作，弹出"删除"对话框，选中"下方单元格上移"单选按钮，单击"确定"按钮⑯，便可成功删除所有空行。

	A
1	100
2	50
3	100
4	100
5	50
6	50

⑩ 从上向下选择的定位结果

	A
1	100
2	50
3	100
4	100
5	50
6	50

⑪ 从下向上选择的定位结果

姓名	奖金	核对
周萌	4,275	4,275
李丹	4,703	4,703
赵海	4,950	9,820
钱明	5,130	5,130
吴亮	5,738	5,738
赵凡	5,850	5,850
周瑜	6,075	5,575
黄江	6,435	6,435
李梅	6,435	6,435
姜宇	6,750	6,750
赵斌	7,020	7,020
周易	7,020	7,020
伊伊	7,605	7,605
吴维	7,605	7,605
张罗	8,100	8,100
李念	8,550	8,550

- ⊙ 行内容差异单元格(W)
- ○ 列内容差异单元格(M)
- ○ 引用单元格(P)
- ○ 从属单元格(D)

⑦ 选择"行内容差异单元格"单选按钮

姓名	奖金	核对
周萌	4,275	4,275
李丹	4,703	4,703
赵海	4,950	9,820
钱明	5,130	5,130
吴亮	5,738	5,738
赵凡	5,850	5,850
周瑜	6,075	5,575
黄江	6,435	6,435
李梅	6,435	6,435
姜宇	6,750	6,750
赵斌	7,020	7,020
周易	7,020	7,020
伊伊	7,605	7,605
吴维	7,605	7,605
张罗	8,100	8,100
李念	8,550	8,550

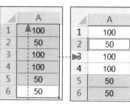

⑧ 以醒目的颜色突出差异单元格

科目编码	科目名称
220101	运输费
220101	运输费
220101	运输费
220101	运输费
220101	运输费
220101	运输费
220102	差旅费
220101	运输费
220101	运输费
220101	运输费

- ○ 行内容差异单元格(W)
- ⊙ 列内容差异单元格(M)
- ○ 引用单元格(P)
- ○ 从属单元格(D)

⑨ 按列查找差异单元格

	A	B	C	D
1	98	58	89	99
2	3	2	45	15
3	64	32	1	60
4	1	23	23	78
5	45	3	36	76
6	68	62	6	92

⑫ 源数据区域

	A	B	C	D	E	F	G
1	98	58	89	99	1	2	3
2	3	2	45	15	1	2	3
3	64	32	1	60	1	2	3
4	1	23	23	78	1	2	3
5	45	3	36	76	1	2	
6	68	62	6	92	1	2	3

⑬ 创建辅助列，并选择G6：A1单元格区域

D1			fx	10

	A	B	C	D
1	10	10	10	10
2	3	2	10	10
3	10	10	1	10
4	1	10	10	10
5	10	3	10	10
6	10	10	10	10

⑭ 批量替换值

	A	B	C	D	E	F	G	H
1	日期	客户	商品名称	业务员	单位	数量	单价	金额
17	2018/1/15	觅云计算机工程有限公司	档案柜	王海洋	套	1	¥1,300.00	¥520.00
18								
19	2018/1/15	七色阳光科技有限公司	008K点钞机	吴超越	台	4	¥750.00	¥0.00
20	2018/1/18	觅云计算机工程有限公司	支票打印机	王海洋	台	3	¥550.00	¥3,000.00
21								
22								
23	2018/1/18	七色阳光科技有限公司	咖啡机	吴超越	台	5	¥450.00	¥0.00
24	2018/1/25	大中办公设备有限公司	多功能一体机	董春辉	台	3	¥2,000.00	¥6,000.00
25	2018/1/25	华远数码科技有限公司	SK05装订机	吴超越	台	4	¥260.00	¥2,250.00
26	2018/1/27	常菁藤办公设备有限公司	静音050碎纸机	董春辉	台	3	¥2,300.00	¥1,040.00

⑮ 定位"空值"

删除
删除
- ○ 右侧单元格左移(L)
- ⊙ 下方单元格上移(U)
- ○ 整行(R)
- ○ 整列(C)

确定　取消

⑯ 删除空行

Article 098 多表合并计算

工作中，有时候需要将不同类别的明细表合并在一起，当多张明细工作表中的行标题字段和列标题字段名称相同并位于同样的位置时，例如"泉山区分公司"❶、"铜山区分公司"❷和"云龙区分公司"❸工作表中的行标题字段和列标题字段不仅名称相同，而且位置也相同。此时，就可以使用分类汇总功能轻松地汇总多表数据。操作方法为首先在"汇总"工作表中选中C3:E8单元格区域❹；然后在"数据"选项卡中单击"合并计算"按钮，打开"合并计算"对话框，从中将"引用位置"中的单元格区域添加到"所有引用位置"列表框中❺，取消"首行"及"最左列"复选框的勾选。设置完成后单击"确定"按钮，这时各个地区各部门的奖牌数量即可进行自动汇总。

部门	金牌	银牌	铜牌
销售部	3	1	4
研发部	2	6	3
财务部	1	3	2
行政部	5	2	1
设计部	4	1	3
网络部	2	5	6

❶ "泉山区分公司"工作表（一）

部门	金牌	银牌	铜牌
销售部	6	2	3
研发部	1	5	2
财务部	3	4	1
行政部	5	1	5
设计部	3	2	3
网络部	4	6	3

❷ "铜山区分公司"工作表（一）

部门	金牌	银牌	铜牌
销售部	1	4	3
研发部	3	5	2
财务部	5	1	1
行政部	4	2	3
设计部	3	1	5
网络部	1	6	2

❸ "云龙区分公司"工作表（一）

❹ 选中单元格区域

部门	金牌	银牌	铜牌
销售部	10	7	10
研发部	6	16	7
财务部	9	8	4
行政部	14	5	9
设计部	9	5	9
网络部	7	17	11

❺ 添加引用位置

如果多个工作表中的内容位置和数据都不一样，例如"泉山区分公司"❻、"铜山区分公司"❼和"云龙区分公司"❽工作表中的结构都不相同，该如何进行合并操作呢？首先在"汇总"工作表中选中B2单元格，然后单击"合并计算"按钮，打开"合并计算"对话框，同样将"引用位置"中的单元格区域添加到"所有引用位置"列表框中，接着勾选"首行"和"最左列"复选框，最后单击"确定"按钮❾。可以看到合并计算后的效果，接着为数据添加边框，并设置格式即可❿。此外，如果添加多个引用位置后发现添加错误，可以选择相应的引用位置，单击"删除"按钮即可。

部门	金牌	银牌	铜牌
销售部	3	1	4
研发部	2	6	3
财务部	1	3	2
行政部	5	2	1
设计部	4	1	3
网络部	2	5	6

❻ "泉山区分公司"工作表（二）

部门	银牌	金牌	铜牌
研发部	5	1	2
销售部	2	6	3
财务部	4	3	1
设计部	3	2	1
行政部	1	5	5
网络部	6	1	6

❼ "铜山区分公司"工作表（二）

部门	铜牌	金牌	银牌
销售部	3	1	4
行政部	3	4	2
研发部	2	3	5
财务部	1	5	1
设计部	5	3	1
网络部	2	1	6

❽ "云龙区分公司"工作表（二）

❾ 设置引用位置和标签位置

部门	金牌	银牌	铜牌
销售部	10	7	10
研发部	6	16	7
财务部	9	8	4
行政部	14	5	9
设计部	9	5	9
网络部	7	17	11

❿ 合并计算的结果

Article 099 强行分开数据

当工作表的一列中包含多种信息时❶，既不便于直观地展示数据，也不利于对数据进行分析和计算。所以在制作表格时，应该将不同类型的数据分列记录。如果错误已经产生，那么有没有一种不需要手动重新输入数据就可以自动分开显示的方法呢？答案是肯定的，可以使用分列功能将右表中"住址"列的数据分开显示❷。

首先选中需要分列的单元格区域E3:E17，在"数据"选项卡中单击"分列"按钮。打开"文本分列向导"对话框，在第1步中选中"固定宽度"单选按钮❸，然后单击"下一步"按钮，进入第2步，在"数据预览"处区域单击鼠标添加分列线，可同时添加多条分列线❹，然后单击"下一步"按钮，进入第3步，从中可以选择"列数据格式"，然后选定目标区域❺，最后单击"完成"按钮。这时所选单元格区域就按照设置分开显示了。接着重新为表格设置边框，美化一下表格即可。

A	B	C	D	E
	姓名	性别	手机号码	住址
	沈巍	男	187****4061	江苏省徐州市泉山区
	赵云澜	男	187****4062	江苏省徐州市铜山区
	王大庆	男	187****4063	江苏省徐州市九里区
	林静	男	187****4064	江苏省徐州市贾汪区
	郭长城	男	187****4065	江苏省徐州市泉山区
	祝红	女	187****4066	江苏省徐州市云龙区
	王筝	女	187****4067	江苏省徐州市泉山区
	丛波	男	187****4068	江苏省徐州市铜山区
	李倩	女	187****4069	江苏省徐州市泉山区
	楚恕之	男	187****4070	江苏省徐州市云龙区
	高天宇	男	187****4071	江苏省徐州市泉山区
	吴小军	男	187****4072	江苏省徐州市贾汪区
	张丹妮	女	187****4073	江苏省徐州市九里区
	吴天恩	男	187****4074	江苏省徐州市泉山区
	王一可	男	187****4075	江苏省徐州市贾汪区

❶ 一列显示多种信息

❷ 不同类型数据分列显示

❸ 设置文件类型

❹ 添加分列线

❺ 选定目标区域

拆分数据之前，需要先观察一下数据是否存在某种规律，以图❻中表格为例，通过观察可以发现数据以逗号","分隔，所以只要将逗号设置为分隔符，就能将数据分成4列❼，针对此表格，可采用分隔符拆分法。选中B2:B11单元格区域，单击"分列"按钮，打开"文本分列向导"对话框，在第1步中选中"分隔符号"单选按钮，随后单击"下一步"按钮❽，在第2步对话框中勾选"逗号"复选框❾。在这里需要注意的是，因为系统默认的分隔符都是英文半角符号，所以表格中的"逗号"都是在英文状态下输入的。如果是汉字、中文标点符号等则需要勾选"其他"复选框进行设置。如果对拆分后的数据格式没有特别要求，直接单击"完成"按钮就可以了。最后为表格添加边框，让其看起来比较美观。

❻ 以逗号分隔的数据

A	B	C	D	E
	姓名	性别	智力值	魅力值
	曹操	男	86	88
	诸葛亮	男	100	98
	司马懿	男	99	92
	刘备	男	83	98
	关羽	男	85	100
	董卓	男	67	60
	貂蝉	女	78	99
	小乔	女	80	98
	吕布	男	79	86

❼ 分列显示

此外，如果数据的长度和结构相同，还可以使用分列功能提取数据并导出到指定位置。例如，将身份证号码中的出生日期⑩提取出来。要提取身份证中的出生日期，需要按照固定宽度进行分列。首先打开"文本分列向导"对话框，在第1步中选中"固定宽度"单选按钮，然后在第2步中的数据预览区域添加两条分列线，将身份证号码分隔为3块区域，即第1块区域为"户口地址码"，第2块区域为"出生日期"，第3块区域为"顺次和校验码"⑪，接着在第3步中的数据预览区域分别选中户口地址码和顺次校验码两列，并选中"不导入此列（跳过）"单选按钮⑫，然后选中出生日期列，将其设置为"日期"格式，在这里需要说明的是，如果不选中"日期"单选按钮，则提取出来的出生日期是"假"日期，不是标准的日期格式。最后选定目标区域，如E3单元格⑬，单击"完成"按钮后即可将出生日期从身份证号码中提取出来，并导入到E列中⑭。

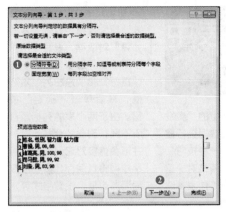

⑧ 选择文件类型

⑨ 设置分隔符号

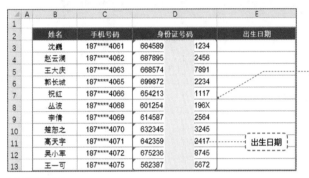

⑩ 身份证号码

⑪ 设置分列线

⑫ 设置数据预览区域

⑬ 设置数据格式和目标区域

⑭ 提取出生日期

快速核对表中数据

为了确保信息的准确性，有时需要将两个工作表中的数据进行核对，如果工作表中的数据过多，则核对会费时费力，例如将"实发工资"表❶和备份的"实发工资"表❷中的数据进行核对。接下来介绍一种技巧，以实现数据的快速核对。首先新建一个空白工作表，选择B2单元格，然后单击"合并计算"按钮，打开"合并计算"对话框，设置"所有引用位置"选项，然后勾选"首行"和"最左列"复选框，最后单击"确定"按钮。由于两个表的列标题有所不同，因此"合并计算"并不会直接对它们汇总，而是按列将其保存。接着给数据添加边框、设置格式等，美化一下表格。然后选中E3单元格，输入公式"=C3=D3"，将公式填充直到E21单元格，即可计算出两个表格中的"实发工资"是否匹配。若结果为TRUE，则表示相同；若结果为FALSE，则表示不同❸。

❶ "实发工资"表

❷ 备份的"实发工资"表

❸ 匹配结果

交互式数据报表

在工作中，如果需要对大量数据进行分析，则可以使用数据透视表。数据透视表是一种可以快速汇总大量数据的交互式报表，使用它可以深入分析数值数据。那么该如何创建数据透视表呢？首先选中表格中任意单元格，打开"插入"选项卡，在"表格"组中单击"数据透视表"按钮❶，打开"创建数据透视表"对话框，对"表/区域"进行设置，设置完成后单击"确定"按钮❷。此时在选择了"新工作表"的前提下，Excel会自动新建一个工作表，并从新工作表的A3单元格起创建空白数据透视表。而且工作表的右侧会弹出一个"数据透视表字段"窗格❸。接着在"选择要添加到报表的字段"列表框中选择字段，并将其拖至右侧合适区域，或者勾选字段名称并将该字段添加到数据透视表中。添加字段后就完成了数据透视表的创建❹。

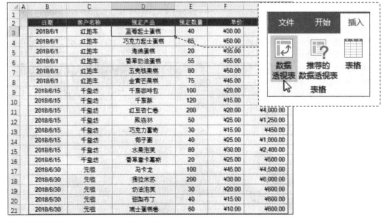

❶ 开始创建数据透视表

❷ 设置"表/区域"项

❸ 创建的空白数据透视表

❹ 添加字段后的数据透视表

前面创建的数据透视表是引用的内部数据源，如果需要在当前工作表中引用其他工作簿中的工作表数据进行分析❺，该如何操作呢？这时可以使用外部数据源功能来实现。即选择要创建数据透视表的单元格，然后打开"创建数据透视表"对话框，从中选中"使用外部数据源"单选按钮，接着单击"选择连接"按钮❻，在打开的"现有连接"对话框中

单击左下角的"浏览更多"按钮❼。打开"选取数据源"对话框，从中选择需要引用的工作簿，然后单击"打开"按钮。弹出"选择表格"对话框，从中选中表格名称，然后单击"确定"按钮。返回到"创建数据透视表"对话框，在"选择连接"按钮下方显示了连接的外部数据的名称❽，最后单击"确定"按钮即可。这时可以发现工作表中创建了一

张空白数据透视表，然后根据需要将字段添加到数据透视表中，就完成了引用外部数据创建的数据透视表。

❺ 引用外部数据源创建的数据透视表

❻ 设置数据源

❼ "现有连接"对话框

❽ 显示连接名称

当不再需要数据透视表时，可以将其删除。首先选中数据透视表中任意单元格，然后在"数据透视表工具-分析"选项卡中单击"选择"下拉按钮，从下拉列表中选择"整个数据透视表"

选项❾，即可将整个数据透视表选中，如果数据透视表不是很大，也可以拖动鼠标手动选择数据透视表，接着按Delete键，即可将整个数据透视表删除。

❾ 选择"整个数据透视表"选项

Article 102 改变数据透视表的格局

大家都知道在"设计"选项卡中有一个"布局"组，如果想要改变数据透视表的布局，可以通过"布局"组中的四个功能按钮对数据透视表的布局进行调整。接下来将一一进行介绍。

Technique 01 "分类汇总"功能

首先介绍"分类汇总"功能，即在"设计"选项卡中单击"分类汇总"下拉按钮，在该列表中有四项内容，分别为不显示分类汇总❶、在组的底部显示所有分类汇总❷、在组的顶部显示所有分类汇总❸和汇总中包含筛选项。利用这四个选项可对分类汇总的显示位置进行设置。

Technique 02 "总计"功能

在"设计"选项卡中，单击"总计"下拉按钮，在其列表中，也有四项内容，分别为对行和列禁用❹、对行和列启用、仅对行启用和仅对列启用。利用这四个选项可对总计行的显示位置进行设置。

Technique 03 "报表布局"功能

单击"报表布局"下拉按钮，从中可以对报表的显示形式进行设置，如以压缩形式显示❺、以大纲形式显示❻和以表格形式显示❼。默认情况下，报表则以压缩的形式显示。

当然还可以对报表中的重复项进行设置。选择"重复所有项目标签"选项，可将报表中的重复项都显示出来。相反，选择"不重复项目标签"选项卡，则会隐藏报表中的重复项。

Technique 04 "空行"功能

单击"空行"下拉按钮，选择"在每个项目后插入空行"选项❽，可在报表的每一组数据下方添加一空行，相反，选择"删除每个项目后的空行"选项，则会删除空行。

行标签	求和项:销售单价	求和项:销售数量	求和项:销售金额
□白宇			
海绵蛋糕	35	80	2800
金黄芒果糕	45	90	4050
水果泡芙	30	90	2700
椰子圈	25	85	2125
□白泽			
红豆杏仁卷	20	200	4000
蓝莓起士蛋糕	30	60	1800
奶油泡芙	20	250	5000
千层咖啡包	20	100	2000
提拉米苏	30	200	6000
□林青			
巧克力富奇	15	300	4500
巧克力起士蛋糕	50	65	3250
瑞士蛋糕卷	10	200	2000
五壳核果糕	50	80	4000
香草摩卡慕斯	25	120	3000
□沈巍			
黑森林	25	150	3750
马卡龙	45	360	16200
千层酥	15	120	1800
甜梨布丁	15	130	1950
香草奶油蛋糕	55	70	3850
总计	560	2750	74775

❶ 不显示分类汇总

行标签	求和项:销售单价	求和项:销售数量	求和项:销售金额
□白宇			
海绵蛋糕	35	80	2800
金黄芒果糕	45	90	4050
水果泡芙	30	90	2700
椰子圈	25	85	2125
白宇 汇总	135	345	11675
□白泽			
红豆杏仁卷	20	200	4000
蓝莓起士蛋糕	30	60	1800
奶油泡芙	20	250	5000
千层咖啡包	20	100	2000
提拉米苏	30	200	6000
白泽 汇总	120	810	18800
□林青			
巧克力富奇	15	300	4500
巧克力起士蛋糕	50	65	3250
瑞士蛋糕卷	10	200	2000
五壳核果糕	50	80	4000
香草摩卡慕斯	25	120	3000
林青 汇总	150	765	16750
□沈巍			
黑森林	25	150	3750
马卡龙	45	360	16200
千层酥	15	120	1800
甜梨布丁	15	130	1950
香草奶油蛋糕	55	70	3850
沈巍 汇总	155	830	27550
总计	560	2750	74775

❷ 在组的底部显示所有分类汇总

行标签	求和项:销售单价	求和项:销售数量	求和项:销售金额
□白宇	135	345	11675
海绵蛋糕	35	80	2800
金黄芒果糕	45	90	4050
水果泡芙	30	90	2700
椰子圈	25	85	2125
□白泽	120	810	18800
红豆杏仁卷	20	200	4000
蓝莓起士蛋糕	30	60	1800
奶油泡芙	20	250	5000
千层咖啡包	20	100	2000
提拉米苏	30	200	6000
□林青	150	765	16750
巧克力富奇	15	300	4500
巧克力起士蛋糕	50	65	3250
瑞士蛋糕卷	10	200	2000
五壳核果糕	50	80	4000
香草摩卡慕斯	25	120	3000
□沈巍	155	830	27550
黑森林	25	150	3750
马卡龙	45	360	16200
千层酥	15	120	1800
甜梨布丁	15	130	1950
香草奶油蛋糕	55	70	3850
总计	560	2750	74775

❸ 在组的顶部显示所有分类汇总

行标签	求和项:销售单价	求和项:销售数量	求和项:销售金额
□白宇	135	345	11675
海绵蛋糕	35	80	2800
金黄芒果糕	45	90	4050
水果泡芙	30	90	2700
椰子圈	25	85	2125
□白泽	120	810	18800
红豆杏仁卷	20	200	4000
蓝莓起士蛋糕	30	60	1800
奶油泡芙	20	250	5000
千层咖啡包	20	100	2000
提拉米苏	30	200	6000
□林青	150	765	16750
巧克力富奇	15	300	4500
巧克力起士蛋糕	50	65	3250
瑞士蛋糕卷	10	200	2000
五壳核果糕	50	80	4000
香草摩卡慕斯	25	120	3000
□沈巍	155	830	27550
黑森林	25	150	3750
马卡龙	45	360	16200
千层酥	15	120	1800
甜梨布丁	15	130	1950
香草奶油蛋糕	55	70	3850

❹ 对行和列禁用

以压缩形式显示表格：

行标签	求和项:销售单价	求和项:销售数量	求和项:销售金额
⊟白宇	135	345	11675
海绵蛋糕	35	80	2800
金黄芒果糕	45	90	4050
水果泡芙	30	90	2700
椰子圈	25	85	2125
⊟白泽	120	810	18800
红豆杏仁卷	20	200	4000
蓝莓起士蛋糕	30	60	1800
奶油泡芙	20	250	5000
千层咖啡包	20	100	2000
提拉米苏	30	200	6000
⊟林青	150	765	16750
巧克力富奇	15	300	4500
巧克力起士蛋糕	50	65	3250
瑞士蛋糕卷	10	200	2000
五亮核果糕	50	80	4000
香草摩卡慕斯	25	120	3000
⊟沈巍	155	830	27550
黑森林	25	150	3750
马卡龙	45	360	16200
千层酥	15	120	1800
甜梨布丁	15	130	1950
香草奶油蛋糕	55	70	3850
总计	560	2750	74775

❺ 以压缩形式显示

以大纲形式显示表格：

销售员	销售商品	求和项:销售单价	求和项:销售数量	求和项:销售金额
⊟白宇		135	345	11675
	海绵蛋糕	35	80	2800
	金黄芒果糕	45	90	4050
	水果泡芙	30	90	2700
	椰子圈	25	85	2125
⊟白泽		120	810	18800
	红豆杏仁卷	20	200	4000
	蓝莓起士蛋糕	30	60	1800
	奶油泡芙	20	250	5000
	千层咖啡包	20	100	2000
	提拉米苏	30	200	6000
⊟林青		150	765	16750
	巧克力富奇	15	300	4500
	巧克力起士蛋糕	50	65	3250
	瑞士蛋糕卷	10	200	2000
	五亮核果糕	50	80	4000
	香草摩卡慕斯	25	120	3000
⊟沈巍		155	830	27550
	黑森林	25	150	3750
	马卡龙	45	360	16200
	千层酥	15	120	1800
	甜梨布丁	15	130	1950
	香草奶油蛋糕	55	70	3850
总计		560	2750	74775

❻ 以大纲形式显示

以表格形式显示表格：

销售员	销售商品	求和项:销售单价	求和项:销售数量	求和项:销售金额
⊟白宇	海绵蛋糕	35	80	2800
	金黄芒果糕	45	90	4050
	水果泡芙	30	90	2700
	椰子圈	25	85	2125
白宇 汇总		135	345	11675
⊟白泽	红豆杏仁卷	20	200	4000
	蓝莓起士蛋糕	30	60	1800
	奶油泡芙	20	250	5000
	千层咖啡包	20	100	2000
	提拉米苏	30	200	6000
白泽 汇总		120	810	18800
⊟林青	巧克力富奇	15	300	4500
	巧克力起士蛋糕	50	65	3250
	瑞士蛋糕卷	10	200	2000
	五亮核果糕	50	80	4000
	香草摩卡慕斯	25	120	3000
林青 汇总		150	765	16750
⊟沈巍	黑森林	25	150	3750
	马卡龙	45	360	16200
	千层酥	15	120	1800
	甜梨布丁	15	130	1950
	香草奶油蛋糕	55	70	3850
沈巍 汇总		155	830	27550
总计		560	2750	74775

❼ 以表格形式显示

在每个项目后插入空行：

行标签	求和项:销售单价	求和项:销售数量	求和项:销售金额
⊟白宇	135	345	11675
海绵蛋糕	35	80	2800
金黄芒果糕	45	90	4050
水果泡芙	30	90	2700
椰子圈	25	85	2125
⊟白泽	120	810	18800
红豆杏仁卷	20	200	4000
蓝莓起士蛋糕	30	60	1800
奶油泡芙	20	250	5000
千层咖啡包	20	100	2000
提拉米苏	30	200	6000
⊟林青	150	765	16750
巧克力富奇	15	300	4500
巧克力起士蛋糕	50	65	3250
瑞士蛋糕卷	10	200	2000
五亮核果糕	50	80	4000
香草摩卡慕斯	25	120	3000
⊟沈巍	155	830	27550
黑森林	25	150	3750
马卡龙	45	360	16200
千层酥	15	120	1800
甜梨布丁	15	130	1950
香草奶油蛋糕	55	70	3850
总计	560	2750	74775

❽ 在每个项目后插入空行

Article 103 让数据透视表看起来赏心悦目

创建好数据透视表后，还可以为其设置各种边框和底纹效果，使其看起来更加赏心悦目。Excel本身就内置了很多数据透视表样式，可直接套用。首先打开"设计"选项卡，在"数据透视表样式"组中单击"其他"按钮，然后在展开的列表中选择一个满意的样式❶，可看到数据透视表已经应用了所选样式❷。在选择数据透视表样式之前，还可使用鼠标悬停的方式对不同的样式进行预览。

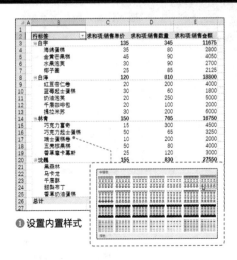

❶ 设置内置样式

❷ 套用了样式的数据透视表

数据透视表轻松排序

在普通工作表中可对数据进行排序，在数据透视表中同样可对数据进行排序，如对"求和项：销售数量"进行排序。在数据透视表中进行排序的方法有多种，下面一起来了解一些常用的排序方法。首先选中需要排序的数据列中任意单元格，然后右击，在弹出的快捷菜单中选择"排序"命令，接着在其级联菜单中选择"升序"或"降序"选项即可。在这里选择"升序"选项①，即可将"求和项：销售数量"按升序排序②。此外，还可以单击"行标签"右侧的下拉按钮，在下拉列表中选择"其他排序选项"选项。打开"排序"对话框，从中根据需要选中"升序排序"或"降序排序"单选按钮，在所选排序依据下拉列表中选择好排序字段。单击"确定"按钮，即可将所选字段按指定方式排序。

❶ 执行"升序"命令

❷ "求和项：销售数量"按照升序排序

计算字段的使用

计算字段是指通过现有的字段进行计算后得到的新字段。数据透视表创建好后，是无法对其数据项进行更改或计算的。若需对某字段进行计算，须使用"添加计算字段"功能才可进行计算操作。例如，为下面的数据透视表创建"提成"字段❶。首先选中数据透视表中的任意单元格，在"分析"选项卡的"计算"选项组中单击"字段、项目和集"下拉按钮，在下拉列表中选择"计算字段"选项。打开"插入计算字段"对话框，输入字段名称"提成"，然后在"公式"文本框中输入该字段的计算公式"=销售金额*0.03"。公式中用到的字段名称可通过在"字段"列表中选择字段，并单击"插入字段"按钮的方式进行输入。最后单击"确定"按钮，关闭对话框。完成"提成"字段创建操作❷。

❶ 数据透视表

❷ 创建"提成"字段后的数据透视表

Article 106 修改字段名称和计算类型

数据透视表中字段的名称和计算类型是根据数据源自动生成的，可以根据实际需要对字段名称和计算类型进行修改。首先选中需修改名称和计算类型字段中的任意单元格，打开"数据透视表工具-分析"选项卡，在"活动字段"组中单击"字段设置"按钮❶。打开"值字段设置"对话框，从中重新选择"计算类型"，然后在"自定义名称"文本框中输入新的字段名称❷。最后单击"确定"按钮，此时被选中的字段名称和类型已发生了更改❸。按照同样的方法可以完成对其他字段名称的更改操作。

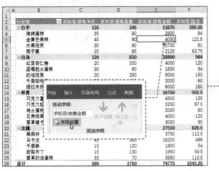

❶ 单击"字段设置"按钮

❷ 设置计算类型和名称

❸ 字段名称和计算类型得到修改

Article 107 日期型数据分组你说了算

在数据透视表中，日期型数据项含有很多的自动组合选项，可以按日、月、季度和年度等多种时间单位进行组合。图❶中的日期字段显示了明细数据，当想要了解各员工每月销售的汇总情况时，很难从这张表中得到答案，但如果将日期按月分组显示，那么每月的汇总结果就一目了然。下面介绍如何为数据透视表日期字段分组。

首先选中日期字段中的任意一个单元格，然后右击，从弹出的快捷菜单中选择"组合"命令，弹出"组合"对话框，从中进行设置。其中起始于和终止于日期保持默认，在"步长"列表框中选择"月"选项❷，设置完成后单击"确定"按钮，即可按照月份对数据透

视表内的数据进行相应的统计❸。在使用数据透视表的过程中，如果希望每次打开工作表时都自动刷新数据，可以启动数据透视表自动刷新功能。操作方法为在"分析"选项卡中单击"选项"按钮，打开"数据透视表选项"对话框，切换到"数据"选项卡，从中勾选"打开文件时刷新数据"复选框，最后单击"确定"按钮即可。

❷ 设置日期分组

行标签	白宇	白泽	林青	沈巍	总计
6月1日		60			60
6月2日			65		65
6月3日	80				80
6月4日				70	70
7月8日			80		80
7月9日	90				90
7月10日		100			100
7月11日				120	120
8月15日		200			200
8月16日				150	150
8月17日			300		300
8月18日	85				85
9月20日	90				90
9月21日			120		120
9月22日				360	360
9月23日		200			200
10月1日		250			250
10月2日				130	130
10月3日			200		200
总计	345	810	765	830	2750

求和项:销售数量　列标签

❶ 日期字段显示明细数据

行标签	白宇	白泽	林青	沈巍	总计
6月	80	60	65	70	275
7月	90	100	80	120	390
8月	85	200	300	150	735
9月	90	200	120	360	770
10月		250	200	130	580
总计	345	810	765	830	2750

求和项:销售数量　列标签

❸ 日期字段按月分组显示

在数据透视表中也能筛选

在数据透视表中也可以执行筛选。筛选的方式有很多种，其中包括字段标签筛选、筛选器筛选、值筛选、日期筛选和切片器筛选等，可以根据数据透视表的类型以及想要筛选的内容选择筛选方式。接下来将对不同的筛选方式逐一进行介绍。

Technique 01
用字段标签筛选

筛选出所有包含"蛋糕"的商品销售信息。首先单击行标签右侧下拉按钮，在展开的列表中选择"标签筛选"选项，在其级联菜单中选择"包含"选项。然后

在打开的对话框中，设置好筛选条件，最后单击"确定"按钮，即可将所有包含"蛋糕"的商品销售信息筛选出来❶。

Technique 02
使用筛选器筛选

如果需要筛选出销售员

是"白宇"的销售信息。首先将"销售员"字段添加到"筛选器"区域❷，然后单击"销售员"右侧的下拉按钮，从列表中选择"白宇"，接着单击"确定"按钮。即可将销售员是"白宇"的销售信息全部筛选出来❸。

❶ 用字段标签筛选

❷ 添加筛选字段

❸ 筛选销售员"白宇"的信息

Technique 03
使用值筛选

如果要筛选出"销售数量"大于150的销售信息，首先在行标签下拉列表中选择"值筛选"选项，然后在其

级联菜单中选择"大于"选项❹。在弹出的对话框中选择好值字段和筛选条件。单击"确定"按钮❺，即可看到"销售数量"大于150的销售信息被筛选出来了❻。

Technique 04
使用日期筛选

如果要筛选出"第3季度"的销售数据，首先单击行标签右侧的下拉按钮，在打开的下拉列表中选择"日

期筛选"选项，然后在其级联菜单中选择所需的筛选项，这里选择"第3季度"选项，就可以将第3季度的销售信息筛选出来❼。

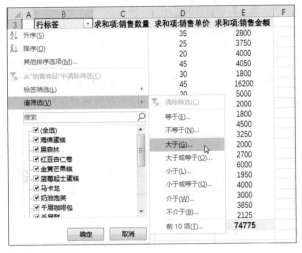

④ 选择"值筛选"

⑤ 设置值字段和筛选条件

行标签	求和项:销售数量	求和项:销售单价	求和项:销售金额
红豆杏仁卷	200	20	4000
马卡龙	360	45	16200
奶油泡芙	250	20	5000
巧克力富奇	300	15	4500
瑞士蛋糕卷	200	10	2000
提拉米苏	200	30	6000
总计	1510	140	37700

⑥ 筛选出符合条件的数据

Technique 05

使用切片器筛选

如果需要筛选出"销售员"是"沈巍","销售商品"是"黑森林"和"马卡龙"的销售信息，首先需要插入切片器，打开"数据透视表工具-分析"选项卡，在"筛选"组中单击"插入切片器"按钮，弹出"插入切片器"对话框，勾选字段名称"销售员"和"销售商品"复选框，单击"确定"按钮即可插入相应字段的切片器⑧。

在切片器中选择需要筛选的选项，其数据透视表中也会对其进行筛选。可以同时在多个切片中进行筛选。单击切片器上方的"多选"按钮，可以在该切片器中选择多个选项或者按Ctrl键进行多选⑨。此外，单击切片器右上角的"清除筛选器"按钮，可以清除该切片器的所有筛选。

如果不再需要切片器，可以选中切片器，然后按Delete键，即可将其删除。

⑦ 筛选日期

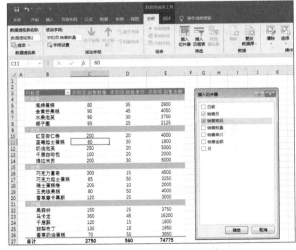

⑧ 筛选前的数据透视表

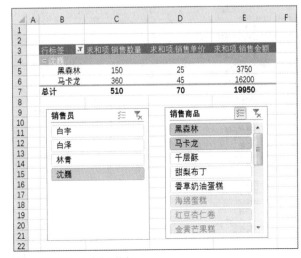

⑨ 按照设置的条件筛选出信息

错误值显示方式的设置

若 遇到在数据透视表中计算"平均单价"时出现了错误值，并以"#DIV/0!"方式显示的情况时❶，为了不让错误值影响数据的显示效果，可以右击该透视表任意单元格，在打开的快捷菜单中选择"数据透视表选项"命令。打开"数据透视表选项"对话框，从中选择"布局和格式"选项卡，然后勾选"对于错误值，显示"复选框，并输入显示值。这里输入"/"❷。最后单击"确定"按钮，关闭对话框。此时在数据透视表中的所有错误值都以"/"显示❸。

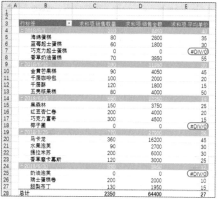

❶ 出现错误值

❷ 设置错误值

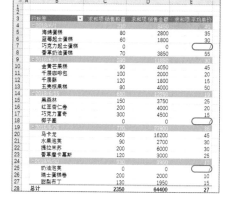

❸ 错误值以"/"显示

指定值字段格式的设置

为 了区分数据透视表中值字段的数据项，通常需要对这些数据项的格式进行设定，例如为"销售单价"和"销售金额"的数据项添加货币符号❶。首先选中"求和项：销售单价"字段列任意单元格，然后右击，在打开的快捷菜单中选择"数字格式"命令，弹出"设置单元格格式"对话框，在"分类"列表框中选择"货币"选项，并将右侧"小数位数"设置为0。其他选项参数为默认值。设置完成后，单击"确定"按钮，关闭对话框。此时"求和项：销售单价"字段已添加了货币符号。然后按照同样的方法为"求和项：销售金额"字段添加货币符号❷。

此外，选中需要设置格式的数据项，在"数字格式"列表中选择"货币"选项，也可以为其添加货币符号。

行标签	求和项:销售数量	求和项:销售单价	求和项:销售金额
-2018/6/1	275	170	11700
海绵蛋糕	80	35	2800
蓝莓起士蛋糕	60	30	1800
巧克力起士蛋糕	65	50	3250
香草奶油蛋糕	70	55	3850
-2018/6/10	390	130	11850
金黄芒果糕	90	45	4050
千层咖啡包	100	20	2000
千层酥	120	15	1800
五壳核果糕	80	50	4000
-2018/6/15	735	85	14375
黑森林	150	25	3750
红豆杏仁卷	200	20	4000
巧克力富奇	300	15	4500
椰子圈	85	25	2125
-2018/6/25	770	130	27900
马卡龙	360	45	16200
水果泡芙	90	30	2700
提拉米苏	200	30	6000
香草摩卡慕斯	120	25	3000
-2018/6/30	580	45	8950
奶油泡芙	250	20	5000
瑞士蛋糕卷	200	10	2000
甜梨布丁	130	15	1950
总计	2750	560	74775

❶ 默认的数据格式

行标签	求和项:销售数量	求和项:销售单价	求和项:销售金额
-2018/6/1	275	¥170	¥11,700
海绵蛋糕	80	¥35	¥2,800
蓝莓起士蛋糕	60	¥30	¥1,800
巧克力起士蛋糕	65	¥50	¥3,250
香草奶油蛋糕	70	¥55	¥3,850
-2018/6/10	390	¥130	¥11,850
金黄芒果糕	90	¥45	¥4,050
千层咖啡包	100	¥20	¥2,000
千层酥	120	¥15	¥1,800
五壳核果糕	80	¥50	¥4,000
-2018/6/15	735	¥85	¥14,375
黑森林	150	¥25	¥3,750
红豆杏仁卷	200	¥20	¥4,000
巧克力富奇	300	¥15	¥4,500
椰子圈	85	¥25	¥2,125
-2018/6/25	770	¥130	¥27,900
马卡龙	360	¥45	¥16,200
水果泡芙	90	¥30	¥2,700
提拉米苏	200	¥30	¥6,000
香草摩卡慕斯	120	¥25	¥3,000
-2018/6/30	580	¥45	¥8,950
奶油泡芙	250	¥20	¥5,000
瑞士蛋糕卷	200	¥10	¥2,000
甜梨布丁	130	¥15	¥1,950
总计	2750	¥560	¥74,775

❷ 为"求和项：销售单价"和"求和项：销售金额"添加了货币符号

Article 111 影子数据透视表

影子数据透视表就是把数据透视表制作成一个动态的图片，该图片可以浮动于工作表中的任意位置，并与数据透视表保持实时更新，甚至还可以更改图片的大小以满足不同的分析需求。创建影子数据透视表可以使用"照相机"功能。首先需要调出"照相机"功能，即在"Excel选项"对话框中，将"照相机"功能添加到"自定义快速访问工具栏"中。然后选中数据透视表中的B2:E26单元格区域，单击"自定义快速访问工具栏"中的"照相机"按钮，再单击数据透视表外的任意单元格，即可创建一个影子数据透视表。当数据透视表中的数据发生变动后，影子数据透视表中的数据也会随之变化。例如，将数据透视表中的字段名称进行更改，刷新后，影子数据透视表中的字段名称也会进行相应的更改❶。

此外，还可以使用Ctrl+C组合键创建影子数据透视表。即选中数据透视表中的B2:E26单元格区域，然后按Ctrl+C组合键复制，再定位想要粘贴的位置，单击"开始"选项卡中的"粘贴"下拉按钮，从列表中选择"链接的图片"选项，即可创建影子数据透视表❷。

采用复制粘贴命令创建的影子数据透视表不带有黑色边框，而用照相机功能创建的影子数据透视表会带有黑色边框。

❶ 用"照相机"功能创建的影子数据透视表

❷ 用复制粘贴命令创建的影子数据透视表

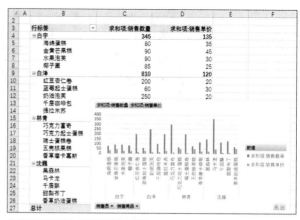

❶ 根据数据透视表创建数据透视图

Article 112 以图代表更直观

大家都知道数据透视图是以图形显示数据的。与标准图表一样，数据透视图也包含数据系列、类别、数据标记和坐标轴。数据透视图的创建方法有很多，可以根据需要进行创建。

Technique 01

根据数据透视表创建数据透视图

利用创建好的数据透视表来创建透视图是创建数据透视图最常用的方法之一❶。首先选中数据透视表中任意单元格，在"分析"选项卡中单击"数据透视图"按钮❷。打开"插入图表"对话框，从中选择好图表的类型，这里选择"簇状柱形图"类型❸。然后单击"确定"按钮即可完成数据透视图的创建操作。

❷ 单击"数据透视图"按钮

❸ 选择数据透视图类型

Technique 02

根据数据源创建数据透视图

可以直接根据数据源同时创建数据透视表及数据透视图。首先在数据源表中选择任意单元格。在"插入"选项卡中单击"数据透视图"下拉按钮，选择"数据透视图"选项。打开"创建数据透视图"对话框，从中设置好"表/区域"及数据透视图的位置，这里保持默认，最后单击"确定"按钮。此时在新工作表中会同时显示空白的数据透视表及数据透视图❹。在"数据透视图字段"窗格中勾选所需字段，完成数据透视表的创建操作。与此同时，数据透视图也会随之产生❺。

Technique 03

使用数据透视表向导创建数据透视图

以上两种方法适合于Excel 2013和Excel 2016两个版本，如果安装的是低版本，就只能通过使用向导来创建透视图。首先选中源数据表中的任意单元格，依次按Alt、D、P键，就可以打开"数据透视表和数据透视图向导--步骤1（共3步）"对话框。从中选中"数据透视图（及数据透视表）"单选按钮，然后单击"下一步"按钮❻，在步骤2中，保持默认选项，单击"下一步"按钮❼。在步骤3中，设置好数据透视图的位置，单击"完成"按钮即可❽。

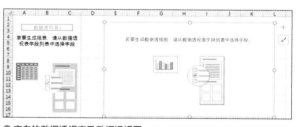

❹ 空白的数据透视表及数据透视图

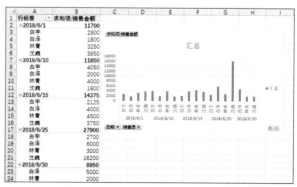

❺ 根据数据源创建数据透视图

⑥ 设置报表类型

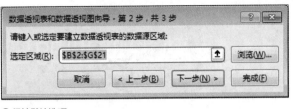

⑦ 保持默认选项

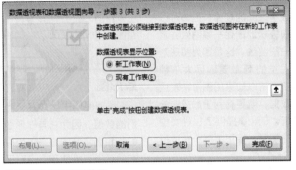

⑧ 设置数据透视图的位置

Article 113　在图表中执行筛选

数据透视图与数据透视表之间相互关联，所以数据透视表中的数据一旦有更改，其透视图中的数据也会随之做相应的改变。如果想要对数据透视图中的数据进行分析筛选，一是可以利用数据透视表中的筛选功能进行操作；二是直接在数据透视图中进行相关筛选操作。在这里将重点介绍如何使用切片器来对数据透视图中的数据进行筛选，例如筛选出日期为"2018/7/10"的销售信息❶。首先单击"分析"选项卡中的"插入切片器"按钮，然后在"插入切片器"对话框中勾选"日期"复选框，单击"确定"按钮。调整切片器的大小然后将其移至合适位置。在"日期"切片器中，单击"2018/7/ 10"字段，此时数据透视图将会显示"2018/7/10"的销售信息❷。

如果想要删除数据透视图，可以选中数据透视图，然后按Delete键。

如果想要删除数据透视图和数据透视表，可以在"分析"选项卡中单击"清除"按钮，从列表中选择"全部清除"选项即可。

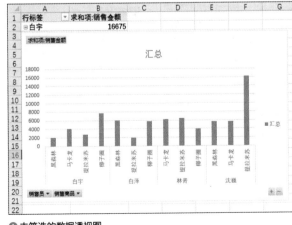

❶ 未筛选的数据透视图

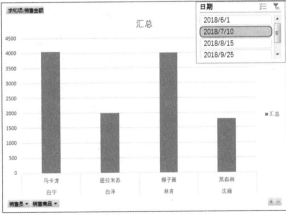

❷ 筛选出"2018/7/10"的销售信息

熟识典型的Excel图表

一般情况下可能不太容易记住一串数字或者找出数字之间的规律，但却可以很轻松地记住一幅图像或者一段曲线。这是因为图形对视觉的刺激要远远大于数字，所以如果用图形来表达数据，就更有利于数据的分析。Excel提供了14种类型的图表，接下来就一一进行介绍。

Technique 01
柱形图

柱形图一般用于显示一段时间内的数据变化或者说明各项之间的比较情况。柱形图还包括簇状柱形图❶、堆积柱形图❷、百分比堆积柱形图、三维簇状柱形图、三维堆积柱形图、三维百分比堆积柱形图和三维柱形图7种。

Technique 02
折线图

折线图可以显示随时间（根据常用比例设置）而变化的连续数据，非常适用于显示在相等时间间隔下数据的趋势。折线图中还包括折线图❸、堆积折线图、百分比堆积折线图、带数据标记的折线图❹、带标记的堆积折线图、带数据标记的百分比堆积折线图和三维折线图7种。

Technique 03
饼图

饼图用于显示一系列数据中各项的比例大小，能直观地表达部分与整体之间的关系，各项比例值的总和始终等于100%。在饼图中的数据点显示为整个饼图的百分比。饼图中还包括饼图❺、三维饼图、复合饼图、复合条饼图和圆环图❻5种。

Technique 04
条形图

条形图用于比较多个类别的数值。因为它与柱形图的行和列刚好调过来，所以有时可以互换使用。条形图中包括簇状条形图❼、堆积条形图、百分比堆积条形图❽、三维簇状条形图、三维堆积条形图和三维百分比堆积条形图6种。

Technique 05
面积图

面积图强调数值随时间变化的程度，可引起人们对总值趋势的关注。通常显示所绘的值的总和或显示整体与部分间的关系。面积图中还包括面积图❾、堆积面积图❿、百分比堆积面积图、三维面积图、三维堆积面积图和三维百分比堆积面积图6种。

Technique 06
XY散点图

XY散点图用于表现若干数据系列中各个数值之间的关系，通常用于显示和比较数值。散点图的重要作用是可以用来绘制函数曲线，从简单的三角函数、指数函数、对数函数到更复杂的混合型函数，都可以利用散点图快速准确地绘制出曲线。所以在教学、科学计算中会经常用到XY散点图。XY散点图中还包括散点图⓫、带平滑线和数据标记的散点图⓬、带平滑线的散点图、带直线和数据标记的散点图、带直线的散点图、气泡图和三维气泡图7种。

Technique 07
股价图

股价图用于描述股票的走势，是一种专用图表，用户若要创建股价图，需要按照一定的顺序安排工作表中的数据。

Technique 08
曲面图

曲面图可以用曲面来表示数据的变化情况，其颜色和图案用于表示在相同数值范围内的区域，并将数据之间的最佳组合显示出来。曲面图还包括三维曲面图⓭、三维线框曲面图、曲面图⓮和俯视框架曲面图4种。

Technique 09
雷达图

雷达图显示各数值相对应于中心点的变化。在填充雷达图中，由一个数据系列覆盖的区域用一种颜色来填充。雷达图中还包括雷达图⓯、带数据标记的雷达图和填充雷达图⓰3种。

Technique 10
树状图

树状图是一种数据的分层视图，按颜色和距离显示类别，可轻松显示其他图表类型很难显示的大量数据。一般用于展示数据之间的层级和占比关系，矩形的面积代表数据大小。

Technique 11
旭日图

旭日图常用于展示多层级数据之间的占比及对比关系，图形中每一个圆环代表同一级别的比例数据，离原点越近的圆环级别越高，最内层的圆表示层次结构的顶级。

Technique 12
直方图

直方图是一种用于展示数据分布情况的图表，常用于分析数据在各个区段的分布比例。它可清晰地展示出数据的分类情况和各类别之间的差异，是分析数据分布比重和分布频率的利器。直方图中通常还有排列图。

Technique 13
箱形图

箱形图是新增的一个数据分析图表，其好处就是可以方便地观察在一个区间内一批数据的四分值、平均值以及离散值等。

Technique 14
瀑布图

瀑布图以形似瀑布而得名。此种图表采用绝对值与相对值结合的方式，适用于表达数个特定数值之间的数量变化关系。

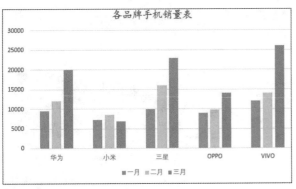

❶ 簇状柱形图

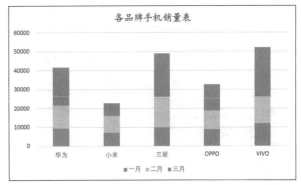

❷ 堆积柱形图

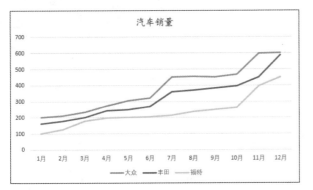

❸ 折线图

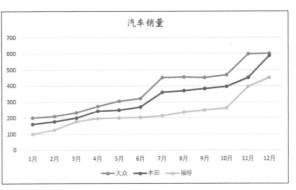

❹ 带数据标记的折线图

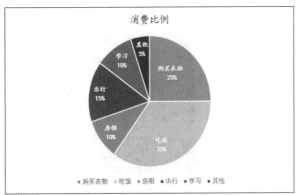

❺ 饼图

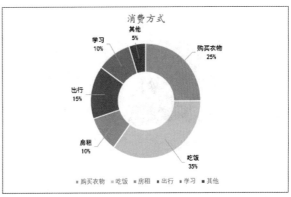

❻ 圆环图

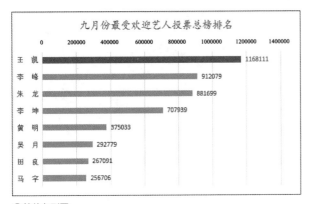

❼ 簇状条形图

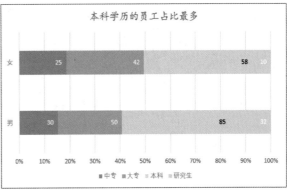

❽ 百分比堆积条形图

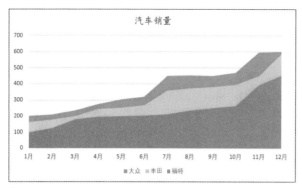

❾ 面积图

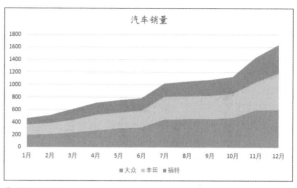

❿ 堆积面积图

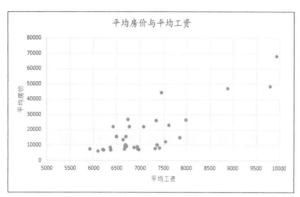

⑪ 散点图

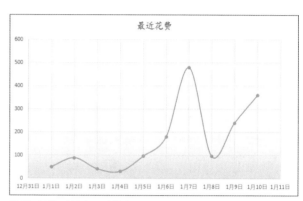

⑫ 带平滑线和数据标记的散点图

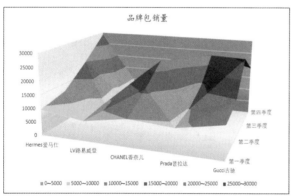

⑬ 三维曲面图

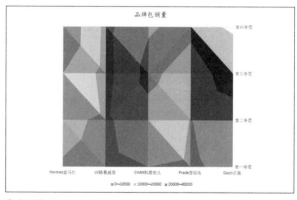

⑭ 曲面图

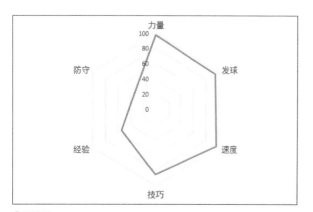

⑮ 雷达图

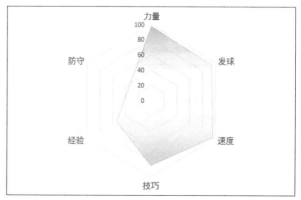

⑯ 填充雷达图

Article 115 选对图表很重要

在 Excel中，有多种方法可以插入图表，但在插入图表时要根据数据类型选择合适的图表，这样才能更好地表达数据。例如，为2018 年各频道电视剧收视率情况工作表创建图表❶，那么应该选择什么样的图表呢？首先为了能让电视剧收视率一目了然，在这里选择带数据 标记的折线图，其创建方法为选中D2:E12单元格区域，在"插入"选项卡中单击"插入折线图或面积图"按钮，从列表中选择"带数据 标记的折线图"选项。此时在表格下方即可显示所创建的"带数据标记的折线图"❷。从图表中可以很轻松地看出电视剧收视率的高低。

▲	A	B	C	D	E	F
1						
2		计数	频道	电视剧	收视率/%	
3		1	湖南卫视	亲爱的她们	2.18	
4		2	湖南卫视	谈判官	2.13	
5		3	东方卫视	恋爱先生	2.79	
6		4	湖南卫视	老男孩	2.58	
7		5	东方卫视	风筝	2.51	
8		6	东方卫视	好久不见	1.85	
9		7	东方卫视	美好生活	2.43	
10		8	湖南卫视	远大前程	2.22	
11		9	湖南卫视	温暖的弦	2.05	
12		10	湖南卫视	我的青春遇见你	1.91	
13						

❶ 2018年各频道电视剧收视率情况

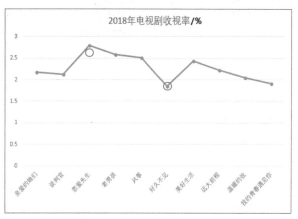

❷ 带数据标记的折线图

Article 116 图表背景忽隐忽现

如果觉得为图表设置的背景图片太过花哨而影响了阅读❶，可以在不用更换背景图片的前提下适当调整 背景图片的透明度，使背景图片不会太过突出而分散观者注意力。其操作方法也很简单，首先选中需要调整的 图表右击，从弹出的快捷菜单中选择"设置图表区域格式"命令。打开"设置图表区格式"窗格，在"填充与 线条"选项卡的"填充"组中拖动"透明度"滑块来调整透明度值，将其调整为合适的效果即可❷。

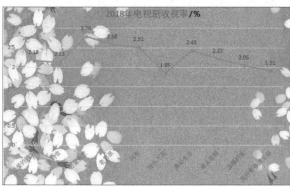

❶ 背景太花哨影响图表元素的展示

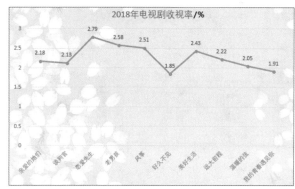

❷ 设置合适的透明度

精心布置图表

在创建图表后,为了让数据得到更好的表达,也为了让图表整体看上去更协调、更美观,可以对图表进行精心布置❶。例如,为图表设置数据标签、应用图表样式、设置形状样式、为图表添加背景图片、设置形状效果等。接下来将对其进行详细介绍。

Technique 01
应用图表样式

创建好图表后,如果对当前的图表样式不满意,可以快速为图表应用样式。即选中图表,在"图表工具-设计"选项卡中单击"图表样

式"选项组中的"其他"按钮,从列表中选择合适的图表样式即可,这里选择"样式9"❷,图表随即应用了所选样式❸。还可以快速更改数据系列的颜色,即单击"更改颜色"按钮,从列表中选择合适的颜色。

Technique 02
设置形状样式

为图表中的形状设置样式,可以使图表更加精细化。即选中"收入"数据系列。在"图表工具-格式"选项卡中单击"形状填充"按钮,然后从列表中选择合适的填充颜色,或者选择"收入"数据

系列后右击,从弹出的快捷菜单中选择"设置数据系列格式"命令❹,弹出"设置数据系列格式"窗格,在"填充"组中选中"渐变填充"单选按钮,单击"预设渐变"按钮,从列表中选择合适的渐变效果即可,这里选择"中等渐变 - 个性色6"❺,按照同样的方法设置"支出"数据系列的形状填充效果❻。

如果觉得图表背景太单调,也可以为其填充颜色,即选中图表区右击,从弹出的快捷菜单中选择"设置图表区域格式"命令❼,弹出"设置图表区格式"窗格,

在"填充"组中再次选中"渐变填充"单选按钮,通过下方的"渐变光圈",设置渐变填充效果❽。设置完成后关闭窗格即可。最后选中第四季度的"收入"系列,将其填充颜色更改成灰色,以便将其突出显示❾。

Technique 03
为图表添加背景图片

为图表设置背景后,发现不是太美观,这时可以选择重新设置背景颜色或者将自己喜欢的图片设置为图表背景。在这里将介绍两种添加背景图片的方法。第一种方法是选中图表,在"图表

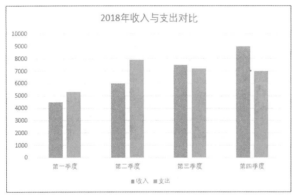

❶ 未设置的图表

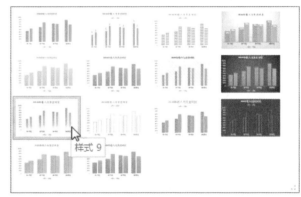

❷ 选择图表样式

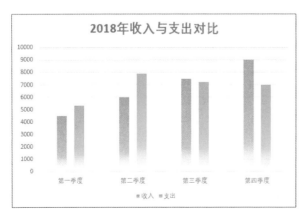

❸ 应用了所选样式

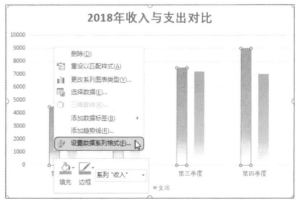

❹ 设置"收入"系列的填充色

工具-格式"选项卡中单击"形状填充"按钮,从列表中选择"图片"选项,打开"插入图片"对话框,从中选择合适的图片即可;第二种方法是选中图表右击,从弹出的快捷菜单中选择"设置图表区域格式"命令,打开"设置图表区格式"窗

格,在"填充"组中选中"图片或纹理填充"单选按钮,然后在下方单击"文件"按钮,随即打开"插入图片"对话框,选择合适的图片后,单击"插入"按钮即可为图表添加背景图片。

为图表设置数据标签

为图表添加数据标签后,可以直观地显示系列数据的大小。首先选中图表,在"图表工具-设计"选项卡中单击"添加图表元素"按钮,从列表中选择"数据标

签-数据标签外"选项即可为图表添加数据标签。在这里将第四季度的"收入"系列标签颜色设置为"红色",以便可以一眼看到收入最高的数据。最后,可以删除"垂直(值)轴",使图表看起来更加简单整洁❿。

❺ 设置渐变效果

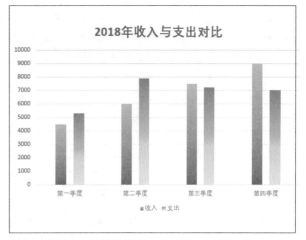

❻ 完成数据系列填充效果的设置

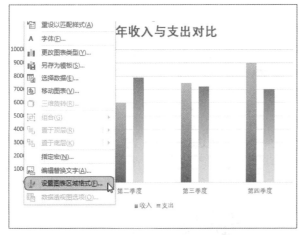

❼ 设置图表背景填充色

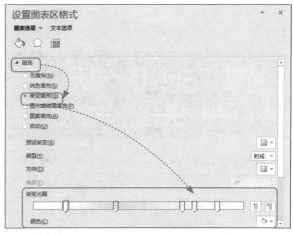

❽ 设置渐变效果

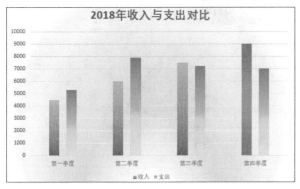

❾ 更改填充颜色

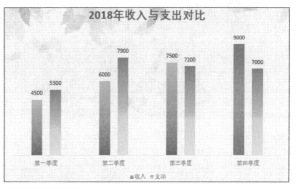

❿ 完成图表的设置

Article 118 借助趋势线分析图表

趋势线是指穿过数据点的直线或曲线。可以通过添加趋势线来揭示数据点背后的规律，明白其中的关系和趋势。例如，为60岁以上的人口数量图表添加趋势线❶来查看人口老龄化的趋势。首先选中图表，在"图表工具-设计"选项卡中单击"添加图表元素"按钮，从列表中选择"趋势线"选项，然后再从其级联菜单中选择"线性预测"选项。图表中随即被添加一条线性预测趋势线。默认情况下趋势线和数据系列是同一颜色，也可以修改趋势线的颜色，使其变得更加突出。首先右击趋势线，然后在弹出的快捷菜单中选择"设置趋势线格式"命令。打开"设置趋势线格式"窗格，在"填充与线条"选项卡的"线条"组中选中"实线"单选按钮，然后单击"颜色"按钮，在展开的列表中选择一种和数据系列对比明显的颜色，还可以根据需要设置趋势线的宽度。此外，如果想要为趋势线添加一些效果，可以在"效果"选项卡中设置"阴影""发光""柔化边缘"效果。此时经过"加工"的趋势线比最初要显眼很多❷。需要说明的是，不是所有的图表都可以添加趋势线。趋势线主要适用于非堆积二维图表，如面积图、条形图、柱形图、折线图、散点图等。

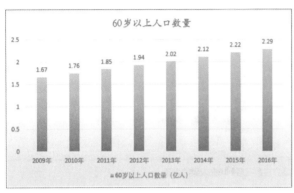

❶未添加趋势线的图表

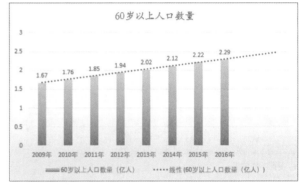

❸设置后的趋势线

Article 119 拖出一块饼图

在制作饼图时，有时候需要突出显示某块数据，这时需要在饼状图中将此区域分离出来，例如，将vivo使用比重突出显示❶，该如何操作呢？可以使用鼠标直接拖动，即在图表中选择vivo扇形数据块，然后按住鼠标左键进行拖动，直到拖至满意的位置，松开鼠标即可。此外，还可以使用右键菜单设置，即在图表中选择要突出显示的扇形数据块右击，从弹出的快捷菜单中选择"设置数据点格式"命令，在"设置数据点格式"窗格中拖动"点分离"滑块至合适位置即可。可以看到vivo扇形数据块被分离出来了❷。

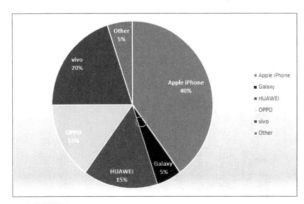

❶完整的饼图

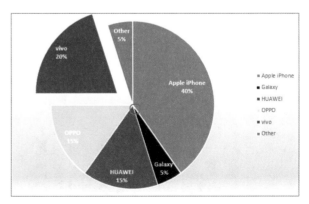

❷分离出vivo扇形数据块

Article 120 巧妙处理断裂折线图

当图表数据源中有空白数据时，创建的折线图就会出现断裂的情况❶，当出现这种情况时，可以根据实际需要对断裂的折线图进行处理。首先使用零值处理断裂的折线图，即选中图表右击，从弹出的快捷菜单中选择"选择数据"命令，打开"选择数据源"对话框，接着单击"隐藏的单元格和空单元格"按钮，在打开的对话框中选中"零值"单选按钮，最后单击"确定"按钮即可。可以看到断裂处以零值显示❷。此外，还可以使用直线连接处理断裂处的折线图，即在打开的"隐藏和空单元格设置"对话框中选中"用直线连接数据点"单选按钮即可❸。

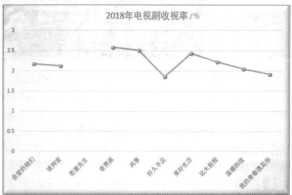

❶ 断裂的折线图

❷ 断裂的折线图

❸ 断裂处以直线显示

Article 121 图表刻度线的间隔可大可小

创建的图表，坐标轴刻度线间的距离是默认的，它是根据原始数据自动设置的❶。如果刻度线间隔太大或太小，都会影响阅读。此时，可以根据需要自行调整图表刻度线的间隔。首先选中图表中的垂直坐标轴，然后右击，从快捷菜单中选择"设置坐标轴格式"命令，打开"设置坐标轴格式"窗格，然后在"单位"区域下的"大"选项的文本框中输入合适的数值，这里输入550，可以看到图表中的刻度线间隔变小了❷。

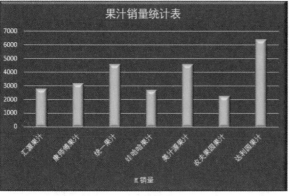

❶ 刻度线间隔较大

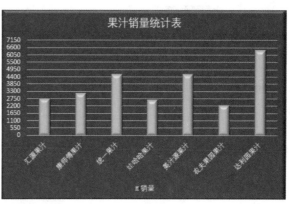

❷ 刻度线间隔变小了

Article 122 图表也能组合

组合图表就是在一张图表中显示两组或多组数据的变化趋势。最常用的组合图是由柱形图和折线图组成的线柱组合图。在这里将介绍如何制作线柱组合图表。首先选中B2:D10单元格区域❶，在"插入"选项卡中单击"插入柱形图或条形图"按钮，从列表中选择"簇状柱形图"选项，创建一个簇状柱形图❷。接着选中"60岁以上人口比重/%"数据系列右击，从弹出的快捷菜单中选择"设置数据系列格式"命令。打开"设置数据系列格式"窗格，然后在"系列选项"组中选中"次坐标轴"单选按钮。在"图表工具-设计"选项卡中单击"更改图表类型"按钮，打开

"更改图表类型"对话框，在"所有图表"选项卡中选中"组合"选项，将"60岁以上人口比重/%"图表类型设置为"带数据标记的折线图"❸，设置完成后单击"确定"按钮即可。此时，"60岁以上人口比重/%"数据系列以折线图

形式显示。此外，还可以对折线图的样式和宽度进行设置，即选中折线图，在"设置数据系列格式"窗格中进行详细的设置。最后为图表添加标题并对图表进行美化，使其看起来更加美观❹。

❶ 选择单元格区域

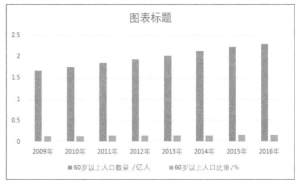
❷ 创建一个簇状柱形图

❸ 设置图表类型

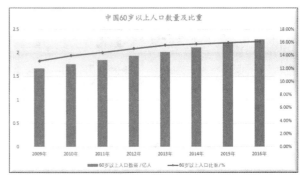
❹ 美化图表

心得体会

120

设计动态图表

顾名思义，动态图表就是可以动的图表，并且它可以根据选项变化生成不同的数据系列。动态图表的效果与制作方法各不相同，在这里介绍一种相对简单的制作方法，那就是利用函数公式配合窗体控件制作动态图表。首先将在工作表中的B11:C18单元格区域制作成辅助表，在C12单元格中输入公式"=INDEX(C3:F3,C$11)"，并向下填充公式。在E15:E18单元格区域输入季度名称❶。选择B12:C18单元格区域，在"插入"选项卡中单击"插入柱形图或条形图"按钮，从列表中选择"簇状柱形图"选项，创建簇状柱形图，然后对图表进行美化❷。接下来需要添加并设置控件。在"开发工具"选项卡中单击"插入"下拉按钮，在展开的列表中选择"组合框（窗体控件）"选项，在图表上方绘制控件，在"控件"组中单击"属性"按钮，打开"设置对象格式"对话框，在"控制"选项卡中设置"数据源区域"为"$E$15:$E$18"，设置"单元格链接"区域为"$C$11"❸。设置完成后单击"确定"按钮。然后单击图表中窗体控件下拉按钮，在下拉列表中出现了四个季度选项，选择任意一个选项，图表就都会立刻显示该季度的销量情况❹。

需要注意的是，默认情况下，Excel功能区中是不显示控件功能的，需要手动添加该功能。即在"文件"菜单中选择"选项"选项，打开"Excel选项"对话框，从中选择"自定义功能区"选项，在自定义功能区中选择"主选项卡"选项，接着在下方的列表中勾选"开发工具"复选框。最后单击"确定"按钮关闭对话框。此时功能区中已出现"开发工具"选项卡。在该选项卡中，可以根据需要添加控件。

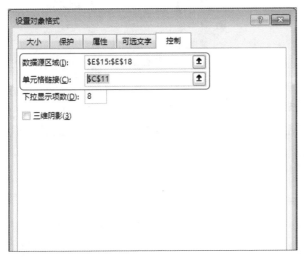

❶ 制作辅助表

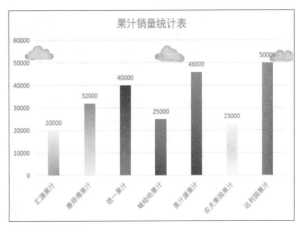

❷ 创建簇状柱形图

❸ 设置区域

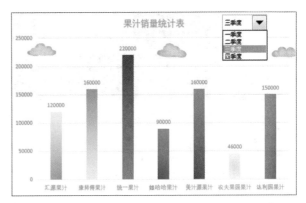

❹ 完成动态图表的制作

Article 124 树状图

在工作中，使用柱形图、饼图、折线图等图表类型比较多，所以对这些图表比较了解。不过也可以了解一下Excel新增的几个图表，如树状图，树状图以颜色区分类别，以面积大小表示数值的大小，形成一个个方块，比常使用的图表更加一目了然。在这里介绍如何创建一个树状图。首先选中数据区域中任意一个单元格❶，在"插入"选项卡中单击"推荐的图表"按钮，打开"插入图表"对话框，在"所有图表"选项卡中选中"树状图"类型，然后单击"确定"按钮即可。可以看到已经创建了树状图❷。从中可以发现，树状图的一级分类名称默认是混在数值区中的，这样就不太容易识别。可以调整数据系列的格式选项解决此问题，选中树状图，在"图表工具-格式"选项卡中单击"图表元素"按钮，从列表中选择"系列'销量'"选项，即可将"销量"数据系列选中，接着单击"设置所选内容格式"按钮，打开"设置数据系列格式"窗格，在"系列选项"组中选中"横幅"单选按钮❸，即可让"一级分类名称"显示在上方❹。

	A	B	C	D
1				
2		区域	茶叶品牌	销量
3		泉山区	武夷山大红袍	2500
4		泉山区	西湖龙井	3250
5		泉山区	安溪铁观音	6200
6		泉山区	洞庭碧螺春	4560
7		云龙区	普洱茶	5400
8		云龙区	六安瓜片	5630
9		云龙区	黄山毛峰	6542
10		九里区	信阳毛尖	7892
11		九里区	君山银针	6952
12		九里区	福鼎白茶	4520

❶ 数据源

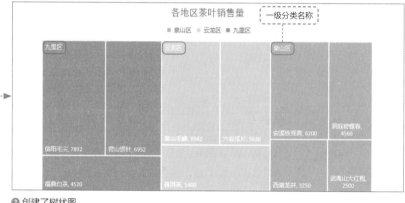

❷ 创建了树状图

❸ 设置系列格式

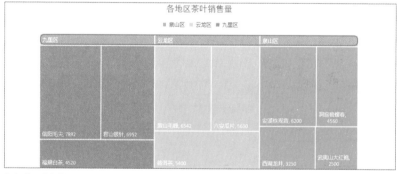

❹ 调整后的树状图

Article 125 随心所欲移动图表

当创建一个图表时，其位置是系统自动放置的，如果想要在工作表中移动图表位置或者将其移动到其他工作表中，该如何操作呢？可以将光标放在图表上，然后按住鼠标左键拖动鼠标即可将图表移动到工作表中的任意位置。若要将图表移动到其他工作表中，可使用复制粘贴功能来操作。

若工作表的数量较多，还可选中图表，在"图表工具-设计"选项卡中单击"移动图表"按钮，打开"移动图表"对话框，在"对象位于"下拉列表中选择相应的工作表❶，即可将图表移动到该工作表中。

❶ 选择放置图表的位置

Article 126 有趣的旭日图

旭日图也称为太阳图，是一种圆环镶接图，每一个圆环代表同一级别的比例数据，离原点越近的圆环级别越高，最内层的圆表示层次结构的顶级。将数据制作成旭日图可以将各个层级尽收眼底。旭日图看着复杂，其实制作起来并不难。首先选择数据源，打开"插入"选项卡，在"图表"组中单击"插入层次结构图表"，再

选择"旭日图"选项❶。此时可看到已经创建了旭日图❷，所有的数据以及层级关系都一目了然。

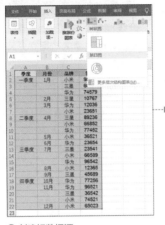

❶ 创建好数据源

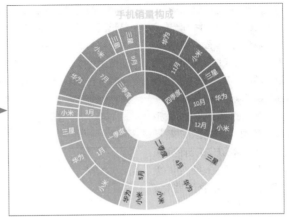

❷ 旭日图

Article 127 让图表更有创意

平时制作的图表大多都是柱体和折线类型的，看多了就会乏味。如果能够在基础图表的数据系列上面增添一点创意，那么图表就会变得妙趣横生，例如将柱形图中的柱形换成相应类别的小图片。首先选中"苹果"

图片，按Ctrl+C组合键进行复制，选择柱形图中的"苹果"数据系列，然后按Ctrl+V组合键进行粘贴❶，柱形图中的柱形体就被填充了苹果的图片，选中粘贴的图片右击，从快捷菜单中选择"设置数据点格式"命

令，在打开的窗格中选择"填充与线条"选项卡，然后在"填充"组中选中"层

叠"单选按钮❷，最后按照同样的方法完成其他柱形体的填充❸。

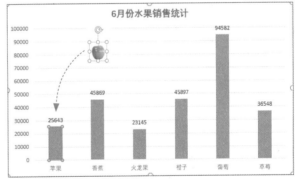

❶ 执行复制粘贴操作

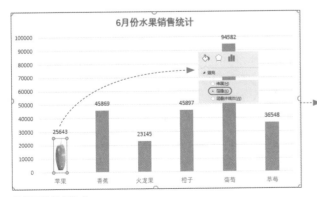

❷ 设置数据点格式

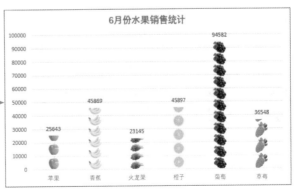

❸ 完成所有的柱形填充

打造专属项目管理时间轴

接触过项目管理的人都知道项目进度计划一般会使用表格或流程图来展示。其实，使用图表也能非常直观地展示项目进度，图❶展示的便是项目进度时间轴图表。

常见的图表类型有柱形图、饼图、折线图、条形图等，通过常规方法创建的图表很难形成时间轴效果，用户需要在创建图表后进行一些设置才能得到想要的效果。

首选来看一下数据源❷，本案例使用的数据源共有三列，前两列中存储的是项目的开始时间和项目名称，最后一列是创建的辅助列，用户可根据实际情况设置辅助列的值，所有辅助值都相同

时，从时间轴上延伸出的线条长度相等，否则线条长度根据数值的大小来定，当辅助值中存在负数时，线条会在轴下方显示。下面开始创建时间轴图表。

第一步，创建图表，根据数据源创建带数据标记的折线图❸。将图表适当拉长，让图表中的数据充分展示出来。

第二步，添加图表系列，在"图表工具-设计"选项卡中单击"选择数据"按钮，打开"选择数据源"对话框，添加"项目"系列❹。

第三步，删除多余图表元素，删除图表中的水平、垂直坐标以及网格线❺（选中图表元素后按删除键可直接删除该元素）。

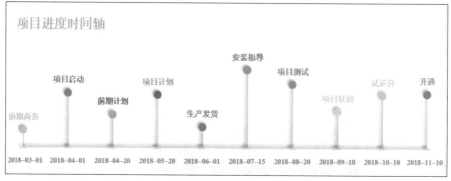

❶ 项目进度时间轴图表

日期	项目	辅助值
2018-03-01	前期商务	10
2018-04-01	项目启动	31
2018-04-20	前期计划	19
2018-05-20	项目计划	30
2018-06-01	生产发货	12
2018-07-15	安装指导	44
2018-08-20	项目测试	36
2018-09-10	项目联调	21
2018-10-10	试运营	30
2018-11-10	开通	31

❷ 数据源

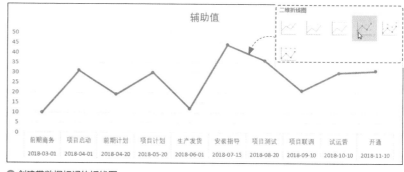

❸ 创建带数据标记的折线图

❹ 添加图表系列

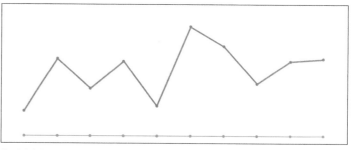

❺ 删除多余图表元素

第四步，添加误差线，在"图表工具-设计"选项卡中单击"添加图表元素"按钮，在展开的列表中选择"误差线"选项，在其下级列表中选择"其他误差线"选项。打开"设置误差线格式"窗格，从中设置误差线的方向、末端样式、误差量❻以及误差线的线条样式❼，添加阴影效果。

第五步，设置系列线条及标记样式，选中图表中的"辅助值"系列，在"设置数据系列格式"窗格中将折线隐藏❽，设置标记类型及大小，依次选中单个标记，将标记填充为不同颜色❾。随后选中"项目"系列，设置好线条及标记样式。

第六步，添加数据标签，选中"辅助值"系列，单击"图表元素"按钮，从下拉列表中选择"数据标签"选项，选择下级列表中的"其他数据标签选项"选项。打开"设置数据标签格式"窗格，引用数据源中的"项目"值作为数据标签。设置标签位置靠上显示❿。接着为"项目"系列添加数据标签，设置数据标签区域为数据源中的日期值。标签位置靠下显示。依次单独修改标签颜色，增加美观度。

至此对图表的设置基本完成了，添加误差线的效果如图⓫所示，设置系列线条及标记样式效果如图⓬所示。最后添加图表标题，为图表填充合适的背景，即可呈现如图❶所示的项目进度时间轴效果。

本案例使用误差线制作出时间轴上的延长线，用系列标记制作延长线起点和终点的图标。在此图表的基础上，调整数据源中的辅助值可让时间轴呈现出不一样的效果，辅助值中使用了负数效果为图⓭，辅助值相同的效果为图⓮。

❻ 设置误差线样式

❼ 误差线线条样式

❽ 隐藏系列线条

❾ 设置标记样式

❿ 设置数据标签

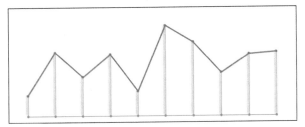
⓫ 添加误差线

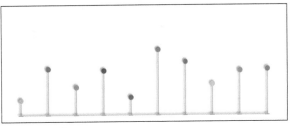
⓬ 设置数据标签

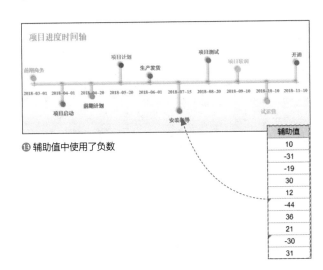
⓭ 辅助值中使用了负数

辅助值
10
-31
-19
30
12
-44
36
21
-30
31

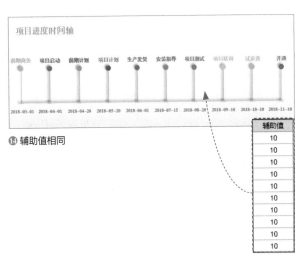
⓮ 辅助值相同

辅助值
10
10
10
10
10
10
10
10
10
10

高大上的三维地图

Excel 2016中新增加了三维地图功能。可能很多人都不知道这个功能是用来做什么的。其实它的用途就是在制作一些与地区相关的数据时使用这个功能后，系统会自动将数据显示在三维的地图上，这样可以很直观地反映各地的数据。首先编辑好表格，然后在三维新建界面中进行一定的设置即可让数据在地图中展示出来。具体操作方法为创建一个表格，输入相应的数据❶，然后使用鼠标选中数据区域B2:C23。接着在"插入"选项卡中单击"三维地图"下拉按钮，从列表中选择"打开三维地图"选项。就会弹出一个"启动三维地图"窗格，从中单击"新建演示"按钮，随后出现一个新的界面，在该界面的"开始"选

项卡中单击"地图"选项组中的"平面地图"按钮，将地图类型设置为平面，然后在该界面的右侧窗格中就可以使用"添加字段"按钮添加字段。即单击"添加字段"按钮，将"省份"字段添加到"位置"区域，并在

下拉菜单中选择"省/市/自治区"选项。将"平均工资"字段添加到"高度"区域，并在下拉菜单中选择"平均"选项。设置好之后接着在"数据"标签下选择"区域"类型❷。然后在"图层选项"标签下将"色阶"设

置为10%，"不透明度"设置为100%，"颜色"设置为红色❸。设置好后关闭窗格就可以看到地图的预览效果了，从地图上可以看出，颜色越红的区域，平均工资就越高。

	A	B	C
1			
2		省份	平均工资
3		上海	10015
4		安徽	6173
5		北京	10670
6		重庆	7242
7		福建	7770
8		甘肃	6580
9		浙江	8798
10		广东	9561
11		广西	7230
12		贵州	8523
13		海南	7373
14		河北	6608
15		黑龙江	6186
16		河南	6903
17		湖北	7267
18		湖南	7206
19		江苏	7825
20		江西	6974
21		吉林	6357
22		辽宁	6138
23		宁夏	5689

❶ 构建数据源

❷ 设置字段

❸ 设置图层选项

心得体会

创建金字塔式的条形图

如果条形图所要表达的内容很多，仅靠普通的条形图来显示数据的变化，在读取数据时比较麻烦，此时可以将条形图创建成金字塔式的图表。首先选中表格中的任意单元格，在"插入"选项卡中单击"插入柱形图或条形图"下拉按钮，从列表中选择"簇状条形图"选项，创建一个条形图❶。接着选中图表中的"女"数据系列右击，从弹出的快捷菜单中选择"设置数据系列格式"命令。在弹出的窗格的"系列选项"中，将"间隙宽度"设置为0，然后，选中"次坐标轴"单选按钮，最

后单击"关闭"按钮，图表即根据设置做出了相应的改变❷。接着选中"男"数据系列右击，从快捷菜单中选择"设置数据系列格式"命令。在打开的窗格中，将"间隙宽度"同样设置为0。接着选择图表中的水平（值）轴，打开"设置坐标轴格式"窗格。在"坐标轴选项"组中，将"最小值"设置为-700000，"最大值"设置为700000。然后在当前窗格中勾选"逆序刻度值"选项，并将"标签位置"设置为"无"。选中次要坐标轴，打开"设置坐标轴格式"选项。在打开的窗格

中，同样将"最小值"设置为-700000，"最大值"设置为700000，然后将"标签位置"设置为"无"。为了防止垂直（类别）轴遮挡数据，可以将其移至左侧，即选中"垂直（类别）轴"右击，从菜单中选择"设置坐标轴格式"命令，在打开的窗格中，将"标签位置"设置为"高"。此刻，金字塔式的图表已设置完成❸。

最后为图表添加数据标签，即在"设计"选项卡中单击"添加图表元素"按钮，在打开的列表中选择"数据标签>数据标签外"选项。然后美化一下图表即可❹。

在这里需要注意条形图与直方图的区别。

（1）条形图是用条形的长度表示各类别频数的多少，其宽度（表示类别）则是固定的；而直方图是用面积表示各组频数的多少，矩形的高度表示每一组的频数或频率，宽度则表示各组的组距，因此其高度与宽度均有意义。

（2）由于分组数据具有连续性，直方图的各矩形通常是连续排列，而条形图则是分开排列。

（3）条形图主要用于展示分类数据，而直方图则主要用于展示数据型数据。

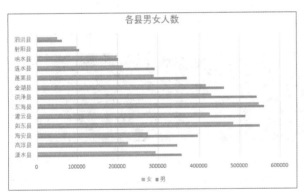

❶ 创建一个条形图

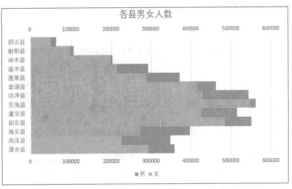

❷ 设置"间隙宽度"

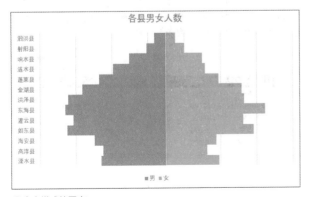

❸ 金字塔式的图表

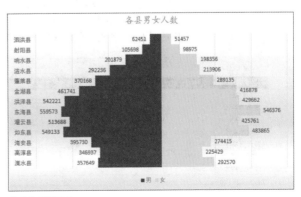

❹ 美化后的图表

Article 131 创建瀑布图

瀑布图显示加上或减去值时的累计汇总。这种图表对于理解一系列正值和负值对初始值（如净收入）的影响非常有用。在图表中，柱体采用不同颜色可以快速将正数与负数区分开来。初始值和最终值的柱体通常从水平轴开始，而中间值则为浮动的柱体，由于拥有这样的"外观"，瀑布图也称为桥梁图。瀑布图创建方法也很简单，首先选择数据，在"插入"选项卡中单击"推荐的图表"按钮，打开"插入图表"对话框，在"所有图表"选项卡中选择"瀑布图"类型，然后单击"确定"按钮即可创建一个瀑布图❶。插入瀑布图后，默认最后的汇总项（例如净收入）是正增长的数据项。需要选中此数据点，然后右击，从快捷菜单中选择"设置数据点格式"命令，在打开的窗格中勾选"设置为汇总"复选框，就能自动变成汇总结果，以终点形态呈现。最后美化一下即可❷。

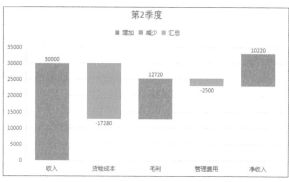

❶ 创建一个瀑布图

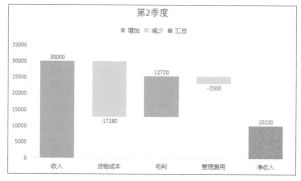

❷ 美化后的瀑布图

Article 132 创建迷你图

迷你图是工作表单元格中的一个微型图表，迷你图的作用是将数据进行可视化处理，虽然迷你图的功能远远不及图表那么强大，但是迷你图使用起来却更加简单便捷，而且其创建方法也很简单。首先选中需要创建迷你图的单元格❶，打开"插入"选项卡，在"迷你图"组中单击"折线"按钮，弹出"创建迷你图"对话框，从中设置"数据范围"为C3:F3，接着单击"确定"按钮。所选单元格内随即被插入了一个折线迷你图，接着选中创建了迷你图的单元格，将其向下填充即可完成所有迷你图的创建❷。此时功能区中会增加一个"迷你图工具-设计"选项卡，如果想要对迷你图进行设计，可以在此选项卡中完成。

名称	一季度	二季度	三季度	四季度	销售趋势
汇源果汁	20000	90000	120000	70000	
康师傅果汁	32000	85000	160000	90000	
统一果汁	40000	100000	220000	80000	
娃哈哈果汁	25000	64000	90000	50000	
美汁源果汁	46000	78000	160000	45000	
农夫果园果汁	23000	56000	46000	35000	
达利园果汁	50000	83000	150000	72000	

❶ 选中单元格

名称	一季度	二季度	三季度	四季度	销售趋势
汇源果汁	20000	90000	120000	70000	
康师傅果汁	32000	85000	160000	90000	
统一果汁	40000	100000	220000	80000	
娃哈哈果汁	25000	64000	90000	50000	
美汁源果汁	46000	78000	160000	45000	
农夫果园果汁	23000	56000	46000	35000	
达利园果汁	50000	83000	150000	72000	

❷ 创建迷你图

Article 133

更换迷你图类型

如果觉得创建的迷你图不能准确地表达数据，可以根据需要更改迷你图的类型。例如，将表格中的折线图❶更改为柱形图。首先选中迷你图中任意单元格，在“迷你图工具-设计”选项卡中单击“柱形图”按钮，则表格中的迷你图全部更改为柱形图类型❷。如果要更改单个迷你图的类型，可以选中需要更改的迷你图单元格，这里选择G4单元格，然后在“设计”选项卡中单击“取消组合”按钮，再单击“设计”选项卡中的“柱形图”按钮，即可发现所选单元格中的迷你图已更改为柱形图的样式❸。而且其他单元格中的迷你图还保持原有样式。

迷你图的特点包括以下四点：①迷你图是单元格背景中的一个微型图表，传统图表是嵌入在工作表中的一个图形对象；②创建迷你图的单元格可以输入文字和设置填充色；③迷你图图形比较简洁，没有纵坐标、图表标题、图例等图表元素；④迷你图提供了36种常用样式，并可以根据需要自定义颜色和线条。迷你图分为折线图、柱形图和盈亏平衡图三种类型。折线图主要适用于四项以上，并随时间变化的数据，用于观察数据的发展趋势；柱形图适用于少量的数据，主要查看分类之间的数值比较关系；盈亏平衡图适合少量的数据，主要用于查看数据盈亏状态的变化。

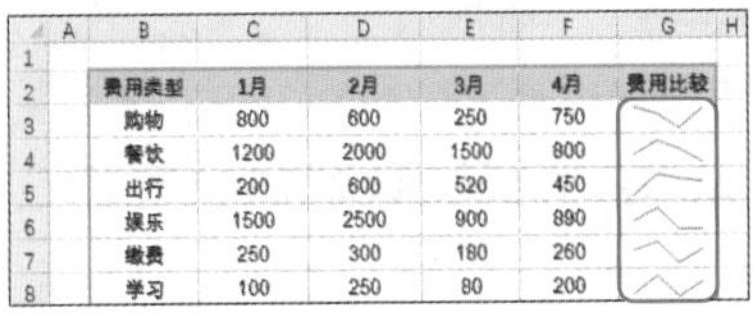

费用类型	1月	2月	3月	4月	费用比较
购物	800	600	250	750	
餐饮	1200	2000	1500	800	
出行	200	600	520	450	
娱乐	1500	2500	900	890	
缴费	250	300	180	260	
学习	100	250	80	200	

❶折线迷你图

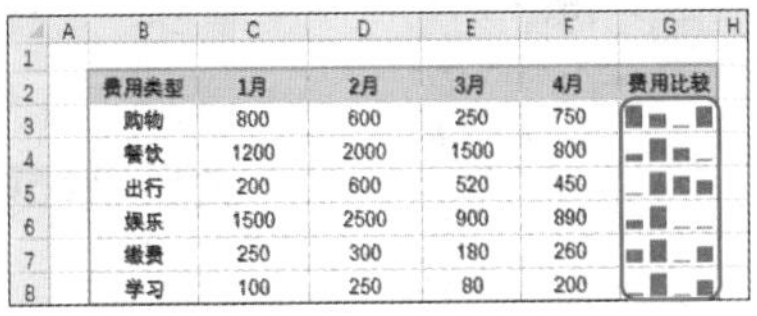

费用类型	1月	2月	3月	4月	费用比较
购物	800	600	250	750	
餐饮	1200	2000	1500	800	
出行	200	600	520	450	
娱乐	1500	2500	900	890	
缴费	250	300	180	260	
学习	100	250	80	200	

❷更改为柱形图

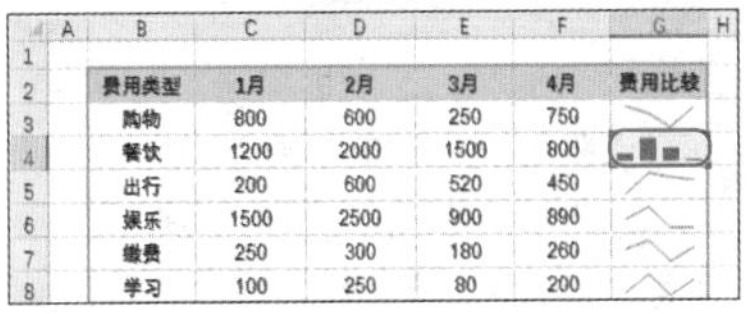

费用类型	1月	2月	3月	4月	费用比较
购物	800	600	250	750	
餐饮	1200	2000	1500	800	
出行	200	600	520	450	
娱乐	1500	2500	900	890	
缴费	250	300	180	260	
学习	100	250	80	200	

❸更改单个迷你图

Article 134

迷你图样式和颜色巧变换

在工作表中创建迷你图后，为了让迷你图的颜色与主题颜色相协调，可以为迷你图设置颜色，也可以更改其样式。首先选中任意迷你图单元格❶，在“迷你图工具-设计”选项卡中单击“样式”组中的“其他”按钮，从展开的列表中选择合适的样式❷，迷你图随即被应用了所选的样式❸。此外，在“设计”选项卡中单击“迷你图颜色”按钮，在展开的列表中选择合适的颜色后，迷你图的颜色随即发生了改变❹。如果列表中没有合适的颜色，也可以选择“其他颜色”选项，打开“颜色”对话框，在对话框中进行更多颜色的设置。

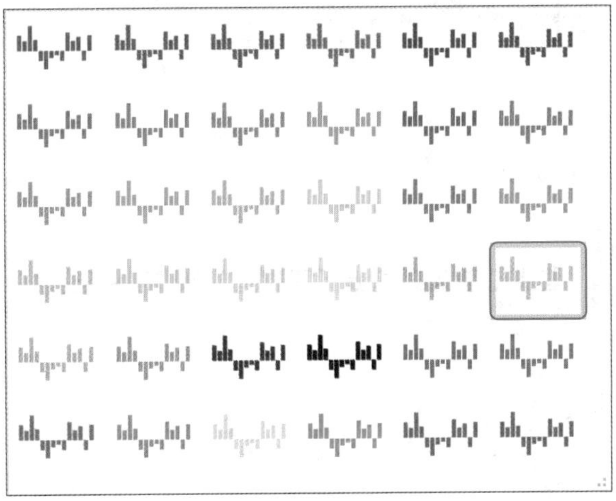

❷选择合适的样式

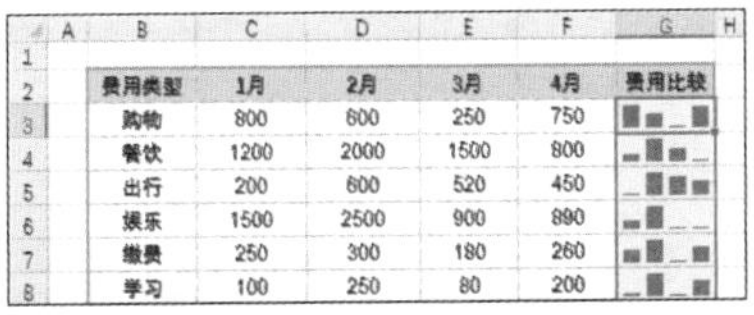

费用类型	1月	2月	3月	4月	费用比较
购物	800	600	250	750	
餐饮	1200	2000	1500	800	
出行	200	600	520	450	
娱乐	1500	2500	900	890	
缴费	250	300	180	260	
学习	100	250	80	200	

❶选择迷你图单元格

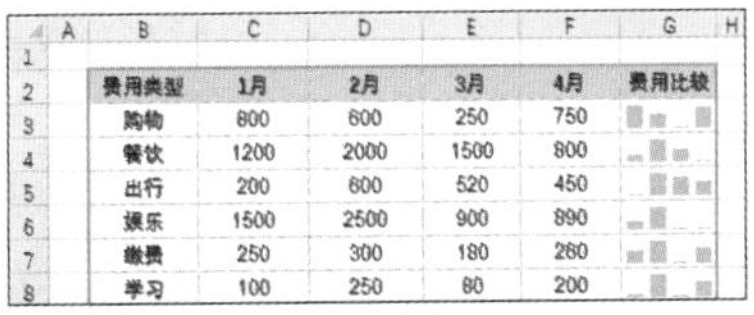

费用类型	1月	2月	3月	4月	费用比较
购物	800	600	250	750	
餐饮	1200	2000	1500	800	
出行	200	600	520	450	
娱乐	1500	2500	900	890	
缴费	250	300	180	260	
学习	100	250	80	200	

❸应用所选的样式

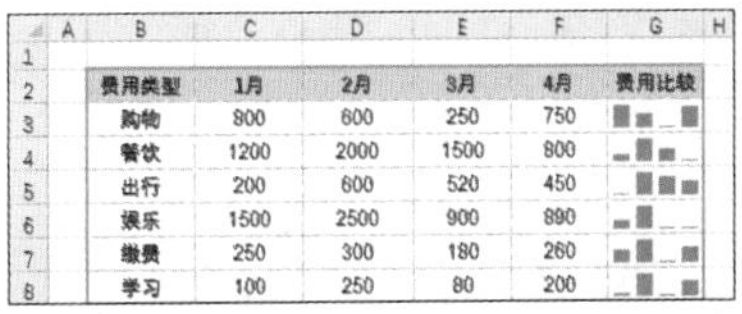

费用类型	1月	2月	3月	4月	费用比较
购物	800	600	250	750	
餐饮	1200	2000	1500	800	
出行	200	600	520	450	
娱乐	1500	2500	900	890	
缴费	250	300	180	260	
学习	100	250	80	200	

❹改变迷你图颜色

Article 135 迷你图中的特殊点突出显示

通常情况下，迷你图是没有标记点的，但为了让迷你图更加清晰地展示数据变化趋势，可以根据需要为迷你图添加标记点❶。首先为迷你图添加"首点"和"尾点"，即在"迷你图工具-设计"选项卡中勾选"首点"和"尾点"复选框，则折线迷你图首、尾被突出标记❷。还可以为迷你图添加"高点"和"低点"，即勾选"高点"和"低点"复选框，则折线迷你图的最高点和最低点被突出标记❸。此外，勾选"标记"复选框，则为折线迷你图添加数据点标记❹。

为迷你图添加标记后，为了能更好地区分各标记点，

还可以为其设置不同的颜色。其具体的操作方法为选中迷你图后，在"迷你图工具-设计"选项卡中单击"标记颜色"按钮，从展开的列表中对高点、低点、首点、尾点和标记的颜色进行设置。设置完成后迷你图中标记点的颜色随即发生了改变❺。

此外，如果不再需要迷你图，该如何将其删除呢？需要注意的是，直接按Delete键是删除不了迷你图的。在这里介绍几种删除迷你图的方法。

第一种方法是可以在功能区中删除，即选中迷你图所在单元格，在"设计"选项卡中单击"清除"下拉按

钮，从列表中选择"清除所选的迷你图"或"清除所选的迷你图组"选项即可。

第二种方法是使用右键命令清除，即选中迷你图所在单元格右击，从弹出的快捷菜单中选择"迷你图-清除所选的迷你图"命令即可。

还可以使用删除单元格的方法，即选中迷你图所在单元格右击，从快捷菜单中

选择"删除"选项，在弹出的"删除"对话框中选中"右侧单元格左移"单选按钮，然后单击"确定"按钮即可。

第三种方法不太常用，就是使用覆盖单元格的方法，即按住Ctrl+C组合键复制一个空白单元格，然后按Ctrl+V组合键粘贴到迷你图所在单元格内，即可将迷你图删除。

❶默认的迷你图

❷突出标记首、尾点

❸突出标记最高点和最低点

❹添加数据点标记

❺标记点设置了不同颜色

130

表格中也能插入流程图

流程图是对过程、算法、流程的一种图像表示，在技术设计、交流及商业简报等领域有着广泛的应用。通常用一些图框来表示各种类型的操作，在框内写出各个步骤，然后用带箭头的线把它们连接起来，以表示执行的先后顺序。一般会使用PPT或Word软件来绘制流程图，其实运用Excel也可以完成一些简单流程图的绘制。在"插入"选项卡中单击SmartArt按钮。打开"选择SmartArt图形"对话框，从中选择合适的流程图❶，然后单击"确定"按钮，即可在表格中插入流程图。用户可以根据需要在流程图中输入文本信息，添加形状，并适当美化流程图❷。

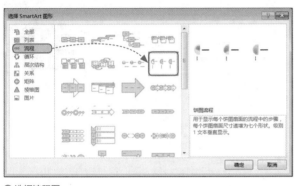

❶ 选择流程图

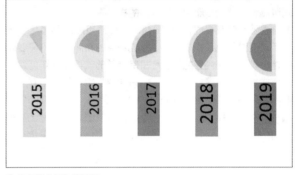

❷ 在表格中插入流程图

在表格中插入SmartArt图形后，如果默认的形状❸数量不能满足需求，则可以根据需要添加形状。首先选中SmartArt图形中的形状，在"SmartArt工具-设计"选项卡中单击"添加形状"按钮，从列表中根据需要选择合适的选项，这里选择"在后面添加形状"选项。

然后按照同样的方法添加多个形状，最后输入文本信息即可❹。

需要说明的是，为图形添加文本的方法有多种。第一种方法是直接输入文本，即光标直接定位至需要添加文字的形状中，然后进行输入即可；第二种方法是通过文本窗格输入文本，即在"SmartArt工具-设计"选项卡中单击"文本窗格"按钮，打开文本窗格，然后将光标定位至相应的选项，直接输入文本即可；第三种方法是快捷菜单输入法，即选中需要输入文本的形状，右击，从弹出的快捷菜单中选择"编辑文字"命令❺，即可在形状中输入文本。

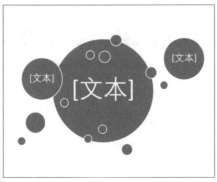

❸ 默认形状

❹ 添加了多个形状

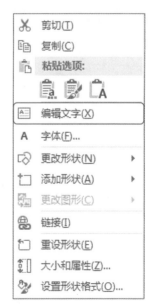

❺ 右键菜单

流程图改头换面

插入SmartArt流程图后，默认的图形颜色为蓝色，不带任何图形效果❶。如果要增强流程图的感染力，可以更改流程图的颜色，然后适当设置图形样式。

更改流程图的颜色和样式可以选择使用Excel内置的流程图颜色及样式，也可以手动设置颜色及样式。两者相比较，系统内置的颜色及样式更方便快捷，而且能够展现出不错的效果。首先选中SmartArt图形，在"SmartArt工具-设计"选项卡中单击"更改颜色"按钮，从展开的列表中选择合适的颜色，SmartArt图形随即可应用该颜色❷。

单击"SmartArt样式"选项组中的"其他"按钮，从展开的列表中可选择合适的样式❸。

如果用户需要考虑多种流程图的布局，且不需要删除当前的流程图重新创建，只要更换版式便可得到全新的布局，更改版式后SmartArt图形的相应设置不会发生变化。具体操作方法为选中SmartArt图形，在"SmartArt工具-设计"选项卡中单击"版式"选项组中的"其他"按钮，从展开的列表中选择合适的布局❹。

即可查看到更改后的效果❺。如果列表中没有合适的布局，可以单击"其他布局"，打开"选择SmartArt图形"对话框，从中选择布局。

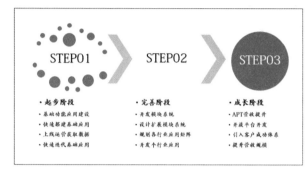

❶ 默认的颜色及样式

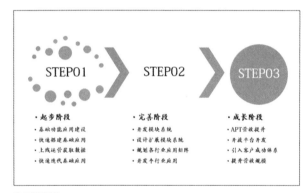

❷ 更改颜色

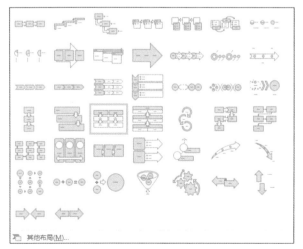

❹ 重新选择版式

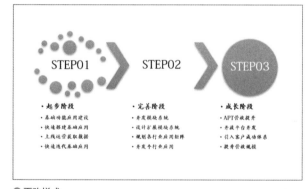

❸ 更改样式

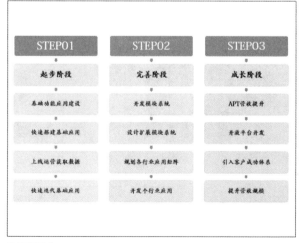

❺ 更改版式

手绘流程图也能很快速

SmartArt图形适用于制作组织结构、层次结构相对简单的流程图。在Excel中，结构、层次以及循环信息较复杂的流程图，一般会采用手绘的方法来创建。相信绝大多数用户在手绘流程图时都是在形状库中逐一插入所需形状，然后在形状中添加文本。制作复杂的流程图时，重复地插入、复制形状以及在形状中添加文本，无疑是一个"大工程"。

那么有没有更好办法在保证工程质量的同时简化工作量呢？如果流程图中的形状能够批量生成，那么问题便得到解决。下面将介绍批量生成图形的方法。

第一步，将流程图中的文本输入到工作表中，一个项目占一个单元格❶，然后隐藏网格线。

第二步，复制所有文本，以图片格式粘贴❷。

第三步，对所复制的图片分两次执行"取消组合"操作❸。在此过程中若弹出系统对话框，提示将图片转换成Microsoft Office图形对象，单击"是"按钮。

第四步，为形状添加边框，设置矩形中的文本居中对齐，适当调整形状的大小❹。

下面介绍如何制作流程图。在制作的过程中使用一些简单的命令还可以提高工作效率。下面总结一些操作要点：①批量选择图形，批量选中图形便于一次性对所选对象执行操作，在"开始"选项的"编辑"组中单击"查找和替换"下拉按钮，选择"选择对象"选项，此后直接拖动鼠标便可批量选中形状、图片、文本框等对象；②批量对齐形状，选中多个形状，在"绘图工具-格式"选项卡中单击"对齐"下拉按钮，利用下拉列表中的选项❺可将所选对象按相应方式对齐❻；③更

❶ 输入文本

❷ 复制并以图片格式粘贴

❸ 取消组合

❹ 设置边框、文本居中、拉大形状

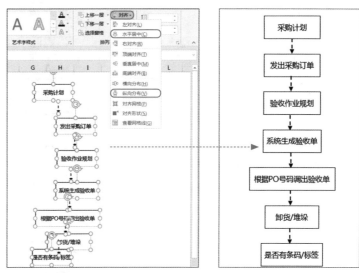

❺ 选择水平居中、纵向分布

❻ 批量对齐

改形状，制作流程图前期使用相同的形状比较快捷，在后期流程图结构基本完成后，适当改变形状能让流程图看起来更美观，选中形状后，打开"绘图工具 — 格式"选项卡，单击"编辑形状"下拉按钮，在下拉列表中选择"更改形状"选项，在其下级列表中选择需要的形状❼，即可更换成该形状；④组合图形，流程图制作完成后，需要将所有形状进行组合，使其形成一个整体，方便移动，全选所有图形后，右击任意形状的边框，在快捷菜单中选择"组合"→"组合"选项即可组合图形❽。

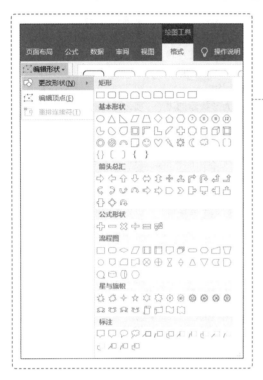

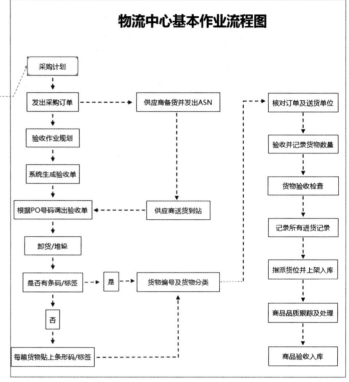

❼ 更改形状

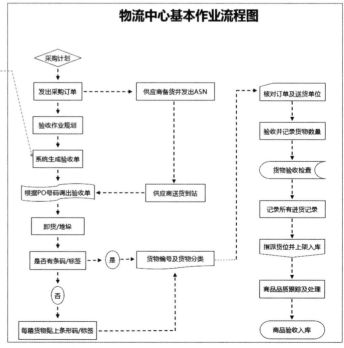

❽ 组合图形

Article
139
第一篇
第二篇
第三篇
第四篇
第五篇

超好用的Excel插件

有时候想在Excel中实现某种操作，却又不知方法时，上网搜索，既浪费时间又不能确保准确，那该怎么办呢？下面就给大家推荐几个非常实用的Excel插件。

Technique 01
方方格子工具箱

方方格子工具箱❶插件功能非常强大，操作也十分简单，用鼠标即可操作。该插件有上百个实用功能，包括批量录入/删除、数据对比、高级排序、聚光灯等，也支持用户自定义工具箱。接下来就简单介绍几个非常给力的技巧。

1. 文本处理技巧

方方格子工具箱有文本处理和高级文本处理两种功能，工作中出现的文本处理的相关问题几乎都可以通过此功能或者组合功能实现批量处理。例如，将图❷中"姓名"和"电话号码"提取出来。首先选中B3:B6单元格区域，然后在"方方格子"选项卡中的"文本处理"选项组中勾选"中文"复选框，接着单击"执行"右侧的下拉按钮，从列表中选择"提取"选项，打开"存放结果"对话框，在"请选择存放区域"文本框中输入"$C$3"❸，单击"确定"按钮，即可将姓名提取出来❹。然后再次选中B3:B6单元格区域，取消"中文"复选框的勾选，勾选"数字"复选框，单击"执行"右侧的下拉按钮，从列表中选择"提取"选项，再次打开"存放结果"对话框，这次在"请选择存放区域"文本框中输入"$D$3"❺，单击"确定"按钮后，即可将电话号码提取出来❻。

❶ 方方格子选项卡

❷ 选择单元格区域

❸ 设置存放区域

❹ 将姓名提取出来

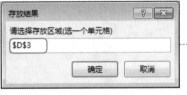

❺ 设置存放区域

❻ 将电话号码提取出来

❼ 选择单元格区域

2. 重复值处理技巧

工作中经常会碰到删除数据中的重复值或者标注出里面的重复项，其实这些问题统统可以批量处理。例如，将相同的手机号码标记成相同的颜色。首先选中D3:D9单元格区域❼，在"方方格子"选项卡中的"数据分析"选项组中单击"随机重复"下拉按钮，从列表中选择"高亮重复值"选项，打开"高亮重复值"对话框，从中根据需要进行设置❽，设置完成后单击"确定"按钮，弹出"已完成标记"提示框，确认后单击"退出"按钮，关闭对话框，即可将相同的手机号码用相同的颜色标记出来❾。

Technique 02
慧办公

慧办公❿插件和方方格子工具箱类似，集成很多常用的Excel操作，如合并/拆分单元格、批量导出、批量插图等。可以根据喜好选择方方格子工具箱或者慧办公。

Technique 03
EasyCharts

EasyCharts⓫是一款简单易用的Excel插件，主要有一键生成Excel未提供的图表、图表美化、配色参考等功能，可以轻轻松松搞定需要通过编程或者复杂操作才能实现的图表。

在该插件中的部分图表类型中，面积图包括光滑面积图⑫、Y轴阈值分割面积图⑬和多数据系列面积图⑭；散点图包括颜色散点图⑮、方框气泡图⑯、气泡矩阵图和滑珠散点图；环形图包括南丁格尔玫瑰图⑰、多数据系列南丁格尔玫瑰图和仪表盘图。

❽ 根据需要进行设置

❾ 标记重复项

❿ 慧办公选项卡功能

⓫ EasyCharts选项卡功能

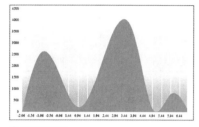

⓬ 光滑面积图

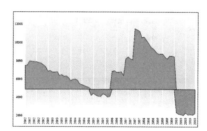

⓭ Y轴阈值分割面积图

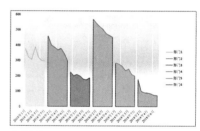

⓮ 多数据系列面积图

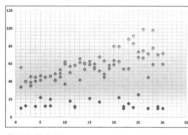

⓯ 颜色散点图

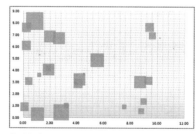

⓰ 方框气泡图

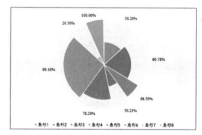

⓱ 南丁格尔玫瑰图

心得体会

趣味小技巧：制作条形码和二维码

日常生活中，条形码和二维码随处可见，那么二维码和条形码是如何生成的呢？

打开"开发工具"选项卡（若功能区中没有"开发工具"选项卡，需要通过自定义功能区添加该选项卡），单击"插入"下拉按钮，从列表中选择"其他控件"选项。打开"其他控件"对话框，从中选择Microsoft BarCode Control 16.0选项❶，单击"确定"按钮。鼠标光标变为十字形状，在合适的位置拖动鼠标绘制一个矩形，绘制完成后松开鼠标，即可自动生成一个条形码❷。选中生成的条形码右击，从弹出的快捷菜单中选择"Microsoft BarCode Control 16.0对象"命令，并在其级联菜单中选择"属性"选项。打开相应的对话框，然后按照实际需要从中选择一种样式，这里选择"样式7"❸，最后单击"确定"按钮即可。此时条形码发生了变化❹。再次右击条形码，从弹出的快捷菜单中选择"属性"命令，弹出"属性"对话框，在"LinkedCell"文本框中输入需要链接到该条形码的单元格地址，本例第一个商品编码在B3单元格，输入B3❺，然后关闭此对话框。此时第一个条形码就制作完成了。制作其余条形码，只要将第一个条形码复制出多份，然后通过"属性"对话框，依次修改链接的单元格即可❻。

最后在"开发工具"选项卡的"控件"组中取消"设计模式"按钮的选中状态，退出设计模式，便不可再对条形码进行编辑。

Excel中制作二维码的方法和制作条形码的方法基本相同，大家可以参照制作二维码的步骤进行操作，操作过程中唯一不同的是在"Microsoft BarCode Control 16.0属性"对话框中需选择样式 11-QR Code❼，即可生成相应的二维码控件❽。二维码❾制作完成后可将其复制为图片，以供其他环境使用。

❶ "其他控件"对话框

❷ 绘制条形码

❸ 选择样式

❹ 样式7的条形码

❺ 设置链接的单元格

❻ 制作其他条形码

❼ 选择11-QR Code样式

❽ 生成相应样式控件

❾ 二维码

Article 141

柱状图表中的柱体若即若离

在柱状图表中，两柱体之间的距离是默认的❶，为了能够更加清楚地对比数据，可以让图表中的柱体叠加在一起。那么该如何操作呢？首先选中其中一组数据系列，在"图表工具-格式"选项卡中单击"设置所选内容格式"按钮。打开"设置数据系列格式"窗格，从中拖动"系列重叠"选项的滑块进行调整，在这里向右拖动滑块可以减小柱体之间的距离，向左拖动滑块可以增大柱体之间的距离。调整好后，可以看到柱体之间叠加在一起了❷，方便对比"计划"和"录取"之间的差距。

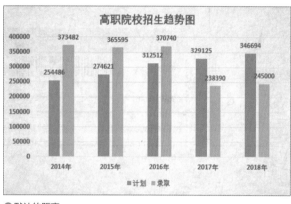

❶默认的距离

❷柱体之间叠加在一起

Article 142

Excel趣谈——Excel现有版本之间的差别

虽然Excel经历了十几个版本的更新换代，在不断升级的过程中提供了大量的用户界面特性，但它始终保留第一款电子制表软件VisiCalc的特性，即行、列组成单元格，数据、与数据相关的公式或者对其他单元格的绝对引用保存在单元格中。

目前可供用户使用的Excel版本有6种，即Excel 2003版、Excel 2007版、Excel 2010版、Excel 2013版、Excel 2016版、Excel 2019版。

图❶为Excel 2003版本的操作界面，Excel 2003版是微软十几年前发布的版本，作为经典版本，虽然经历了这么多年，但是仍然有很多用户在使用。Excel 2003可提供对 XML 的支持以及可视分析和共享信息更加方便的新功能。智能标记相对于更早版本的 Microsoft Office XP 更加灵活，并且对统计函数的改进允许用户更加有效地分析信息。

Excel 2007❷是微软Office产品史上最具创新与革命性的一个版本，采用了全新设计的用户界面，稳定安全的文件格式实现了无缝高效的沟通协作。借助Excel Viewer，即使没有安装Excel，也可以打开、查看和打印Excel工作簿。还可以将数据从Excel Viewer中复制到其他程序。不过不能编辑数据、保存工作簿或者创建新的工作簿。

Excel 2010❸在Excel 2007的基础上有了一些改进，总体上并没有特别大的变化，从界面上来看，界面的主题颜色和风格有所改变。Excel 2010也是向上兼容的，它支持大部分早期版本中提供的功能。Excel 2010的新增功能如下：

（1）Ribbon工具条增强了，用户可以设置的东西更多，使用更加方便。

（2）增加xlsx文件格式，提高兼容性。

（3）支持Web功能。

（4）图表中增加了"迷你图"。

（5）提供网络功能，可与他人共享数据。

微软在2012年年末正式发布了Microsoft Office 2013 RTM版本（包括中文版）❹，在 Windows 8 设备上可获得Office 2013的最佳体验。Microsoft Office 2013发布后，给用户带来了很大的惊喜，它更加简洁、方便，更贴近中国人视觉操作习惯，大量新增功能将帮助用户远离繁杂的数字，绘制更具说服力的数据图。其

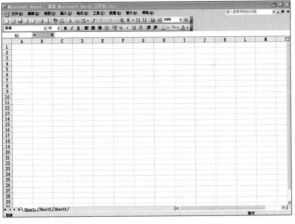

❶ Excel 2003界面

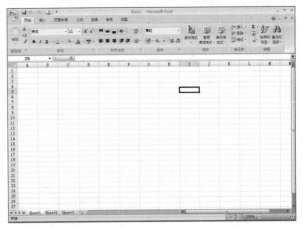

❷ Excel 2007界面

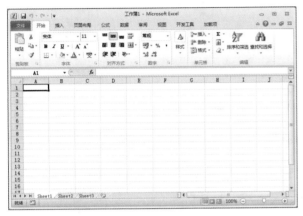

❸ Excel 2010界面

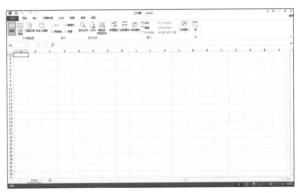

❹ Excel 2013界面

设计宗旨是帮助用户快速获得具有专业外观的结果。Excel 2013通过新的方法更直观地浏览数据。新增功能包括以下8个：

（1）推荐的数据透视表。

（2）快速填充功能。

（3）推荐的图表。

（4）快速分析工具。

（5）图表格式设置控件。

（6）简化共享。

（7）发布在社交网站。

（8）联机演示。

2015年下半年，微软正式开始推出Microsoft Office 2016的最新版本❺，其中的协作工具和云端支持等都是Office历史上的最大改进。与Excel 2013相比，Excel 2016的变化可以分为两大类。首先是配合Windows 10的改变，其次才是软件本身的功能性升级。其改进主要表现在以下10个方面：

（1）增加智能搜索框。

（2）更多的Office主题。

（3）内置的PowerQuery插件。

（4）新增预测功能。

（5）改进了数据透视表的功能。

（6）增加了更多的函数提示。

（7）新增插入联机图片功能。

（8）可将文件保存到最近访问的文件夹。

（9）检测恶意的超链接功能。

（10）复制内容后可以不

❺ Excel 2016界面

必立刻粘贴。

Excel 2019是Office系列的全新产品，其界面与Excel 2016相比基本上没有太大的变化，该版本针对尚未准备好迁移到云端的企业用户而推出。Excel 2019对触摸和手写进行了优化；加入了新的函数和表格；新增了地图图表；同时增强了视觉效果，增加了可缩放的向量图形（SVG），可将SVG图标转换为形状，可插入3D模型，方便从各个角度进行观察。

第四篇

公式与函数篇

Article 143　这样输入公式更省时

在使用Excel计算数据时，需要根据表格中的实际数据来进行计算，而不会只简单地计数和。例如，想要计算出总金额，需要输入"单价"乘"数量"才可以得到❶。输入这个公式确实是可以得到一个正确的结果。但问题是，后面的计算还需要手动一个个输入，特别麻烦。那么输入什么样的公式才能达到省时省力的效果呢？可以在输入公式时直接引用单元格。首先输入"="符号后，然后直接单击需要参与计算的单元格，即可将该单元格名称输入到公式中，运算符号需要手动输入❷。公式输入完成后按Enter键或者直接在编辑栏中单击"输入"按钮即可计算出结果。

❶ 输入公式

❷ 正确输入公式

Article 144　快速复制公式

当需要对同一单元格区域中的数据进行相同计算时，可以使用填充公式实现快速计算。在这里将介绍几种填充公式的方法。第一种方法是选中包含公式的单元格，将光标放在单元格右下角，当光标变成十字形状时，按住鼠标左键向下拖动鼠标❶，即可将公式填充到拖选区域。第二种方法是将光标放置在单元格右下角，当光标变成十字形状时，双击即可将公式向下填充到最后一个单元格。第三种方法是将包含公式的单元格作为选中区域的第一个单元格，然后按Ctrl+D组合键可自动向下填充公式❷，按Ctrl+R组合键，自动向右填充公式。可以根据实际情况选择一种方法即可。

❶ 拖动鼠标填充公式

❷ 按Ctrl+D组合键填充公式

Article 145　运算符

运算符是公式中各个运算对象的纽带，对公式中的数据实现特定类型的运算。Excel包含四种类型的运算符，分别为算术运算符、比较运算符、文本运算符、引用运算符。其中算术运算符能完成基本的数学运算，包括加、减、乘、除和百分比等；比较运算符用于比较两个值，结果为逻辑值TRUE或FALSE，表示真或假，若满足条件则返回逻辑值TRUE，若未满足条件则返回逻辑值FALSE；文本运算符表示使用"&"连接多个字符，结果为一个文本；引用运算符主要用于在工作表中进行单元格或区域的引用。

Article 146 单元格的引用法则

引用主要有绝对引用、相对引用、混合引用，它们互不相同。若需常在Excel中用公式完成各种计算，就应该了解绝对引用、相对引用和混合引用的重要性。

Technique 01 相对引用

相对引用表示若公式所在单元格的位置改变，则引用也随之改变。如果多行或多列地复制或填充公式，引用会自动调整。例如，要计算表格中的“销售金额”，需要在F3单元格中输入公式“=D3*E3”，按Enter键计算出结果❶。然后将公式向下填充至F19单元格，随后选中F列任意单元格，这里选择F11单元格，在编辑栏中查看公式为“=D11*E11”❷，可见引用的单元格发生了变化。

Technique 02 绝对引用

绝对引用是引用单元格的位置不会随着公式的单元格的变化而变化，如果多行或多列地复制或填充公式时，绝对引用的单元格也不会改变。例如，按4%的提成率计算“销售提成”。选中E3单元格，输入公式“=D3*$F$3”❸,然后按Enter键计算出结果，将公式复制到E19单元格，然后选中E列任意单元格，这里选择E7单元格，在编辑栏中查看公式为“=D7*$F$3”❹，可见绝对引用单元格F3没有改变。

Technique 03 混合引用

混合引用是既包含相对引用又包含绝对引用的混合形式，混合引用具有绝对列和相对行或绝对行和相对列。混合引用时，绝对引用的部分不会随着单元格位置的移动而变化。例如，分别计算各个商品的不同折扣的价格。首先选中E3单元格输入公式“=$D3*(1-E$21)”，按Enter键计算出结果❺。然后将公式向右填充至G3单元格。接着选中G3单元格，在编辑栏中查看公式为“=$D3*(1-G$21)”❻，公式中的E$21变成G$21，可见随着公式单元格的变化，相对的列在变化，绝对行没有变化。接着选中E3:G3单元格区域，将公式向下填充至最后一个单元格❼，查看计算各个商品不同折扣的销售单价❽。

F3　=D3*E3

销售员	销售商品	销售数量	销售单价	销售金额
高长恭	香格里拉葡萄酒	30	¥400.00	¥12,000.00
卫玠	怡园酒庄葡萄酒	25	¥200.00	
慕容冲	贺兰葡萄酒	10	¥90.00	
独孤信	王朝葡萄酒	45	¥250.00	
宋玉	云南红葡萄酒	20	¥350.00	
子都	威龙葡萄酒	10	¥130.00	
貂蝉	长城葡萄酒	80	¥290.00	
潘安	张裕葡萄酒	50	¥120.00	
韩子高	莫高冰葡萄酒	25	¥90.00	
嵇康	雪花啤酒	100	¥2.50	
王世充	青岛啤酒	250	¥3.00	
杨丽华	凯尔特人啤酒	500	¥4.30	
王衍	爱士堡啤酒	250	¥5.00	
李世民	教士啤酒	400	¥7.00	
武则天	瓦伦丁啤酒	600	¥6.00	
李白	燕京啤酒	200	¥6.60	
白居易	哈尔滨啤酒	450	¥2.00	

❶计算销售金额

F11　=D11*E11

销售员	销售商品	销售数量	销售单价	销售金额
高长恭	香格里拉葡萄酒	30	¥400.00	¥12,000.00
卫玠	怡园酒庄葡萄酒	25	¥200.00	¥5,000.00
慕容冲	贺兰葡萄酒	10	¥90.00	¥900.00
独孤信	王朝葡萄酒	45	¥250.00	¥11,250.00
宋玉	云南红葡萄酒	20	¥350.00	¥7,000.00
子都	威龙葡萄酒	10	¥130.00	¥1,300.00
貂蝉	长城葡萄酒	80	¥290.00	¥23,200.00
潘安	张裕葡萄酒	50	¥120.00	¥6,000.00
韩子高	莫高冰葡萄酒	25	¥90.00	¥2,250.00
嵇康	雪花啤酒	100	¥2.50	¥250.00
王世充	青岛啤酒	250	¥3.00	¥750.00
杨丽华	凯尔特人啤酒	500	¥4.30	¥2,150.00
王衍	爱士堡啤酒	250	¥5.00	¥1,250.00
李世民	教士啤酒	400	¥7.00	¥2,800.00
武则天	瓦伦丁啤酒	600	¥6.00	¥3,600.00
李白	燕京啤酒	200	¥6.60	¥1,320.00
白居易	哈尔滨啤酒	450	¥2.00	¥900.00

❷查看公式

D3　=D3*$F$3　绝对引用

销售员	部门	销售总额	销售提成	提成率
高长恭	销售部	¥12,000.00	=D3*$F$3	4%
卫玠	销售部	¥5,000.00		
慕容冲	销售部	¥900.00		
独孤信	销售部	¥11,250.00		
宋玉	销售部	¥7,000.00		
子都	销售部	¥1,300.00		
貂蝉	销售部	¥23,200.00		
潘安	销售部	¥6,000.00		
韩子高	销售部	¥2,250.00		
嵇康	销售部	¥250.00		
王世充	销售部	¥750.00		
杨丽华	销售部	¥2,150.00		
王衍	销售部	¥1,250.00		
李世民	销售部	¥2,800.00		
武则天	销售部	¥3,600.00		
李白	销售部	¥1,320.00		
白居易	销售部	¥900.00		

❸输入公式

E7　=D7*$F$3　绝对引用

销售员	部门	销售总额	销售提成	提成率
高长恭	销售部	¥12,000.00	¥480.00	4%
卫玠	销售部	¥5,000.00	¥200.00	
慕容冲	销售部	¥900.00	¥36.00	
独孤信	销售部	¥11,250.00	¥450.00	
宋玉	销售部	¥7,000.00	¥280.00	
子都	销售部	¥1,300.00	¥52.00	
貂蝉	销售部	¥23,200.00	¥928.00	
潘安	销售部	¥6,000.00	¥240.00	
韩子高	销售部	¥2,250.00	¥90.00	
嵇康	销售部	¥250.00	¥10.00	
王世充	销售部	¥750.00	¥30.00	
杨丽华	销售部	¥2,150.00	¥86.00	
王衍	销售部	¥1,250.00	¥50.00	
李世民	销售部	¥2,800.00	¥112.00	
武则天	销售部	¥3,600.00	¥144.00	
李白	销售部	¥1,320.00	¥52.80	
白居易	销售部	¥900.00	¥36.00	

❹查看公式

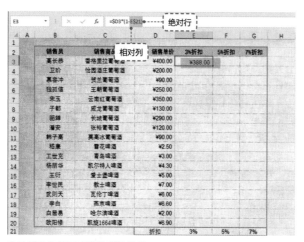

❺ 计算各个商品不同折扣销售单价

❻ 查看公式

❼ 向下填充公式

❽ 查看计算各个商品不同折扣的销售单价

为了防止他人更改工作表中的公式，可以将公式隐藏起来。首先选择整个工作表，打开"设置单元格格式"对话框，在"保护"选项卡中取消勾选"锁定"复选框并单击"确定"按钮❶。接着单击"开始"选项卡中的"查找和选择"按钮，从列表中选择"定位条件"选项。打开"定位条件"对话框，从中选中"公式"单选按钮❷，单击"确定"按钮即可将工作表中含有公式的单元格全部选中，再次打开"设置单元格格式"对话框，从中勾选"锁定"和"隐藏"复选框并单击"确定"按钮。然后单击"审阅"选项卡中的"保护工作表"按钮，弹出相应的对话框，从中直接单击"确定"按钮❸，可以看到工作表中的公式全部被隐藏了。

❶ 设置单元格格式

❷ 定位公式

❸ 保护工作表

Article 148 给公式命名

在Excel工作表中，有时候会对经常使用或比较特殊的公式进行命名来提高公式的输入速度和准确率。那么如何为公式命名呢？首先在"公式"选项卡中单击"定义名称"按钮。打开"新建名称"对话框。在对话框中输入公式的名称A，如果有需要备注的内容就输入备注，接着在"引用位置"选取框中输入公式❶。最后单击"确定"按钮关闭对话框。接着在工作表中选中F3单元格，输入"=A"。按Enter键后单元格中自动引用公式，计算出"销售金额"❷。

对公式命名后，如果后面还需要使用此公式，就可以快速地计算出结果了。

此外，在对公式进行命名时，大家需要注意以下4点，①为公式命名时，名称不得与公式引用的单元格名称相同；②名称中不能包含空格；③名称不能以数字开头，或单独使用数字命名；④名称不得超过255个字符。

新建名称

名称(N): A
范围(S): 工作簿
备注(O):
引用位置(R): ='01 '!$D$3*'01 '!$E$3

❶ 设置"名称"和"引用位置"

	A	B	C	D	E	F	G
1							
2		销售员	销售商品	销售数量	销售单价	销售金额	
3		高长恭	香格里拉葡萄酒	30	¥400.00	¥12,000.00	
4		卫玠	怡园酒庄葡萄酒	25	¥200.00		
5		慕容冲	贺兰葡萄酒	10	¥90.00		
19		白居易	哈尔滨啤酒	450	¥2.00		
20		欧阳修	凯旋1664啤酒	500	¥6.90		
21							
22							

F3 =A

❷ 计算"销售金额"

Article 149 不可忽视的数组公式

当提到数组公式时，相信很多人对其概念感到很模糊。在工作表中，利用数组公式可以对一组或多组数据同时进行计算，并返回一个或多个结果。此外，数组公式要加大括号（{}）来表示。下面将以案例的形式进行讲解。例如，利用数组公式求出所有商品的"销售总金额"。首先在C21单元格中输入公式"=SUM(E3:E20*F3:F20)"，然后按Ctrl+Shift+Enter组合键计算出结果，接着选中数组公式所在单元格C21，在编辑栏中可以发现公式自动添加了"{}"符号❶。

如果要一次计算出每个商品的销售总额，则先选中所有需要输入数组公式的单元格区域，即F3:F20，然后在编辑栏中输入公式"=D3:D20*E3:E20"，最后按Ctrl+Shift+Enter组合键即可计算出"销售总额"❷。

数组公式具有简洁性、一致性、安全性和文件小的优点。数组公式的语法与普通公式的语法相同。它们都是以"="开始，无论在普通公式或数组公式中，都可以使用任何内置函数。而数组公式唯一不同之处在于，必须要按Ctrl+Shift+Enter组合键完成公式的输入。

C21 {=SUM(E3:E20*F3:F20)}

	A	B	C	D	E	F	G
1							
2		销售员	部门	销售商品	销售数量	销售单价	
3		高长恭	销售部	香格里拉葡萄酒	30	¥400.00	
4		卫玠	销售部	怡园酒庄葡萄酒	25	¥200.00	
5		慕容冲	销售部	贺兰葡萄酒	10	¥90.00	
6		独孤信	销售部	王朝葡萄酒	45	¥250.00	
7		宋玉	销售部	云南红葡萄酒	20	¥350.00	
8		子都	销售部	咸龙葡萄酒	10	¥130.00	
9		貂蝉	销售部	长城葡萄酒	80	¥290.00	
10		潘安	销售部	张裕葡萄酒	50	¥120.00	
11		韩子高	销售部	莫高冰葡萄酒	25	¥90.00	
12		嵇康	销售部	雪花啤酒	100	¥2.50	
13		王世充	销售部	青岛啤酒	250	¥3.00	
14		杨丽华	销售部	凯尔特人啤酒	500	¥4.30	
15		王衍	销售部	爱士堡啤酒	250	¥5.00	
16		李世民	销售部	教士啤酒	400	¥7.00	
17		武则天	销售部	瓦伦丁啤酒	600	¥6.00	
18		李白	销售部	燕京啤酒	200	¥6.60	
19		白居易	销售部	哈尔滨啤酒	450	¥2.00	
20		欧阳修	销售部	凯旋1664啤酒	500	¥6.90	
21		销售总金额		¥85,370.00			

❶ 公式自动添加了"{}"符号

F3 {=D3:D20*E3:E20}

	A	B	C	D	E	F	G
1							
2		销售员	销售商品	销售数量	销售单价	销售总额	
3		高长恭	香格里拉葡萄酒	30	¥400.00	¥12,000.00	
4		卫玠	怡园酒庄葡萄酒	25	¥200.00	¥5,000.00	
5		慕容冲	贺兰葡萄酒	10	¥90.00	¥900.00	
6		独孤信	王朝葡萄酒	45	¥250.00	¥11,250.00	
7		宋玉	云南红葡萄酒	20	¥350.00	¥7,000.00	
8		子都	咸龙葡萄酒	10	¥130.00	¥1,300.00	
9		貂蝉	长城葡萄酒	80	¥290.00	¥23,200.00	
10		潘安	张裕葡萄酒	50	¥120.00	¥6,000.00	
11		韩子高	莫高冰葡萄酒	25	¥90.00	¥2,250.00	
12		嵇康	雪花啤酒	100	¥2.50	¥250.00	
13		王世充	青岛啤酒	250	¥3.00	¥750.00	
14		杨丽华	凯尔特人啤酒	500	¥4.30	¥2,150.00	
15		王衍	爱士堡啤酒	250	¥5.00	¥1,250.00	
16		李世民	教士啤酒	400	¥7.00	¥2,800.00	
17		武则天	瓦伦丁啤酒	600	¥6.00	¥3,600.00	
18		李白	燕京啤酒	200	¥6.60	¥1,320.00	
19		白居易	哈尔滨啤酒	450	¥2.00	¥900.00	
20		欧阳修	凯旋1664啤酒	500	¥6.90	¥3,450.00	
21							

❷ 计算出"销售总额"

Article 150 可靠的公式审核

公式审核是Excel"公式"选项卡中的一组命令，包括追踪引用单元格、追踪从属单元格、错误检查、公式求值等。使用公式审核中的一些命令可以对公式的引用和从属关系进行追踪，也可以检查公式中的错误。虽然这些规则不能保证工作表没有错误，但对发现常见错误却大有帮助，所以公式审核功能绝不该被忽视。下面就对这些命令进行详细的介绍。

Technique 01
追踪引用单元格/从属单元格

追踪引用单元格/从属单元格命令按钮分别可以用箭头指明所选单元格的值受哪些单元格影响或所选单元格的值影响哪些单元格。在箭头的指示下公式的引用和从属关系会变得很清晰。例如选择C21单元格，在"公式"选项卡中的"公式审核"组中单击"追踪引用单

元格"按钮，可以看见蓝色线条选中引用的单元格区域，同时箭头指向C21单元格❶，表示C21单元格引用了"销售数量"和"销售单价"列中的数据。

选中F3单元格，单击"公式审核"组中的"追踪从属单元格"按钮，可以看到F3单元格被"销售提成"列引用❷。

此外，如果不再需要箭头，可以单击"移去箭头"命令，将其删除。

Technique 02
错误检查

"错误检查"功能能够及时检查出存在问题的公式，以便修正。如果检查出

错误，则会自动弹出"错误检查"对话框，核实后，再对错误公式进行编辑，或直接忽略错误❸。

Technique 03
公式求值

使用"公式求值"功能可以查看公式分步计算的结果。例如，选择F3单元格❹，单击"公式求值"按钮，打开"公式求值"对话框，单击"步入"按钮❺，在"求值"文本框中可以查看到已代入D3单元格的数值30❻，然后单击"步出"按钮。用同样的方法代入E3单元格的值，然后单击"求值"按钮，即可查看其计算结果。

❶ 追踪引用单元格

❷ 追踪从属单元格

❸ 错误检查

❹ 选择单元格

❺ "公式求值"对话框　　❻ 代入D3单元格的数值

常用的九个公式选项设置

在"Excel选项"对话框中可以进行各种设置，包括对公式相关的选项进行设置，从而改变与公式相关的操作模式。下面就对九个与公式相关的选项设置进行具体介绍。

Technique 01
手动控制公式运算

默认情况下，当在单元格中输入公式后，系统会根据所输入的公式立即进行计算并自动显示计算结果。如果想手动控制公式运算该怎么办呢？首先打开"Excel选项"对话框，在左侧列表中选择"公式"选项，然后在右侧"计算选项"区域中选中"手动重算"单选按钮即可❶。

Technique 02
设置迭代计算

迭代计算是一种特殊的运算方式，利用计算机对一个包含迭代变量的公式进行重复计算，每一次都将上一次迭代变量的计算结果作为新的变量代入计算，直到满足特定条件的数值或完成用户设定的迭代计算次数为止。因此，当使用的公式包含循环引用时，必须启用迭代计算，即在"计算选项"区域中勾选"启用迭代计算"复选框，并且可以设置"最多迭代次数"。

Technique 03
改变单元格引用样式

默认情况下，Excel使用A1引用样式❷。其中用字母A～XFD表示列标，用数字1～1048576表示行号，单元格地址由列标与行号组合而成。如果想要改变单元格的引用样式，可以在"使用公式"区域中勾选"R1C1引用样式"复选框，这样就可以将默认的A1引用样式切换为以数字作为行号、列号的显示模式❸，并且在使用公式时强制采用R1C1引用样式。

Technique 04
设置公式记忆式键入

Excel系统内置的函数多达350个，对于经常使用函数的用户来说，记住这些公式是非常困难的，这时可以启用"公式记忆式键入"功能，即在"使用公式"区域中勾选"公式记忆式键入"复选框即可。启用这项功能后，当在编辑栏或单元格中输入公式时，系统就会自动显示以输入字符开头的函数或已定义名称的相关字段名下拉列表。然后根据需要从列表中选择函数即可。

Technique 05
在公式中使用表名

在"使用公式"区域中勾选"在公式中使用表名"复选框后，创建公式时，单击"表"中的某一单元格区域，将在公式中自动创建结构化引用，而不是直接引用该单元格区域地址。例如，在H3单元格中输入"=SUM("，然后选择D3:G3单元格区域，公式将自动生成"=SUM(表1[@[工作能力得分]:[协调性得分]])"形式❹。

Technique 06
允许后台错误检查

当在"错误检查"区域中勾选"允许后台错误检查"复选框后，就可以在"错误检查规则"区域根据使用习惯设置9种判断错误的规则。如果单元格中的数据或公式计算结果与设置的规则相符时，单元格左上角会自动出现一个小三角形，其被称为错误指示器，默认的颜色为绿色。例如，F6单元格中的数字前面有撇号，与"文本格式的数字或者前面有撇号的数字"规则相符，则出现了一个小三角形❺，选择该单元格并将鼠标指向单元格左侧的图标，将会出现错误类型提示。

Technique 07
公式及格式的自动扩展

在"高级"选项卡中的"编辑选项"区域勾选"扩展数据区域格式及公式"复选框后，如果单元格区域中有连续4个及以上单元格具有重复使用的公式，则在公式所引用单元格区域的第5个单元格中输入公式时，公式将自动扩展到第5行。例如，在A1:A4单元格区域中输入数字，然后在B1单元格中输入公式"=A1*3"，并将公式复制到B4单元格。接着在A5单元格中输入数字后，B5单元格中自动填充了公式"=A5*3"，计算出结果。

Technique 08
启用多线程计算

Excel可以设置多线程数量，用来缩短或控制重新计算包含大量公式的工作簿所需的时间，只需要在"高级"选项卡中的"公式"区域勾选"启用多线程计算"复选框即可❻。在"使用此计算机上的所有处理器"后面可以看到该计算机的处理数量。

Technique 09
将精度设为所显示的精度

工作中，在对表格中的数据进行计算时，往往会将表格中的金额或数值设置为货币或保留2位小数的格式。但有时候使用公式计算结果会出现几个单元格之和与单元格显示的数据之和不相等的情况。例如，G3:G8单元格区域中的数据之和应该为15466.66，然而用公式在G9单元格中求出的数值之和为15466.67❼。这是因为Excel将G3:G8单元格区域的值按照15位计算精度代入计算所致。这时可以通过在"高级"选项卡中的"计算此工作簿时"区域勾选"将精度设为所显示的精度"复选框，将结果显示为15466.66❽。

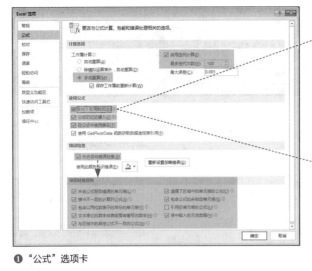

❶ "公式"选项卡

❷ A1引用样式

❸ R1C1引用样式

❹ 在公式中使用表名

❺ 标识错误公式

❻ "高级"选项卡

工号	姓名	职位	基本工资	考勤天数	应发工资
SK001	韩磊	经理	¥8,000.00	15	¥4,000.00
SK002	李梅	主管	¥6,000.00	14	¥2,800.00
SK003	李琳	员工	¥4,000.00	20	¥2,666.67
SK004	王瑾	员工	¥4,000.00	10	¥1,333.33
SK005	赵军	员工	¥4,000.00	16	¥2,133.33
SK006	白娟婷	员工	¥4,000.00	19	¥2,533.33
合计应发工资					¥15,466.66

❼ 按照15位计算精度

工号	姓名	职位	基本工资	考勤天数	应发工资
SK001	韩磊	经理	¥8,000.00	15	¥4,000.00
SK002	李梅	主管	¥6,000.00	14	¥2,800.00
SK003	李琳	员工	¥4,000.00	20	¥2,666.67
SK004	王瑾	员工	¥4,000.00	10	¥1,333.33
SK005	赵军	员工	¥4,000.00	16	¥2,133.33
SK006	白娟婷	员工	¥4,000.00	19	¥2,533.33
合计应发工资					¥15,466.67

❽ 设置后的精度

心得体会

了解函数类型

Excel提供了大量的函数，共分为十几种类型，常用的函数类型包括日期与时间函数、数学与三角函数、统计函数、查找与引用函数、文本函数、逻辑函数、信息函数、工程函数、财务函数、多维数据集函数、兼容性函数、Web函数等。

了解了函数的类型后就可以在计算数据时快速联想到Excel函数库内有没有相关类型的函数，提高计算速度。下面将详细介绍一下各种函数类型中常用的函数。

Technique 01
日期与时间函数

日期与时间函数可以快速对日期和时间类型的数据进行计算。其中常用的日期与时间函数有DATE函数、YEAR函数、MONTH函数、DAY函数、WORKDAY函数、TODAY函数、NOW函数等。

Technique 02
数学与三角函数

数学与三角函数可以对数字取整、计算数值的总和和绝对值等。常用的数学与三角函数有ABS函数、INT函数、MOD函数、SUM函数、SUMIF函数、ROUND函数等。

Technique 03
统计函数

统计函数主要用于对数据区域进行统计分析，在复杂的数据中完成统计计算，返回统计的结果。常用的统计函数有AVEDEV函数、AVERAGE函数、COUNT函数、COUNTIF函数、MAX函数、MIN函数、RANK函数等。

Technique 04
查找与引用函数

使用查找与引用函数可以在工作表中查找或引用符合某条件的特定数值。常用的查找与引用函数有CHOOSE函数、ROW函数、VLOOKUP函数、INDEX函数、MATCH函数、OFFSET函数等。

Technique 05
文本函数

文本函数是指处理文字串的函数，主要用于查找或提取文本中的特殊字符、转换数据类型或者改变大小写等。常用的文本函数有EXACT函数、LEFT函数、RIGHT函数、LEN函数、LOWER函数、UPPER函数、MID函数、TEXT函数等。

Technique 06
逻辑函数

使用逻辑函数可以根据条件进行真假值判断。常用的逻辑函数有AND函数、OR函数、IF函数、NOT函数等。

Technique 07
信息函数

使用信息函数确定存储在单元格中的数据的类型。常用的信息函数有CELL函数、TYPE函数等。

Technique 08
工程函数

使用工程函数用于工程分析。工程函数大体分为三种类型，即对复数进行处理的函数、在不同的数字系统（如十进制系统、十六进制系统、八进制系统和二进制系统）间进行数值转换的函数、在不同的度量系统中进行数值转换的函数。

Technique 09
财务函数

财务函数可以满足一般的财务计算。常用的财务函数有FV函数、PMT函数、PV函数、DB函数等。

不常用的函数在这里就不再进行列举。

Technique 10
多维数据集函数

多维数据集函数用于分析多维数据集合中的数据。

Technique 11
兼容性函数

兼容性函数已被新增函数代替，新版本Excel之所以保留它们，是为了便于在早期版本中使用。

Technique 12
Web函数

Excel 2016中只包含三个Web函数。ENCODEURL函数用于返回URL编码的字符串；WEBSERVICE函数返回Web服务中的数据；FILTERXML函数通过使用指定的XPath，返回XML内容中的特定数据。使用后两个Web函数时，需要联网。

在"公式"选项卡中的"函数库"组内包含了所有函数类型❶。单击某个类型的函数按钮，在下拉列表中可以查看该类型的所有函数，当光标停留在某个函数选项上方时，会出现该函数的使用说明❷，大家可以通过这种方式熟悉这些函数大概的作用。这有助于在输入公式时快速准确地提取需要的函数。

❶ 查看所有函数类型

❷ 查看函数说明

输入函数方法多

下面就介绍几种输入函数的方法，大家可以根据需要进行选择。

手动输入法

对于一些简单的函数，若熟悉其语法和参数，可以直接在单元格中输入，例如，选择H3单元格，直接输入公式"=SUM(D3: G3)"即可❶。

使用函数向导输入函数

对于一些比较复杂的函数，如果不清楚如何正确输入函数的表达式，此时可以通过函数向导完成函数的输入，例如，选择H3单元格，单击编辑栏左侧的"插入函数"按钮或者在"公式"选项卡中单击"插入函数"按钮，打开"插入函数"对话框，选择好函数的类别，找到需要的函数，并设置好其函数的相关参数，完成计算操作。

使用公式记忆输入函数

当在单元格中输入函数的第一个字母时，系统会自动在其单元格下方列出以该字母开头的函数列表❷，在列表中选择需要的函数并输入即可。在此需要注意的是，在可以拼写出函数的前几个字母的情况下可以使用这种方法。

通过对话框插入

除了手动输入函数外，对于不太熟悉的的函数可通过"插入函数"对话框来输入。打开该对话框的方式有多种，其中最快捷的方式是通过Shift+F3组合键打开。打开"插入函数"对话框后，选择函数类别，然后选择需要的函数，单击"确定"按钮❸，便可打开"函数参数"对话框，用户只需在对话框中设置好参数即可完成公式的输入。

从选项卡中选择

在选项卡中插入函数和在"插入函数"对话框中插入函数的效果相似。具体操作方法为打开"公式"选项卡，在"函数库"组中单击需要的函数类型按钮，在下拉列表中单击需要的函数选项❹，便可将该函数输入到单元格中。插入函数后会自动弹出"函数参数"对话框，接下来只要设置参数即可。

自动计算

Excel功能区中提供了一些对数据进行求和、求平均值及求最大值和最小值的自动计算功能选项，利用这些功能可以直接进行计算而无须输入相应的参数，即可得到需要的结果。例如，在"公式"选项卡中单击"自动求和"按钮，在下拉列表中选择需要的计算选项，即可快速向单元格中插入相应的函数，并根据数据表数据自动生成公式。

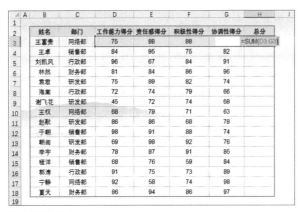

❶直接输入公式

❷函数列表

❸"插入函数"对话框

❹通过"公式"选项卡插入函数

Article 154　Excel公式中的常见错误及处理方法

即使是对Excel公式十分熟练的人也不能保证所输入的公式永远正确，当单元格中的公式计算出现错误时，Excel会返回一个错误值，当有错误值产生后，应该第一时间判断错误值产生的原因，然后寻找解决的办法。下面介绍公式产生的错误值类型，以及常用解决方法。

Technique 01 "#####" 错误

产生原因一：列宽不够。

解决方法：增加列宽。

产生原因二：单元格中的日期或时间产生了负值。

解决方法：修改日期值即可解决（如果用户使用的是1900年的日期系统，那么Excel中的日期和时间必须是正值，用较早的日期或时间减去较晚的日期或时间就会返回"#####"错误）。

Technique 02 "#VALUE！" 错误

"#VALUE！"错误的产生原因有很多，当使用错误的参数或运算对象时就会产生"#VALUE！"错误。

产生原因一：公式引用的单元格中包含文本。

解决方法：公式中引用确认公式或函数所需的运算符或参数正确，并且公式引用的单元格中包含有效的数据类型。

产生原因二：赋予需要单一数值的运算符或函数一个数值区域时会产生"#VALUE"错误。

解决方法：修改数值区域，将数字区域改为单一数值。

产生原因三：缺少用于计算数据的函数。

解决方法：添加应用于计算的函数。

Technique 03 "#DIV/O" 错误

产生原因：除数为0或空单元格。

解决方法：将除数改为非0值，或在空单元格中输入非0值。

Technique 04 "#NAME？" 错误

产生原因一：函数名称拼写错误。

解决方法：修正拼写错误的名称。

产生原因二：公式中引用了不存在的名称。

解决方法：确认使用的名称是否存在，如果名称不存在，需要使用"定义名称"功能添加相应的名称。

产生原因三：公式中的文本参数没有使用双引号。

解决方法：为文本参数添加双引号。

Technique 05 "#N/A" 错误

产生原因：函数或公式中没有可用数值。

解决方法：保证公式或函数引用的单元格内包含内容。

Technique 06 "#REF！" 错误

产生原因：公式引用了无效单元格（如公式引用的单元格被移动、删除、粘贴其他内容等）。

解决方法：更改公式。

Technique 07 "#NUM！" 错误

产生原因：公式中的参数无效或不匹配，或公式的结果超出Excel的表示范围。

解决方法：确认函数中使用的参数类型正确或修改公式，使其结果在有效数字范围内。

Technique 08 "#NULL" 错误

产生原因：使用了不正确的区域运算符，或引用的单元格区域的交集为空（如为两个不相交的区域指定交叉点）。

解决方法：改正区域运算符使之正确，或更改引用使之相交。

有些错误值除了影响美观，并不会对数据分析造成影响，例如，在进行批量运算时，错误值的产生并不是因为公式本身的问题，对于这类错误值可采用删除或隐藏的方式处理。

删除错误值非常简单，用

❶ "定位条件"对话框

	日期	生产批号	产量	抽样数	成品不良数	加工不良数	良品数	不良数	不良率
3	2019/3/1	WARP-NJ	0	0	0	0	0	0	#DIV/0!
4	2019/3/1	T-P	2000	150	2	4	144	6	4.00%
5	2019/3/1	T/R-T1	1500	100	5	3	92	8	8.00%
6	2019/3/2	T/R-S1	1300	100	1	5	94	6	6.00%
7	2019/3/2	N-6	0	0	0	0	0	0	#DIV/0!
8	2019/3/2	FLO-J	1200	100	2	1	97	3	3.00%
9	2019/3/3	WARP-S	2000	150	3	3	144	6	4.00%
10	2019/3/3	WARP-NT	2000	150	0	5	145	5	3.33%
11	2019/3/3	T/R-T2	1800	150	5	3	142	8	5.33%
12	2019/3/4	FL0-PVC	0	0	0	0	0	0	#DIV/0!
13	2019/3/4	T-S	2500	200	4	2	194	6	3.00%
14	2019/3/4	V-S	2000	150	2	3	145	5	3.33%
15	2019/3/4	TC-1	1000	100	2	1	97	3	3.00%
16	2019/3/4	T/R-S2	1200	100	1	1	98	2	2.00%

❷ 选中所有错误值

	日期	生产批号	产量	抽样数	成品不良数	加工不良数	良品数	不良数	不良率
3	2019/3/1	WARP-NJ	0	0	0	0	0	0	
4	2019/3/1	T-P	2000	150	2	4	144	6	4.00%
5	2019/3/1	T/R-T1	1500	100	5	3	92	8	8.00%
6	2019/3/2	T/R-S1	1300	100	1	5	94	6	6.00%
7	2019/3/2	N-6	0	0	0	0	0	0	
8	2019/3/2	FLO-J	1200	100	2	1	97	3	3.00%
9	2019/3/3	WARP-S	2000	150	3	3	144	6	4.00%
10	2019/3/3	WARP-NT	2000	150	0	5	145	5	3.33%
11	2019/3/3	T/R-T2	1800	150	5	3	142	8	5.33%
12	2019/3/4	FL0-PVC	0	0	0	0	0	0	
13	2019/3/4	T-S	2500	200	4	2	194	6	3.00%
14	2019/3/4	V-S	2000	150	2	3	145	5	3.33%
15	2019/3/4	TC-1	1000	100	2	1	97	3	3.00%
16	2019/3/4	T/R-S2	1200	100	1	1	98	2	2.00%

❸ 隐藏所有错误值

户可借助定位条件选中所有错误值然后批量删除。按Ctrl+G组合键先打开"定位"对话框，单击该对话框中的"定位条件"按钮即可打开"定位条件"对话框❶。从中选择定位条件为错误公式即可选中所有错误值❷，按Delete键便可批量删除错误值。

使用IFERROR函数与原公式进行嵌套，则能够在公式返回错误值时将错误值隐藏，而不会对正常的值造成任何影响❸。

Article **155**

AVERAGE函数的应用

AVERAGE函数属于统计函数，用来求平均值。它在Excel中使用的频率非常高，参数的设置很简单。例如，求出每个员工的"平均分"，首先选中H3单元格❶，在"公式"选项卡中单击"插入函数"按钮，打开"插入函数"对话框，从中选择AVERAGE函数❷，然后单击"确定"按钮。弹出

"函数参数"对话框，从中设置各个参数❸，设置完成后单击"确定"按钮，这时单元格H3中自动计算出"王富贵"的"平均分"。接着将光标移至H3单元格的右下角，当鼠标光标变为十字形时双击，即可将公式填充至最后一个单元格。计算出所有员工的"平均分"，最后设置数字格式即可❹。

❶ 选中单元格

❷ 选择函数

❸ 设置各个参数

❹ 计算出所有员工的"平均分"

AVERAGE函数还可以和IF函数嵌套使用，例如，计算销售部男职工的平均工资，首先选中G3单元格，输入公式"＝AVERAGE(IF((C3:C15="销售部")*(D3:D15="男"),E3:E15))"❺，然后按Ctrl+Shift+Enter组合键确认，即可求出销售部男职工的平均工资❻。

公式说明：公式首先利用"C3:C15="销售部""和"D3:D15="男""两个表达式相乘，产生一个数组，用于将符合两个条件的单元格转换成TRUE，而不符合条件的单元格转换成FALSE。然后利用IF函数根据数组中的值，将FALSE对应的数值忽略，然后再求平均值。

❺ 输入公式

❻ 计算出结果

AVERAGEIF函数的应用

AVERAGEIF函数属于统计函数，当同类数据保存在不相邻的单元格区域时，可以使用此函数设置数据条件提取同类数据，然后进行平均值计算。例如，求出"白婷婷""陈清""章泽雨""韩磊"的"平均销售额"，首先选中G3单元格，

然后单击编辑栏左侧的"插入函数"按钮❶，打开"插入函数"对话框，从中选择AVERAGEIF函数，单击"确定"按钮❷。打开"函数参数"对话框，从中设置各参数，设置完成后单击"确定"按钮❸。单元格G3中计算出"白婷婷"的平均

销售额，然后将公式向下填充，计算出其他员工的平均

销售额，最后设置数字格式即可❹。

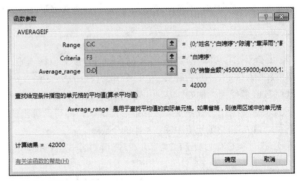

❶ 执行插入函数命令

❷ 选择函数

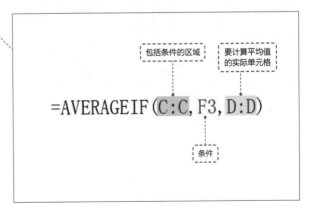

❸ 设置各参数

❹ 计算出"平均销售额"

COUNTA、COUNT和 COUNTBLANK函数的应用

COUNTA、COUNT和COUNTBLANK这三个函数都属于统计函数，并且都可用于单元格的统计。COUNTA函数可以计算出含有内容的单元格个数，内容可以是数字、文本、逻辑值、标点符号、空格等。例如，计算出参加考试的人数，首先选中G2单元格，输入公式"=COUNTA(C3:C14)"，然后按Enter键计算出结果❶。

COUNT函数只会对引用区域中的数字进行统计，而自动忽略空白单元格、文字、逻辑值等。例如计算出实际参加考试人数，首先选中G3单元格，输入公式"=COUNT(D3:D14)"，然后按Enter键计算出结果❷。

COUNTBLANK函数可以对单元格区域中的空单元格进行统计。例如，计算出缺席人数，首先选中G4单元格，输入公式"=COUNTBLANK(D3: D14)"，然后按Enter键计算出结果❸。

❶ 计算出参加考试人数

❷ 计算出实际参加考试人数

❸ 计算出缺席人数

此外，COUNT函数还可以和MATCH、ROW等其他函数嵌套使用。例如，从下面表格中统计出有多少个选手。首先在F3单元格中输入公式"=COUNT(0/(MATCH(D3:D10,D3:D10)=(ROW(3:10)-2)))"❹，按Ctrl+Shift+Enter组合键确认，即可计算出选手的个数❺。

需要对公式进行说明的是，公式实际上就是求单列区域中的不重复数据个数。首先利用MATCH函数计算每个单元格的数据在区域中的出现顺序，然后与序列进行比较，得到一个由逻辑值TRUE和FALSE组成的数组。数组中TRUE的个数表示不重复数据的个数。最后通过0除以数组，将数组中的TRUE转换成0，将FALSE转换成错误值，便于COUNT函数计数。

	序号	比赛项目	选手		有几个选手		
	1	田径	=COUNT(0/(MATCH(D3:D10,D3:D10)=(ROW(3:10)-2))				
	2	篮球	沈巍				
	3	足球	王庆				
	4	举重	李晓				
	5	射击	沈巍				
	6	羽毛球	王庆				
	7	排球	李晓				
	8	乒乓球	赵兰				

❹ 输入公式

	序号	比赛项目	选手		有几个选手		
	1	田径	赵兰		4		
	2	篮球	沈巍				
	3	足球	王庆				
	4	举重	李晓				
	5	射击	沈巍				
	6	羽毛球	王庆				
	7	排球	李晓				
	8	乒乓球	赵兰				

❺ 计算出结果

心得体会

COUNTIF函数的应用

COUNTIF函数可统计满足给定条件的单元格个数。例如，统计出"被清华大学录取人数"和"分数大于670的人数"，在F3单元格中输入公式"=COUNTIF(C3:C14,"清华大学")"，按Enter键确认，便可计算出被清华大学录取的人数❶。接着选

中F5单元格，然后输入公式"=COUNTIF(D3:D14,">670")"，按Enter键确认，计算出分数大于670的人数❷。

此外，还可以使用通配符设置模糊条件统计单元格个数。例如，从下面的表格中统计三个字的项目个数和最后一个字是球的项目个数。

首先选中D3单元格，输入公式"=COUNTIF(B3:B12,"???")"，按Enter键确认，计算出三个字的项目个数❸。接着选中D5单元格，输入公式"=COUNTIF(B3:B12,"*球")"，按Enter键确认，即可计算出最后一个字是球的项目个数❹。

在这里需要注意的是，COUNTIF函数有两个参数，第一个参数表示待统计的区域，必须是单元格引用；第二个参数表示统计条件，支持通配符"*"和"?"，可以是数字、表达式、单元格引用或文本。

F3 | | × ✓ fx | =COUNTIF(C3:C14,"清华大学")

	A	B	C	D	E	F
1						
2		姓名	院校名称	录取分数		被清华大学录取人数
3		李昱喆	清华大学	690		3
4		马浩洋	北京大学	698		分数大于670的人数
5		马硕言	浙江大学	671		
6		郭栗昊	复旦大学	699		
7		李元行	南京大学	663		
8		徐子辰	北京大学	691		
9		任嘉娴	南京大学	665		
10		朱思栋	浙江大学	659		
11		李怡霏	清华大学	691		
12		陈奕锡	浙江大学	689		
13		陈泓衡	清华大学	700		
14		时晗哲	复旦大学	690		

❶ 计算出被清华大学录取人数

F5 | | × ✓ fx | =COUNTIF(D3:D14,">670")

	A	B	C	D	E	F
1						
2		姓名	院校名称	录取分数		被清华大学录取人数
3		李昱喆	清华大学	690		3
4		马浩洋	北京大学	698		分数大于670的人数
5		马硕言	浙江大学	671		9
6		郭栗昊	复旦大学	699		
7		李元行	南京大学	663		
8		徐子辰	北京大学	691		
9		任嘉娴	南京大学	665		
10		朱思栋	浙江大学	659		
11		李怡霏	清华大学	691		
12		陈奕锡	浙江大学	689		
13		陈泓衡	清华大学	700		
14		时晗哲	复旦大学	690		

❷ 计算出分数大于670的人数

D3 | | × ✓ fx | =COUNTIF(B3:B12,"???")

	A	B	C	D	E
1					
2		体育项目		三个字的项目个数	
3		田径		3	
4		乒乓球		最后一个字是球的项目个数	
5		拳击			
6		跳水			
7		击剑			条件为三个字
8		羽毛球			
9		跆拳道		=COUNTIF(B3:B12,"???")	
10		棒球			
11		射击			待统计的区域
12		马球			

❸ 计算出三个字的项目个数

D5 | | × ✓ fx | =COUNTIF(B3:B12,"*球")

	A	B	C	D	E
1					
2		体育项目		三个字的项目个数	
3		田径		3	
4		乒乓球		最后一个字是球的项目个数	
5		拳击		4	
6		跳水			
7		击剑			最后一个字是球
8		羽毛球			
9		跆拳道		=COUNTIF(B3:B12,"*球")	
10		棒球			
11		射击			待统计的区域
12		马球			

❹ 计算出最后一个字是球的项目个数

心得体会

MAX和MIN函数的应用

MAX函数用于计算参数中的最大值，它有1~255个参数，参数可以是数字或包含数字的名称、数组和引用。MAX函数在日常工作中经常用到。例如，计算下面表格中"录取分数"的最高分。首先选中F3单元格，在"公式"选项卡中单击"自动求和"按钮，从列表中选择"最大值"选项。单元格F3中自动输入了公式，然后保持公式中的参数为选中状态，拖动鼠标选择D3:D14单元格区域，函数参数将自动进行修改❶，接着按Enter键计算出最高分 ❷。MIN函数用于计算参数列表中的最小值，其参数可以是数字、名称、数组和引用。例如，计算出"录取分数"的最低分。首先选中F5单元格，输入公式"=MIN(D3:D14)"❸，最后按Enter键计算出结果❹。

	A	B	C	D	E	F
1						
2		姓名	院校名称	录取分数		最高分
3		李昱喆	清华大学	690		=MAX(D3:D14)
4		马浩洋	北京大学	698		最低分
5		马硕言	浙江大学	671		求该区域的最大值
6		郭栗昊	复旦大学	699		
7		李元行	南京大学	663		
8		徐子辰	北京大学	691		
9		任嘉娴	南京大学	665		
10		朱思栋	浙江大学	659		
11		李怡霖	清华大学	691		
12		陈奕锡	浙江大学	689		
13		陈泓衡	清华大学	700		
14		时晗哲	复旦大学	690		

❶ 输入公式

	A	B	C	D	E	F
1						
2		姓名	院校名称	录取分数		最高分
3		李昱喆	清华大学	690		700
4		马浩洋	北京大学	698		最低分
5		马硕言	浙江大学	671		
6		郭栗昊	复旦大学	699		
7		李元行	南京大学	663		
8		徐子辰	北京大学	691		
9		任嘉娴	南京大学	665		
10		朱思栋	浙江大学	659		
11		李怡霖	清华大学	691		
12		陈奕锡	浙江大学	689		
13		陈泓衡	清华大学	700		
14		时晗哲	复旦大学	690		

❷ 计算出最高分

	A	B	C	D	E	F
1						
2		姓名	院校名称	录取分数		最高分
3		李昱喆	清华大学	690		700
4		马浩洋	北京大学	698		最低分
5		马硕言	浙江大学	671		=MIN(D3:D14)
6		郭栗昊	复旦大学	699		求该区域的最小值
7		李元行	南京大学	663		
8		徐子辰	北京大学	691		
9		任嘉娴	南京大学	665		
10		朱思栋	浙江大学	659		
11		李怡霖	清华大学	691		
12		陈奕锡	浙江大学	689		
13		陈泓衡	清华大学	700		
14		时晗哲	复旦大学	690		

❸ 输入公式

	A	B	C	D	E	F
1						
2		姓名	院校名称	录取分数		最高分
3		李昱喆	清华大学	690		700
4		马浩洋	北京大学	698		最低分
5		马硕言	浙江大学	671		659
6		郭栗昊	复旦大学	699		
7		李元行	南京大学	663		
8		徐子辰	北京大学	691		
9		任嘉娴	南京大学	665		
10		朱思栋	浙江大学	659		
11		李怡霖	清华大学	691		
12		陈奕锡	浙江大学	689		
13		陈泓衡	清华大学	700		
14		时晗哲	复旦大学	690		

❹ 计算出最低分

心得体会

Article 160 LEN函数的应用

LEN函数属于文本函数，该函数表示返回文本串的字符数。其参数可以是单元格引用，也可以是文本，当使用文本作为参数时需要加双引号。一般使用LEN函数来计算字符串长度。例如，计算出"身份证号码"的位数，判断输入的身份证号码是否正确。

首先选中F3单元格，然后输入公式"=LEN(E3)"①，按Enter键计算出结果，接着将公式复制到最后一个单元格，即可计算出所有身份证号码的字符个数②。

标准的身份证号码是18位，所以在这里字符个数小于18位的身份证号码是错误的。

此外，LEN函数还可以与SUBSTITUTE函数组合使用。例如，计算英文句子中有几个单词。首先选中C3单元格，输入公式"=LEN(B3)-LEN(SUBSTITUTE(B3," ",""))+1"③，按Enter键计算出句子中单词的个数，接着向下复制公式，求出其他句子中单词的个数④。

需要对公式进行说明的是，公式中首先使用LEN函数计算语句的总长度，再计算删除所有空格后的长度，两者的差加1就是单词的个数。

A	姓名	性别	手机号码	身份证号码	字符个数
3	刘彻	男	187****4061	140321199305301416	=LEN(E3)
4	陈平	男	187****4062	150321198901201435	
5	卫青	男	187****4063	1603211987031015	引用E3单元格
6	周亚夫	男	187****4064	170321198204181471	
7	霍去病	男	187****4065	18032119960930149	
8	韩信	男	187****4066	190321198808051431	
9	李广	男	187****4067	200321198202201412	
10	貂蝉	女	187****4068	210321199406121423	
11	张骞	男	187****4069	2203211995081017	
12	苏武	男	187****4070	100321197209111479	
13	司马迁	男	187****4071	110321198207201458	
14	班固	男	187****4072	12032199930114149	
15	赵飞燕	女	187****4073	130321199106251463	

❶ 输入公式

A	姓名	性别	手机号码	身份证号码	字符个数
3	刘彻	男	187****4061	140321199305301416	18
4	陈平	男	187****4062	150321198901201435	18
5	卫青	男	187****4063	1603211987031054	17
6	周亚夫	男	187****4064	170321198204181478	18
7	霍去病	男	187****4065	18032119960930149	17
8	韩信	男	187****4066	190321198808051431	18
9	李广	男	187****4067	200321198202201412	18
10	貂蝉	女	187****4068	210321199406121423	18
11	张骞	男	187****4069	2203211995081017	16
12	苏武	男	187****4070	100321197209111479	18
13	司马迁	男	187****4071	110321198207201458	18
14	班固	男	187****4072	12032199930114149	17
15	赵飞燕	女	187****4073	130321199106251463	18

❷ 计算出"身份证号码"的字符个数

A	英文短句	单词个数
3	Love is blind	=LEN(B3)-LEN(SUBSTITUTE(B3," ",""))+1
4	Nothing is impossible	
5	I will be strong enough to make you feel bad	求该区域的最大值
6	I will greet this day with love in my heart	计算删除所有空格后的长度
7	Never underestimate your power to change yourself	
8	Cease to struggle and you cease to live	

❸ 输入公式

A	英文短句	单词个数
3	Love is blind	3
4	Nothing is impossible	3
5	I will be strong enough to make you feel bad	10
6	I will greet this day with love in my heart	10
7	Never underestimate your power to change yourself	7
8	Cease to struggle and you cease to live	8

❹ 计算出句子中单词的个数

心得体会

UPPER、LOWER和PROPER函数的应用

UPPER函数的作用是将字符串转换成大写，UPPER函数只有一个参数。例如，选中C3单元格，输入公式"=UPPER (C2)" ❶，按Enter键确认即可将小写字母转换成大写❷。LOWER函数表示将文本字符串中大写字母转换为小写字母。例如，选中C4单元格，输入公式"=LOWER (C3)" ❸，按Enter键确认即可将大写字母转换成小写❹。PROPER函数的功能是将文本字符串的首字母或者数字之后的首字母转换成大写，将其余的字母转换成小写。例如选中C5单元格，输入公式"=PROPER(C2)" ❺，按Enter键确认即可将首字母转换成大写❻。

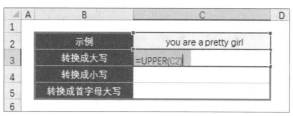

❶ 输入公式

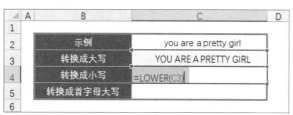

❸ 输入公式

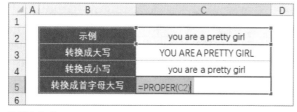

❺ 输入公式

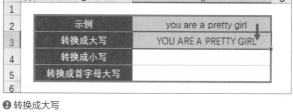

❷ 转换成大写

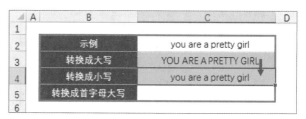

❹ 将大写字母转换成小写

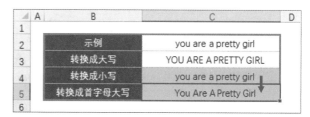

❻ 将首字母转换成大写

心得体会

LEFT、MID、RIGHT函数的应用

LEFT函数用于提取字符串中第一个字符或前几个字符。它有两个参数，第一个参数是包含要提取的字符的文本字符串；第二个参数是提取的长度，即字符个数。经常使用LEFT函数从一段文字中提取所需信息，例如将"姓名"从"人物介绍"中提取出来。选中C3单元格，输入公式"=LEFT(B3,2)"❶,然后按Enter键确认，并将公式向下

复制，即可将"姓名"提取出来❷。

需要注意的是，当所要提取的字符个数相同时，使用LEFT函数才能达到目的。

MID函数可以提取文本字符串中从指定位置开始的特定数目的字符。它有三个参数，第一个参数是包含要提取字符的文本字符串；第二个参数是文本中要提取的第一个字符的位置；第三个参数表示提取出来的新字符

串的长度。例如，将"朝代"从"人物介绍"中提取出来。首先选中D3单元格，输入公式"=MID(B3,4,2)"❸,按Enter键确认，然后向下复制公式，即可将"朝代"提取出来❹。

需要注意的是，所要提取的字符必须在字符串中的长度和位置结构相同。

RIGHT函数用于提取字符中右边长度为1位或者多位的字符串。它有两个参数，

第一个参数表示包含待提取字符的字符串；第二个参数表示提取长度。例如，将"字号"从"人物介绍"中提取出来。首先选中E3单元格，输入公式"=RIGHT(B3,2)"❺,按Enter键确认，然后向下复制公式，即可将"字号"提取出来❻。

在这里同样要保证所要提取的字符必须在字符串中的长度和位置结构相同。

	A	B	C	D	E	F
1						
2		人物介绍	姓名	朝代	字号	
3		李白是唐朝诗人字太白	=LEFT(B3,2)			
4		苏轼是北宋词人字子瞻				
5		杜甫是唐朝诗人字子美				
6		柳永是北宋词人字耆庄				
7		杨慎是明朝诗人字用修				
8		王维是唐朝诗人字摩诘				
9		李贺是唐朝诗人字长吉				
10						

提取2个字符
要提取的文本字符串

❶ 输入公式

	A	B	C	D	E	F
1						
2		人物介绍	姓名	朝代	字号	
3		李白是唐朝诗人字太白	李白			
4		苏轼是北宋词人字子瞻	苏轼			
5		杜甫是唐朝诗人字子美	杜甫			
6		柳永是北宋词人字耆庄	柳永			
7		杨慎是明朝诗人字用修	杨慎			
8		王维是唐朝诗人字摩诘	王维			
9		李贺是唐朝诗人字长吉	李贺			
10						

❷ 提取"姓名"

	A	B	C	D	E	F
1						
2		人物介绍	姓名	朝代	字号	
3		李白是唐朝诗人字太白	李白	=MID(B3,4,2)		
4		苏轼是北宋词人字子瞻	苏轼			
5		杜甫是唐朝诗人字子美	杜甫			
6		柳永是北宋词人字耆庄	柳永			
7		杨慎是明朝诗人字用修	杨慎			
8		王维是唐朝诗人字摩诘	王维			
9		李贺是唐朝诗人字长吉	李贺			
10						

从第4个字符开始提取
提取2个字符
要提取的文本字符串

❸ 输入公式

	A	B	C	D	E	F
1						
2		人物介绍	姓名	朝代	字号	
3		李白是唐朝诗人字太白	李白	唐朝		
4		苏轼是北宋词人字子瞻	苏轼	北宋		
5		杜甫是唐朝诗人字子美	杜甫	唐朝		
6		柳永是北宋词人字耆庄	柳永	北宋		
7		杨慎是明朝诗人字用修	杨慎	明朝		
8		王维是唐朝诗人字摩诘	王维	唐朝		
9		李贺是唐朝诗人字长吉	李贺	唐朝		
10						

❹ 提取"朝代"

	A	B	C	D	E	F
1						
2		人物介绍	姓名	朝代	字号	
3		李白是唐朝诗人字太白	李白	唐朝	=RIGHT(B3,2)	
4		苏轼是北宋词人字子瞻	苏轼	北宋		
5		杜甫是唐朝诗人字子美	杜甫	唐朝		
6		柳永是北宋词人字耆庄	柳永	北宋		
7		杨慎是明朝诗人字用修	杨慎	明朝		
8		王维是唐朝诗人字摩诘	王维	唐朝		
9		李贺是唐朝诗人字长吉	李贺	唐朝		
10						

提取2个字符
要提取的文本字符串

❺ 输入公式

	A	B	C	D	E	F
1						
2		人物介绍	姓名	朝代	字号	
3		李白是唐朝诗人字太白	李白	唐朝	太白	
4		苏轼是北宋词人字子瞻	苏轼	北宋	子瞻	
5		杜甫是唐朝诗人字子美	杜甫	唐朝	子美	
6		柳永是北宋词人字耆庄	柳永	北宋	耆庄	
7		杨慎是明朝诗人字用修	杨慎	明朝	用修	
8		王维是唐朝诗人字摩诘	王维	唐朝	摩诘	
9		李贺是唐朝诗人字长吉	李贺	唐朝	长吉	
10						

❻ 提取"字号"

REPLACE、SUBSTITUTE 函数的应用

REPLACE函数用来将一个字符串的部分字符用另一个字符串替换。它有四个参数，第一个参数是要替换其部分字符的文本；第二个参数是待替换字符的起始位置；第三个参数是被替换字符串的长度；第四个参数是替换后的新字符串。例如，将下面表格中的"手机号码"设置为保密形式。选中F3单元格，输入公式

"=REPLACE（D3,4,4,"****"）"，按Enter键确认，可以看到单元格F3中显示的手机号码第4~7位被"*"代替，接着将公式向下填充，隐藏其他手机号码的4~7位即可❶。

在这里需要注意的是，REPLACE函数对字符的替换并不是一对一的，也就是说可以用任意长度的字符串替代指定长度的字符串。例

如，将"=REPLACE(D3,4,4,"****"）"公式换成"=REPLACE（D3,4,4,"保密"）"也依然成立。

SUBSTITUTE函数是用新内容替换字符串中的指定部分。它也有四个参数，第一个参数为需要替换其中字符的文本或对含有文本的单元格的引用；第二个参数是待替换的原字符串；第三

个参数是替换后的新字符串；第四个参数表示替换第几次出现的字符串。例如，将"住址"列中的"南京"更改为"徐州"。首先选中G3单元格，然后输入公式"=SUBSTITUTE（E3,"南京","徐州",1）"，按Enter键确认，然后向下复制公式即可将字符串中的"南京"替换成"徐州"❷。

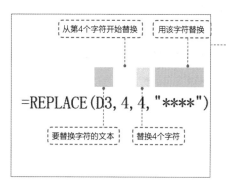

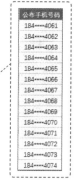

❶设置为保密形式

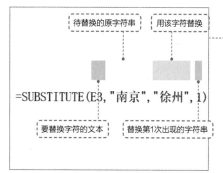

❷字符串中的"南京"替换成"徐州"

心得体会

FIND函数的应用

FIND函数用来查找一个字符串在另一个字符串中第一次出现的位置。如果没找到，则产生错误值；如果找到，则返回其位置。查找时区分大小写。它有三个参数，第一个参数表示要查找的文本；第二个参数表示包含要查找目标的文本；第三个参数表示从第几个字符开始查找。如果忽略第三个参数就表示从第一个位置开始。例如，在英文短句中查找I第一次出现的位置。首先选中D3单元格，输入公式"=FIND("I",B3,1)"，按Enter键确认，即可查找出I在B3单元格中的英文短句里第一次出现的位置。然后将公式向下复制即可❶。

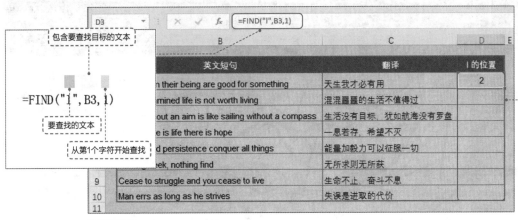

包含要查找目标的文本

=FIND("I", B3, 1)

要查找的文本

从第1个字符开始查找

	B	C	D	E		I 的位置
	英文短句	翻译	I 的位置			2
	m their being are good for something	天生我才必有用	2			16
	mined life is not worth living	混混噩噩的生活不值得过				26
	out an aim is like sailing without a compass	生活没有目标，犹如航海没有罗盘				4
	e is life there is hope	一息若存，希望不灭				33
	d persistence conquer all things	能量加毅力可以征服一切				#VALUE!
	eek, nothing find	无所求则无所获				16
9	Cease to struggle and you cease to live	生命不止，奋斗不息				13
10	Man errs as long as he strives	失误是进取的代价				
11						

❶ 得出结果

此外，FIND函数还可以和MID函数嵌套使用。例如，从所列地址中提取出城市、区域和路/街名称。首先选中C3单元格，输入公式"=MID(B3,FIND("省",B3)+1,FIND("市",B3)-FIND("省",B3))"❷，按Enter键确认，即可将"城市"提取出来，然后向下复制公式即可❸。选中D3单元格，输入公式"=MID(B3, FIND("市",B3)+1,FIND("区",B3)-FIND("市",B3))"❹，按Enter键确认，即可将"区域"提取出来。然后向下复制公式❺。最后，选中E3单元格，并输入公式"=MID(B3,FIND("区",B3)+1,SUM(IFERROR(FIND({"路","街","道"},B3),0))-FIND("区",B3))"❻，按Ctrl+ Shift+Enter组合键确认，即可将"路/街"提取出来。然后将公式向下填充❼。

在这里需要对提取"城市"的公式进行说明的是，使用FIND函数，找出"省"和"市"所在的位置，它们的位置差便是要提取的"城市"名称的字符长度，然后用MID函数从"省"所在位置的下一位置开始提取，提取的字符长度就是"省"和"市"的位置差。提取区域、路/街名的思路也是一样的。

▲	A	B	C	D	E
1					
2		地址	城市	区域	路/街
3		江苏省徐州市泉山区金山东路26号	=MID(B3,FIND("省",B3)+1,FIND("市",B3)-FIND("省",B3)		
4		江苏省南京市玄武区花园路22号		提取的字符长度	
5		湖北省武汉市武昌区东湖路9号武汉大学			
6		四川省成都市双流区中柏路178号附7			
7		黑龙江省哈尔滨市南岗区西大直街92号			
8		吉林省长春市朝阳区前进大街1399号			
9					

❷ 输入公式

▲	A	B	C	D	E
1					
2		地址	城市	区域	路/街
3		江苏省徐州市泉山区金山东路26号	徐州市		
4		江苏省南京市玄武区花园路22号	南京市		
5		湖北省武汉市武昌区东湖路9号武汉大学	武汉市		
6		四川省成都市双流区中柏路178号附7	成都市		
7		黑龙江省哈尔滨市南岗区西大直街92号	哈尔滨市		
8		吉林省长春市朝阳区前进大街1399号	长春市		
9					

❸ 提取出"城市"

▲	A	B	C	D	E
1					
2		地址	城市	区域	路/街
3		江苏省徐州市泉山区金山东路26号	徐州市	=MID(B3,FIND("市",B3)+1,FIND("区",B3)-FIND("市",B3))	
4		江苏省南京市玄武区花园路22号	南京市		
5		湖北省武汉市武昌区东湖路9号武汉大学	武汉市	市所在位置的下一位开始提取	
6		四川省成都市双流区中柏路178号附7	成都市		
7		黑龙江省哈尔滨市南岗区西大直街92号	哈尔滨市		
8		吉林省长春市朝阳区前进大街1399号	长春市		

❹ 输入公式

▲	A	B	C	D	E
1					
2		地址	城市	区域	路/街
3		江苏省徐州市泉山区金山东路26号	徐州市	泉山区	
4		江苏省南京市玄武区花园路22号	南京市	玄武区	
5		湖北省武汉市武昌区东湖路9号武汉大学	武汉市	武昌区	
6		四川省成都市双流区中柏路178号附7	成都市	双流区	
7		黑龙江省哈尔滨市南岗区西大直街92号	哈尔滨市	南岗区	
8		吉林省长春市朝阳区前进大街1399号	长春市	朝阳区	

❺ 提取出"区域"

	A	B	C	D	E
1					要提取字符的文本字符串
2		地址	城市	区域	路/街
3		江苏省徐州市泉山区金山东路26号	徐州市	泉山区	=MID(B3,FIND("区",B3)+1,SUM(IFERROR(FIND({"路","街"},B3),0))-FIND("区",B3))
4		江苏省南京市玄武区花园路22号	南京市	玄武区	
5		湖北省武汉市武昌区东湖南路9号武汉大学	武汉市	武昌区	
6		四川省成都市双流区中柏路178号附7	成都市	双流区	
7		黑龙江省哈尔滨市南岗区西大直街92号	哈尔滨市	南岗区	
8		吉林省长春市朝阳区前进大街1399号	长春市	朝阳区	

	A	B	C	D	E
1					
2		地址	城市	区域	路/街
3		江苏省徐州市泉山区金山东路26号	徐州市	泉山区	金山东路
4		江苏省南京市玄武区花园路22号	南京市	玄武区	花园路
5		湖北省武汉市武昌区东湖南路9号武汉大学	武汉市	武昌区	东湖南路
6		四川省成都市双流区中柏路178号附7	成都市	双流区	中柏路
7		黑龙江省哈尔滨市南岗区西大直街92号	哈尔滨市	南岗区	西大直街
8		吉林省长春市朝阳区前进大街1399号	长春市	朝阳区	前进大街

Article 165 | TEXT函数的应用

TEXT函数的作用是根据指定的数值格式将数字转换成文本，它的参数只有两个，第一个参数可以是数值、能够返回值的公式或者对单元格的引用；第二个参数则为文字形式的数字格式。文字形式来源于"设置单元格格式"对话框中"数字"选项卡下的"分类"列表。例如，使用TEXT函数计算出加班时长。首先选中G3单元格，输入公式"=TEXT(F3-E3,"h时m分")"❶，按Enter键确认，即可计算出结果，接着将公式向下复制即可❷。

	B	C	D	E	F	G	H	I
1								
2	加班人	加班原因	日期	开始时间	结束时间	加班时长		
3	郭靖	当天任务未完成	2018/5/8	18:00	21:30	=TEXT(F3-E3,"h时m分")		
4	黄蓉	需提前完成任务	2018/5/8	19:00	22:30			
5	杨康	需提前完成任务	2018/5/8	19:30	23:30			
6	穆念慈	需提前完成任务	2018/5/9	20:30	23:00			
7	柯镇恶	当天任务未完成	2018/5/9	18:00	21:30			
8	朱聪	当天任务未完成	2018/5/9	19:00	23:00			
9	韩宝驹	需提前完成任务	2018/5/9	19:00	22:30	设置的数字格式		
10	南希仁	需提前完成任务	2018/5/9	20:00	23:00			
11	全金发	当天任务未完成	2018/5/10	20:30	23:30			
12	韩小莹	当天任务未完成	2018/5/10	18:00	21:30			
13	欧阳锋	当天任务未完成	2018/5/10	19:00	23:00			
14	马钰	需提前完成任务	2018/5/10	19:30	23:30			
15	谭处端	当天任务未完成	2018/5/10	20:30	22:30			
16	王童阳	需提前完成任务	2018/5/10	18:00	21:30			

❶输入公式

	A	B	C	D	E	F	G	H
1								
2		加班人	加班原因	日期	开始时间	结束时间	加班时长	
3		郭靖	当天任务未完成	2018/5/8	18:00	21:30	3时30分	
4		黄蓉	需提前完成任务	2018/5/8	19:00	22:30	3时30分	
5		杨康	需提前完成任务	2018/5/8	19:30	23:30	4时0分	
6		穆念慈	需提前完成任务	2018/5/9	20:30	23:00	2时30分	
7		柯镇恶	当天任务未完成	2018/5/9	18:00	21:30	3时30分	
8		朱聪	当天任务未完成	2018/5/9	19:00	23:00	4时0分	
9		韩宝驹	需提前完成任务	2018/5/9	19:00	22:30	3时30分	
10		南希仁	需提前完成任务	2018/5/9	20:00	23:00	3时0分	
11		全金发	当天任务未完成	2018/5/10	20:30	23:30	3时0分	
12		韩小莹	当天任务未完成	2018/5/10	18:00	21:30	3时30分	
13		欧阳锋	当天任务未完成	2018/5/10	19:00	23:00	4时0分	
14		马钰	需提前完成任务	2018/5/10	19:30	23:30	4时0分	
15		谭处端	当天任务未完成	2018/5/10	20:30	22:30	2时0分	
16		王童阳	需提前完成任务	2018/5/10	18:00	21:30	3时30分	

❷计算出加班时长

此外，TEXT函数还可以和其他函数嵌套使用，例如，将数字金额显示为人民币大写。首先在D3单元格中输入公式"=IF(MOD(C3,1)=0,TEXT(INT(C3)," [dbnum2]G/通用格式元整;负[dbnum2]G/通用格式元整;零元整;"),IF(C3>0,,"负")&TEXT(INT(ABS(C3)),"[dbnum2]G/通用格式元;;")&SUBSTITUTE(SUBSTITUTE(TEXT(RIGHT(FIXED(C3),2),"[dbnum2]0角0分;;"),"零角",IF(ABS(C3)<>0,,"零")),"零分","")))"❸，然后按Enter键确认，即可返回人民币中文大写格式。接着向下复制公式即可❹。

需要对公式进行说明的是，公式将数字分成三步来转换，如果是整数，则直接转换成大写形式，并添加"元整"字样；对带有小数的数据先格式化整数部分，再格式化小数部分，并将不符合习惯用法的字样（如"零角""零分"等）替换掉，最后将两段计算结果组合即可。

	A	B	C	D
1				
2		月份	剩余资金	大写
3		1月	3890008.12	=IF(MOD(C3,1)=0,TEXT(INT(C3),"[dbnum2]G/通用格式元整;负[dbnum2]G/通用格式元整;零元整;"),IF(C3>0,,"负")&TEXT(INT(ABS(C3)),"[dbnum2]G/通用格式元;;")&SUBSTITUTE(SUBSTITUTE(TEXT(RIGHT(FIXED(C3),2),"[dbnum2]0角0分;;"),"零角",IF(ABS(C3)<>0,,"零")),"零分",""))
4		2月	3189567.39	
5		3月	2985423	
6		4月	1289612	
7		5月	100123.07	
8		6月	-12349	

❸输入公式

	A	B	C	D
1				
2		月份	剩余资金	大写
3		1月	3890008.12	叁佰捌拾玖万零捌元壹角贰分
4		2月	3189567.39	叁佰壹拾捌万玖仟伍佰陆拾柒元叁角玖分
5		3月	2985423	贰佰玖拾捌万伍仟肆佰贰拾叁元整
6		4月	1289612	壹佰贰拾捌万玖仟陆佰壹拾贰元整
7		5月	100123.07	壹拾万零壹佰贰拾叁元柒分
8		6月	-12349	负壹万贰仟叁佰肆拾玖元整

❹数字金额转换成大写

第二篇

Article 166 REPT函数的应用

REPT函数用于按照给定的次数重复显示文本。可以通过使用该函数来不断地重复显示某一文本字符串，对单元格进行填充。它有两个参数，第一个参数是需要重复显示的文本；第二个参数是指定文本重复次数的正数。如果第二个参数是小数，则截尾取整；如果第二个参数是负数或者是文本，则返回错误值。例如，选中D3单元格，输入公式"= REPT("m", C3)" ❶，按Enter键确认，即可返回结果❷。接着选中D3单元格，将字体设置为Webdings，然后设置合适的字号和颜色❸。最后向下填充公式即可❹。

❶ 输入公式

需要重复显示的文本　文本重复的次数

❷ 返回结果

❸ 设置字体、字号和颜色

❹ 向下填充公式

接下来就介绍一下REPT函数的嵌套使用。例如，利用REPT函数制作盈亏图。首先选中E3:E8单元格区域，然后在编辑栏中输入公式"=IF(C3<0," "&C3&REPT ("■", ABS(C3)),"")" ❺，按Ctrl+Enter组合键确认，即可生成数据是负数的图表，然后将图表设置为右对齐，并将图表的颜色更改为"红色"❻。接着选中F3:F8单元格区域，在编辑栏中输入公式"=IF(C3>0,REPT ("■", ABS(C3)) &" "&C3,"")" ❼，然后按Ctrl+Enter组合键确认，即可生成数据是正数的图表，接着将图表的颜色设置为"蓝色"，最后完整的图表就制作完成了❽。

❺ 输入公式

❻ 生成数据是负数的图表

❼ 输入公式

❽ 生成盈亏图

第四篇

Article 167 · TRIM 函数的应用

TRIM函数除了用于消除单词之间的单个空格外，还用于清除文本中所有的空格。它只有一个参数，即需要清除其中空格的文本。当从网页或其他地方获取带有不规则空格的文本时，可以使用TRIM函数去除空格。例如，选中C3单元格，输入公式"=TRIM(B3)"❶，然后按Enter键确认，即可将B3单元格中的英文文本中多余的空格删除。接着向下填充公式即可❷。

❶ 输入公式　　　　　　　　　　　　　❷ 删除多余空格

Article 168 · IF 函数的应用

IF函数可以根据逻辑式判断指定条件，如果条件成立，则返回真条件下的指定内容；如果条件不成立，则返回假条件下的指定内容。

它有三个参数，第一个参数是判断条件，根据第一个参数的值来决定返回第二个参数还是第三个参数。当第一个参数结果为真时，返回第二个参数值；否则返回第三个参数值。例如，选中D3单元格，然后输入公式"=IF(C3>100,"心动","心未动")"❶，按Enter键确认，即可在D3单元格中返回判断结果❷。接着向下填充公式，完成全部判断❸。

此外，IF函数还可以和DAY、DATE、YEAR等函数嵌套使用。例如，判断某年是平年还是闰年。首先选中D3单元格，输入公式"=IF(DAY(DATE(YEAR(C3),3,0))=29,"闰年","平年")"❹，然后按Enter键确认，判断出是平年还是闰年❺。接着向下复制公式即可❻。

需要对公式进行说明的是，公式是通过判断2月份是否有29天来得出为"闰年"还是"平年"。

❶ 输入公式

❷ 返回结果

❸ 设置字体、字号和颜色

❹ 输入公式

❺ 判断出是平年还是闰年

❻ 得出全部判断结果

心得体会

ROMAN函数的应用

ROMAN函数用于将阿拉伯数字转化为文本形式的罗马数字。它有两个参数，第一个参数表示需要转换的阿拉伯数字；第二个参数表示指定要转换的罗马数字样式的数字参数。例如选中D3单元格，输入公式"=ROMAN(B3, 0)"❶，按Enter键确认，即可将其转换为满足条件的罗马数字❷。接着在D4单元格中输入公式"=ROMAN (B4,1)"❸，然后按Enter键确认即可。按照同样的方法在D5、D6和D7单元格中输入公式，最后按Enter键确认即可❹。

	A	B	C	D	E
1					
2		阿拉伯数字	类型	对应的罗马数字	
3		499	经典样式：0	=ROMAN(B3,0)	
4		499	简明样式：1		
5		499	简明样式：2	经典样式	
6		499	简明样式：3		
7		499	简化样式：4		
8					

❶ 输入公式

	A	B	C	D	E
1					
2		阿拉伯数字	类型	对应的罗马数字	
3		499	经典样式：0	CDXCIX	
4		499	简明样式：1		
5		499	简明样式：2		
6		499	简明样式：3		
7		499	简化样式：4		
8					

❷ 将其转换为对应的罗马数字

	A	B	C	D	E
1					
2		阿拉伯数字	类型	对应的罗马数字	
3		499	经典样式：0	CDXCIX	
4		499	简明样式：1	=ROMAN(B4,1)	
5		499	简明样式：2		
6		499	简明样式：3	简明样式	
7		499	简化样式：4		
8					

❸ 输入公式

	A	B	C	D	E
1					
2		阿拉伯数字	类型	对应的罗马数字	
3		499	经典样式：0	CDXCIX	
4		499	简明样式：1	LDVLIV	
5		499	简明样式：2	XDIX	
6		499	简明样式：3	VDIV	
7		499	简化样式：4	ID	
8					

❹ 全部转换为罗马数字

QUOTIENT和MOD函数的应用

QUOTIENT函数可以对两个数进行除法运算并返回整数部分，该函数有两个参数，即被除数和除数。例如，选中E3单元格，输入公式"=QUOTIENT(C3,D3)"，按Enter键计算出可采购数量，然后将公式向下填充即可❶。

MOD函数用于计算除法运算中的余数。余数即被除数整除后余下部分的数值。MOD函数的第一个参数为被除数，第二个参数为除数，结果为余数。例如，选中F3单元格，输入公式"=MOD(C3, D3)"，按Enter键计算出剩余金额，然后将公式向下复制即可❷。

E3		× ✓ fx	=QUOTIENT(C3,D3)			
	A	B	C	D	E	F	G
1							
2		采购商品	预算金额	商品单价	可采购数量	剩余金额	
3		洗衣机	¥25,000.00	¥2,000.00	12		
4		冰箱	¥42,000.00	¥4,000.00	10		
5		空调	¥30,000.00	¥2,500.00	12		
6		电视机	¥50,000.00	¥3,200.00	15		
7							

❶ 计算出可采购数量

F3		× ✓ fx	=MOD(C3,D3)			
	A	B	C	D	E	F	G
1							
2		采购商品	预算金额	商品单价	可采购数量	剩余金额	
3		洗衣机	¥25,000.00	¥2,000.00	12	¥1,000.00	
4		冰箱	¥42,000.00	¥4,000.00	10	¥2,000.00	
5		空调	¥30,000.00	¥2,500.00	12	¥0.00	
6		电视机	¥50,000.00	¥3,200.00	15	¥2,000.00	
7							

❷ 计算出剩余金额

SUM和SUMIF函数的应用

SUM函数用来计算单元格区域中所有数值的和。SUM函数最多可以设置255个参数，也就是说该函数可以对多个区域中的数值或多个单独的数值进行求和。在实际工作中，SUM函数常被用来计算数据的总和。例如，计算出下面表格中的"实发工资"。首先选中I3单元格，输入公式"=SUM(F3:H3)"❶，按

Enter键确认，然后将公式向下复制，即可得出计算结果❷。

SUMIF函数用于条件求和，即对数据区域有条件地进行求和。它的第一个参数和第三个参数只能是单元格或单元格区域引用。如选中G3单元格，输入公式"=SUMIF(C3:C14,"夏磊",E3:E14)"❸，按Enter键确认，即可求出"夏磊的销售总额"❹。

此外，SUM函数还可以和TIMEVALUE函数嵌套使用。如统计员工迟到和早退次数。首先选中H3单元格，输入公式"=SUM（F3＞TIMEVALUE("8:30:59")，G3<TIMEVALUE("17:30:00"))"，按Enter键确认，即可计算出结果。接着向下复制公式，即可求出其他员工迟到和早退次数❺。

需对公式进行说明，公

式中用TIMEVALUE函数将上班和下班的时间点转换为时间序列号，再将所有员工的上下班时间与之进行比较，判断是否迟到或早退，最后用SUM函数求出迟到或早退次数。

TIMEVALUE函数用于将文本格式的时间转换为时间序列号，参数必须以文本格式进行输入，即时间必须要加双引号，否则返回错误值。

❶输入公式

❷求出所有员工的"实发工资"

❸输入公式

❹求出"夏磊的销售总额"

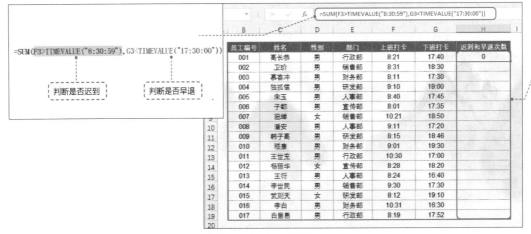

❺求出员工迟到和早退次数

AND、OR和NOT函数的应用

AND函数的作用是检查所有参数是否均符合条件，如果都符合条件就返回TRUE，如果有一个不符合条件则返回FALSE。例如，根据表格中的信息，判断是否符合结婚条件（仅作为例子来讲解函数的运用）。选

择G3单元格输入公"=AND(D3>=22,E3>=180,F3>=3000)"❶，按Enter键确认，然后将公式向下填充即可完成所有的判断❷。

OR函数可以用来对多个逻辑条件进行判断，只要有一个逻辑条件满足时就返回

TRUE。例如选择G3单元格，输入公式"=OR(D3>=22,E3>=180,F3>=3000)"❸，按Enter键确认，接着向下复制公式即可得出判断结果❹。

NOT函数是一个反函数，用来求与它的参数相反的值。它只有一个参数，当

参数为TRUE时，函数返回FALSE；当参数为FALSE时，则返回TRUE。例如，选中G3单元格，输入公式"=NOT(D3>=18)"❺，按Enter键确认得出计算结果，然后向下复制公式，即可判断其他人员是否成年❻。

	A	B	C	D	E	F	G	H
1								
2		姓名	性别	年龄	身高	收入	是否符合结婚条件	
3		王富贵	男	20	170	2	=AND(D3>=22,E3>=180,F3>=3000)	
4		王卓	男	19	178	2500		
5		刘凯风	男	22	176	3000		
6		林然	男	24	187	4000	条件都成立，	
7		袁君	男	28	182	5500	则返回TRUE	
8		海棠	男	30	175	6000		
9		谢飞花	男	16	169	1000		
10		王权	男	18	171	1500		
11		赵歌	男	25	186	4500		
12		于朝	男	26	178	5200		
13		朝闻	男	33	181	8000		
14		李宇	男	29	180	8500		
15		程洋	男	27	175	6500		
16		郭涛	男	21	168	2800		
17		宁静	男	16	162	1100		
18								

❶ 输入公式

	A	B	C	D	E	F	G	H
1								
2		姓名	性别	年龄	身高	收入	是否符合结婚条件	
3		王富贵	男	20	170	2000	FALSE	
4		王卓	男	19	178	2500	FALSE	
5		刘凯风	男	22	176	3000	FALSE	
6		林然	男	24	187	4000	TRUE	
7		袁君	男	28	182	5500	TRUE	
8		海棠	男	30	175	6000	FALSE	
9		谢飞花	男	16	169	1000	FALSE	
10		王权	男	18	171	1500	FALSE	
11		赵歌	男	25	186	4500	TRUE	
12		于朝	男	26	178	5200	FALSE	
13		朝闻	男	33	181	8000	TRUE	
14		李宇	男	29	180	8500	TRUE	
15		程洋	男	27	175	6500	FALSE	
16		郭涛	男	21	168	2800	FALSE	
17		宁静	男	16	162	1100	FALSE	
18								

❷ 判断是否符合结婚条件

	A	B	C	D	E	F	G	H
1								
2		姓名	性别	年龄	身高	收入	是否符合结婚条件	
3		王富贵	男	20	170	2	=OR(D3>=22,E3>=180,F3>=3000)	
4		王卓	男	19	178	2500		
5		刘凯风	男	22	176	3000		
6		林然	男	24	187	4000	有一个条件成立，	
7		袁君	男	28	182	5500	则返回TRUE	
8		海棠	男	30	175	6000		
9		谢飞花	男	16	169	1000		
10		王权	男	18	171	1500		
11		赵歌	男	25	186	4500		
12		于朝	男	26	178	5200		
13		朝闻	男	33	181	8000		
14		李宇	男	29	180	8500		
15		程洋	男	27	175	6500		
16		郭涛	男	21	168	2800		
17		宁静	男	16	162	1100		
18								

❸ 输入公式

	A	B	C	D	E	F	G	H
1								
2		姓名	性别	年龄	身高	收入	是否符合结婚条件	
3		王富贵	男	20	170	2000	FALSE	
4		王卓	男	19	178	2500	FALSE	
5		刘凯风	男	22	176	3000	TRUE	
6		林然	男	24	187	4000	TRUE	
7		袁君	男	28	182	5500	TRUE	
8		海棠	男	30	175	6000	TRUE	
9		谢飞花	男	16	169	1000	FALSE	
10		王权	男	18	171	1500	FALSE	
11		赵歌	男	25	186	4500	TRUE	
12		于朝	男	26	178	5200	TRUE	
13		朝闻	男	33	181	8000	TRUE	
14		李宇	男	29	180	8500	TRUE	
15		程洋	男	27	175	6500	TRUE	
16		郭涛	男	21	168	2800	FALSE	
17		宁静	男	16	162	1100	FALSE	
18								

❹ 得出判断结果

	A	B	C	D	E	F	G	H
1								
2		姓名	性别	年龄	身高	收入	是否未成年	
3		王富贵	男	20	170	2000	=NOT(D3>=18)	
4		王卓	男	19	178	2500		
5		刘凯风	男	15	176	0		
6		林然	男	24	187	4000	条件成立时，返回FALSE	
7		袁君	男	17	182	0		
8		海棠	男	30	175	6000		
9		谢飞花	男	16	169	0		
10		王权	男	18	171	1500		
11		赵歌	男	17	186	0		
12		于朝	男	26	178	5200		
13		朝闻	男	33	181	8000		
14		李宇	男	29	180	8500		
15		程洋	男	27	175	6500		
16		郭涛	男	21	168	2800		
17		宁静	男	16	162	0		
18								

❺ 输入公式

	A	B	C	D	E	F	G	H
1								
2		姓名	性别	年龄	身高	收入	是否未成年	
3		王富贵	男	20	170	2000	FALSE	
4		王卓	男	19	178	2500	FALSE	
5		刘凯风	男	15	176	0	TRUE	
6		林然	男	24	187	4000	FALSE	
7		袁君	男	17	182	0	TRUE	
8		海棠	男	30	175	6000	FALSE	
9		谢飞花	男	16	169	0	TRUE	
10		王权	男	18	171	1500	FALSE	
11		赵歌	男	17	186	0	TRUE	
12		于朝	男	26	178	5200	FALSE	
13		朝闻	男	33	181	8000	FALSE	
14		李宇	男	29	180	8500	FALSE	
15		程洋	男	27	175	6500	FALSE	
16		郭涛	男	21	168	2800	FALSE	
17		宁静	男	16	162	0	TRUE	
18								

❻ 判断其他人员是否成年

173 PRODUCT和SUMPRODUCT 函数的应用

PRODUCT函数的作用是计算所有参数的乘积。该函数最多可以设置255个参数，参数可以是数字或单元格引用。例如，根据下面表格中的信息，计算出"折后总价"。首先选中F3单元格

输入公式"=PRODUCT (C3,D3,1-E3)"❶，按Enter键确认即可得出结果，接着向下填充公式，计算出其他商品的折后总价❷。

SUMPRODUCT函数表示在指定的数组中，把数

组之间的对应的元素相乘，然后再求和。例如，选中C18单元格，然后输入公式"=SUMPRODUCT(C3: C17,D3:D17,1-E3:E17)"❸，按Enter键确认，即可计算出折后合计总

价❹。

需要注意的是，使用SUMPRODUCT函数计算时，参数数组必须具有相同的维数，否则返回错误的值。

	A	B	C	D	E	F	G
1							
2		商品名称	单价	数量	折扣率	折后总价	
3		香格里拉葡萄酒	¥400.00	30	20%	=PRODUCT(C3,D3,1-E3)	
4		怡园酒庄葡萄酒	¥200.00	25	30%		
5		贺兰葡萄酒	¥90.00	10	10%		
6		王朝葡萄酒	¥250.00	45	10%	计算乘积	
7		云南红葡萄酒	¥350.00	20	15%		
8		威龙葡萄酒	¥130.00	10	25%		
9		长城葡萄酒	¥290.00	80	15%		
10		张裕葡萄酒	¥120.00	50	30%		
11		莫高冰葡萄酒	¥90.00	25	25%		
12		雪花啤酒	¥2.50	400	18%		
13		青岛啤酒	¥3.00	300	15%		
14		凯尔特人啤酒	¥4.30	500	10%		
15		爱士堡啤酒	¥5.00	250	20%		
16		教士啤酒	¥7.00	400	17%		
17		瓦伦丁啤酒	¥6.00	600	16%		
18							

❶ 输入公式

	A	B	C	D	E	F	G
1							
2		商品名称	单价	数量	折扣率	折后总价	
3		香格里拉葡萄酒	¥400.00	30	20%	¥9,600.00	
4		怡园酒庄葡萄酒	¥200.00	25	30%	¥3,500.00	
5		贺兰葡萄酒	¥90.00	10	10%	¥810.00	
6		王朝葡萄酒	¥250.00	45	10%	¥10,125.00	
7		云南红葡萄酒	¥350.00	20	15%	¥5,950.00	
8		威龙葡萄酒	¥130.00	10	25%	¥975.00	
9		长城葡萄酒	¥290.00	80	15%	¥19,720.00	
10		张裕葡萄酒	¥120.00	50	30%	¥4,200.00	
11		莫高冰葡萄酒	¥90.00	25	25%	¥1,687.50	
12		雪花啤酒	¥2.50	400	18%	¥820.00	
13		青岛啤酒	¥3.00	300	15%	¥765.00	
14		凯尔特人啤酒	¥4.30	500	10%	¥1,935.00	
15		爱士堡啤酒	¥5.00	250	20%	¥1,000.00	
16		教士啤酒	¥7.00	400	17%	¥2,324.00	
17		瓦伦丁啤酒	¥6.00	600	16%	¥3,024.00	
18							

❷ 计算出其他商品的折后总价

	A	B	C	D	E	F
1						
2		商品名称	单价	数量	折扣率	
3		香格里拉葡萄酒	¥400.00	30	20%	
4		怡园酒庄葡萄酒	¥200.00	25	30%	
5		贺兰葡萄酒	¥90.00	10	10%	
6		王朝葡萄酒	¥250.00	45	10%	
7		云南红葡萄酒	¥350.00	20	15%	
8		威龙葡萄酒	¥130.00	10	25%	
9		长城葡萄酒	¥290.00	80	15%	
10		张裕葡萄酒	¥120.00	50	30%	
11		莫高冰葡萄酒	¥90.00	25	25%	
12		雪花啤酒	¥2.50	400	18%	
13		青岛啤酒	¥3.00	300	15%	
14		凯尔特人啤酒	¥4.30	500	计算数组乘积	
15		爱士堡啤酒	¥5.00	250		
16		教士啤酒	¥7.00	400	17%	
17		瓦伦丁啤酒	¥6.00	600	16%	
18		折后合计总价	=SUMPRODUCT(C3:C17,D3:D17,1-E3:E17)			

❸ 输入公式

	A	B	C	D	E	F
1						
2		商品名称	单价	数量	折扣率	
3		香格里拉葡萄酒	¥400.00	30	20%	
4		怡园酒庄葡萄酒	¥200.00	25	30%	
5		贺兰葡萄酒	¥90.00	10	10%	
6		王朝葡萄酒	¥250.00	45	10%	
7		云南红葡萄酒	¥350.00	20	15%	
8		威龙葡萄酒	¥130.00	10	25%	
9		长城葡萄酒	¥290.00	80	15%	
10		张裕葡萄酒	¥120.00	50	30%	
11		莫高冰葡萄酒	¥90.00	25	25%	
12		雪花啤酒	¥2.50	400	18%	
13		青岛啤酒	¥3.00	300	15%	
14		凯尔特人啤酒	¥4.30	500	10%	
15		爱士堡啤酒	¥5.00	250	20%	
16		教士啤酒	¥7.00	400	17%	
17		瓦伦丁啤酒	¥6.00	600	16%	
18		折后合计总价		¥66,435.50		

❹ 计算出折后合计总价

心得体会

Article 174　INT、TRUNC和ROUND函数的应用

INT函数的作用是将数字向下舍入到最接近的整数，它只有一个参数，且无论参数有多少个小数位数都不会四舍五入，只会向下取整数部分。例如，选中C3单元格，输入公式"=INT(B3)"❶，按Enter键求出结果，然后将公式向下复制即可求出其他数值的结果❷。

TRUNC函数按指定要求截取小数。它有两个参数，第一个参数是需要截尾的数字；第二个参数是保留几位小数。例如，选中E3单元格，输入公式"=TRUNC(B3,1)"❸，按Enter键即可将数值截取了一位小数。然后向下复制公式即可❹。如果TRUNC函数的第二个参数为0或者直接忽略第二个参数时，会截取整数部分。例如，选中D3单元格，输入公式"=TRUNC(B3)"❺，按Enter键即可求出结果，然后向下复制公式即可❻。

ROUND函数按指定位数对数值进行四舍五入，它和TRUNC函数的参数类似，不同之处在于ROUND函数在截取数值之前会进行四舍五入，而且其参数不能忽略。例如，选中G3单元格，输入公式"=ROUND(B3,1)"❼，然后按Enter键即可得到保留一位小数的四舍五入结果。接着向下填充公式即可❽。如果想要将数值舍入到整数，可以在F3单元格中输入公式"=ROUND(B3,0)"❾，然后按Enter键求出结果，再将公式向下填充即可❿。

数值	INT	TRUNC	TRUNC（截至1位小数）	ROUND（舍入到整数）	ROUND（舍入到1位小数）
5.834	=INT(B3)				
101.445					
3.0426					
5.214	向下取整				
2.473					
7.563					

❶ 输入公式

数值	INT	TRUNC	TRUNC（截至1位小数）	ROUND（舍入到整数）	ROUND（舍入到1位小数）
5.834	5				
101.445	101				
3.0426	3				
5.214	5				
2.473	2				
7.563	7				

❷ INT函数取整

数值	INT	TRUNC	TRUNC（截至1位小数）	ROUND（舍入到整数）	ROUND（舍入到1位小数）
5.834	5		=TRUNC(B3,1)		
101.445	101				
3.0426	3		保留一位小数		
5.214	5				
2.473	2				
7.563	7				

❸ 输入公式

数值	INT	TRUNC	TRUNC（截至1位小数）	ROUND（舍入到整数）	ROUND（舍入到1位小数）
5.834	5		5.8		
101.445	101		101.4		
3.0426	3		3		
5.214	5		5.2		
2.473	2		2.4		
7.563	7		7.5		

❹ TRUNC函数截取了一位小数

数值	INT	TRUNC	TRUNC（截至1位小数）	ROUND（舍入到整数）	ROUND（舍入到1位小数）
5.834		=TRUNC(B3)	5.8		
101.445	101		101.4		
3.0426	3		3		
5.214	5	截取整数部分	5.2		
2.473	2		2.4		
7.563	7		7.5		

❺ 输入公式

数值	INT	TRUNC	TRUNC（截至1位小数）	ROUND（舍入到整数）	ROUND（舍入到1位小数）
5.834	5	5	5.8		
101.445	101	101	101.4		
3.0426	3	3	3		
5.214	5	5	5.2		
2.473	2	2	2.4		
7.563	7	7	7.5		

❻ TRUNC函数截取整数部分

数值	INT	TRUNC	TRUNC（截至1位小数）	ROUND（舍入到整数）	ROUND（舍入到1位小数）
5.834	5	5	5.8		=ROUND(B3,1)
101.445	101	101	101.4		
3.0426	3	3	3		
5.214	5	5	5.2		四舍五入到一位小数
2.473	2	2	2.4		
7.563	7	7	7.5		

❼ 输入公式

数值	INT	TRUNC	TRUNC（截至1位小数）	ROUND（舍入到整数）	ROUND（舍入到1位小数）
5.834	5	5	5.8		5.8
101.445	101	101	101.4		101.4
3.0426	3	3	3		3
5.214	5	5	5.2		5.2
2.473	2	2	2.4		2.5
7.563	7	7	7.5		7.6

❽ ROUND函数四舍五入得到保留一位小数的数值

数值	INT	TRUNC	TRUNC（截至1位小数）	ROUND（舍入到整数）	ROUND（舍入到1位小数）
5.834	5	5	5.8	=ROUND(B3,0)	5.8
101.445	101	101	101.4		101.4
3.0426	3	3	3		3
5.214	5	5	5.2	四舍五入到整数	5.2
2.473	2	2	2.4		2.5
7.563	7	7	7.5		7.6

❾ 输入公式

数值	INT	TRUNC	TRUNC（截至1位小数）	ROUND（舍入到整数）	ROUND（舍入到1位小数）
5.834	5	5	5.8	6	5.8
101.445	101	101	101.4	101	101.4
3.0426	3	3	3	3	3
5.214	5	5	5.2	5	5.2
2.473	2	2	2.4	2	2.5
7.563	7	7	7.5	8	7.6

❿ ROUND函数四舍五入得到整数数值

Article 175 NETWORKDAYS函数的应用

NETWORKDAYS函数用来计算两个日期间的完整工作日数。该函数有3个参数，第一个参数表示起始日期；第二个参数表示结束日期；第三个参数是可选参数，它用于指定周末以外的节假日日期。例如，选择E3单元格，输入公式"=NET WORKDAYS(C3,D3,$G$3:$G$5)"❶，然后按Enter键确认，即可计算出B3书的写作天数，接着向下复制公式，计算出其他书的写作天数❷。

需要说明的是，NETWORKDAYS函数默认星期六和星期日为休息日，天数中不包含星期六和星期日。

书名	开始写稿日期	交稿日期	写作天数	中秋节放假
鬼故事1	2018/7/1	=NETWORKDAYS(C3,D3,$G$3:$G$5)		
鬼故事2	2018/8/3	2018/8/28		2018/9/23
鬼故事3	2018/9/1	2018/9/28		2018/9/24

❶ 输入公式

书名	开始写稿日期	交稿日期	写作天数	中秋节放假
鬼故事1	2018/7/1	2018/7/31	22	2018/9/22
鬼故事2	2018/8/3	2018/8/28	18	2018/9/23
鬼故事3	2018/9/1	2018/9/28	19	2018/9/24

❷ 计算出写作天数

Article 176 RANK函数的应用

RANK函数表示一个数字在数字列表中的排位。它有三个参数，第一个参数表示需要计算排名的数值或者数值所在的单元格；第二个参数表示计算数值在此区域中的排名，可以为单元格区域引用或区域名称；第三个参数表示排名的方式，1表示升序，0表示降序。在工作中，RANK函数经常被用来计算排名。例如，根据销售金额进行排名，首先选中G3单元格，输入公式"=RANK(F3,$F$3:$F$13,0)",然后按Enter键计算出结果。接着将公式复制到最后一个单元格即可得出所有的排名❶。

对F3进行排名　　降序排序

=RANK(F3, $F$3:$F$13, 0)

在此区域进行排名

❶ 计算出所有的排名

YEAR、MONTH和DAY 函数的应用

YEAR函数的作用是返回日期的年份值，该函数只有一个参数，参数可以是实际日期，也可以是单元格引用。例如，选中D3单元格，输入公式"=YEAR(C3)"❶，按Enter键即可将出生日期中的年份提取出来❷。

需要注意的是，YEAR函数只能提取1900～9999之间的年份，如果参数的年份不在1900～9999之间，则会返回错误值。

MONTH函数用来提取日期中的月份值，并且只有一个参数。例如，选中E3单元格，输入公式"=MONTH(C3)"❸，按Enter键确认，即可将出生日期中的月份提取出来❹。

DAY函数用来提取日期中的第几天的数值，并且也只有一个参数。例如，在F3单元格中输入公式"=DAY(C3)"❺，然后按Enter键确认，即可将出生日期中的日值提取出来❻。

	明星	出生日期	年	月	日
3	赵海波	1990年4月8日	=YEAR(C3)		
4	王梦琳	1988年4月16日			
5	江凯	1976年12月22日	提取年份		
6	胡清涛	1987年5月4日			
7	马钰	1982年9月20日			
8	董青梅	1992年10月21日			
9	王明月	1999年12月26日			
10	李四海	1974年4月28日			
11	张敏	1999年9月21日			
12	丁杰	1991年10月7日			

❶ 输入公式

	明星	出生日期	年	月	日
3	赵海波	1990年4月8日	1990		
4	王梦琳	1988年4月16日	1988		
5	江凯	1976年12月22日	1976		
6	胡清涛	1987年5月4日	1987		
7	马钰	1982年9月20日	1982		
8	董青梅	1992年10月21日	1992		
9	王明月	1999年12月26日	1999		
10	李四海	1974年4月28日	1974		
11	张敏	1999年9月21日	1999		
12	丁杰	1991年10月7日	1991		

❷ 提取出年份

	明星	出生日期	年	月	日
3	赵海波	1990年4月8日	1990	=MONTH(C3)	
4	王梦琳	1988年4月16日	1988		
5	江凯	1976年12月22日	1976	提取月份	
6	胡清涛	1987年5月4日	1987		
7	马钰	1982年9月20日	1982		
8	董青梅	1992年10月21日	1992		
9	王明月	1999年12月26日	1999		
10	李四海	1974年4月28日	1974		
11	张敏	1999年9月21日	1999		
12	丁杰	1991年10月7日	1991		

❸ 输入公式

	明星	出生日期	年	月	日
3	赵海波	1990年4月8日	1990	4	
4	王梦琳	1988年4月16日	1988	4	
5	江凯	1976年12月22日	1976	12	
6	胡清涛	1987年5月4日	1987	5	
7	马钰	1982年9月20日	1982	9	
8	董青梅	1992年10月21日	1992	10	
9	王明月	1999年12月26日	1999	12	
10	李四海	1974年4月28日	1974	4	
11	张敏	1999年9月21日	1999	9	
12	丁杰	1991年10月7日	1991	10	

❹ 提取出月份

	明星	出生日期	年	月	日
3	赵海波	1990年4月8日	1990	4	=DAY(C3)
4	王梦琳	1988年4月16日	1988	4	
5	江凯	1976年12月22日	1976	12	提取日值
6	胡清涛	1987年5月4日	1987	5	
7	马钰	1982年9月20日	1982	9	
8	董青梅	1992年10月21日	1992	10	
9	王明月	1999年12月26日	1999	12	
10	李四海	1974年4月28日	1974	4	
11	张敏	1999年9月21日	1999	9	
12	丁杰	1991年10月7日	1991	10	

❺ 输入公式

	明星	出生日期	年	月	日
3	赵海波	1990年4月8日	1990	4	8
4	王梦琳	1988年4月16日	1988	4	16
5	江凯	1976年12月22日	1976	12	22
6	胡清涛	1987年5月4日	1987	5	4
7	马钰	1982年9月20日	1982	9	20
8	董青梅	1992年10月21日	1992	10	21
9	王明月	1999年12月26日	1999	12	26
10	李四海	1974年4月28日	1974	4	28
11	张敏	1999年9月21日	1999	9	21
12	丁杰	1991年10月7日	1991	10	7

❻ 提取出日期

心得体会

WEEKDAY和WEEKNUM 函数的应用

WEEKDAY函数的作用是计算一个日期是一周中的第几天。其结果是1~7的任意数值。它有两个参数，第一个参数代表日期；第二个参数代表返回值类型。返回值类型由10种不同的数字表示。通常，习惯将星期一看作一周的第一天，星期日看作一周的第七天，所以在使用WEEKDAY函数提取日期是星期几时，需要将第二个参数设置成2，即按

星期一返回数值1、星期二返回数值2……星期日返回数值7的顺序进行返回。例如，选中D3单元格，输入公式"=WEEKDAY(C3,2)"❶，然后按Enter键确认，即可计算出星期几❷。

WEEKNUM函数的作用是计算一个日期在一年中的第几周。它也有两个参数，第一个参数代表计算周数的日期；第二个参数代表类型值。第二个参数类型的选择决定一

周的第一天从星期几开始。一般以星期一作为一周的第一天，所以第二个参数通常设置为2。例如，选中E3单元格，输入公式"=WEEKNUM(C3,2)"❸，然后按Enter键确认，即可计算出出发日期是一年中的第14周，接着向下复制公式即可❹。

此外，WEEKDAY函数还可以和TEXT函数嵌套使用，计算一个日期究竟是星期几。例如，选中D3单元

格，输入公式"=TEXT(WEEKDAY(C3),"aaaa")"❺，按Enter键确认，即可计算出是星期四，然后将公式向下填充，计算出其他日期是星期几❻。

需要对公式进行说明的是，公式中先使用WEEKDAY函数计算出一周中的第几天，然后再利用TEXT函数将其转换成按指定数字格式表示的文本。

❶ 输入公式

❷ 计算出是星期几

❸ 输入公式

❹ 计算出是第几周

❺ 输入公式

❻ 计算出是星期几

TODAY和NOW函数的应用

TODAY函数的作用是返回日期格式的当前日期。该函数没有参数，如果试图为该函数设置参数，在返回结果时系统会弹出提示对话框，提醒公式有误。在工作中，一般使用该函数来显示表格的当前制作日期。例如，将下面表格中的当前"采购日期"显示出来。先选中H2单元格，输入公式"=TODAY()"，按Enter键确认，即可计算出当前日期❶。

NOW函数的作用是返回当前日期和时间，且该函数同样没有参数。例如，选中H15单元格，输入公式"=NOW()"，按Enter键确认，即可计算出当前的结算日期和时间❷。

其实，TODAY函数还可以配合其他函数完成更复杂的日期计算。如TODAY函数和DATEDIF函数嵌套使用计算电影上映日期距离当前日期有多少天。首先选中D3单元格，输入公式"=DATEDIF

(C3, TODAY (), "d")"❸，按Enter键确认，计算出电影上映日期距离当前日期有294天，然后将公式向下填充即可❹。若想要计算出上映距离当前日期有几个月，可以将公式更改为"=DATEDIF(C3, TODAY(), "m")"，按Enter键计算出结果❺。若将公式更改为"=DATEDIF(C3, TODAY(), "y")"，按Enter键即可计算出电影上映日期距离当前日期有几年❻。

在这里介绍DATEDIF函

数的使用方法。DATEDIF函数是Excel中的一个隐藏函数，无法通过函数库找到它，因此只能手动输入。DATEDIF函数经常被用于计算两个日期之差，它可以返回两个日期之间的年、月、日间隔数。它有三个参数，第一个参数是起始日期；第二个参数是结束日期；第三个参数用于指定计算类型。

❶ 计算出当前日期

❷ 计算出当前的日期和时间

❸ 输入公式

❹ 计算出上映距今多少天

❺ 输入公式

❻ 计算出上映距今几年

DATE和TIME函数的应用

DATE函数可以将代表年、月、日的数字转换成日期序列号，即把分开的年、月、日组合在一起。如果输入公式前单元格格式是常规，那么公式可以将单元格数字格式定义为日期格式。DATE函数有三个参数，第一个参数表示年；第二个参数表示月；第三个参数表示日。例如，在E3单元格中输入公式"=DATE(B3,C3,D3)"❶，按Enter键即可提取出日期❷。

TIME函数的作用就是返回特定的时间。它也有三个参数，这些参数的用法和DATE类似。例如，在E3单元格中输入公式"=TIME(B3,C3,D3)"❸，按Enter键即可计算出时间，在这里系统给出的是默认的时间格式，可以将其设置成满意的时间格式❹。

DATE函数还可以和其他函数嵌套使用。例如，根据出生日期计算退休日期。首先选中F3单元格，输入公式"=IF(D3="男",DATE(YEAR(E3)+60,MONTH(E3),DAY(E3)),DATE(YEAR(E3)+55,MONTH(E3),DAY(E3)))"❺，按Enter键确认，计算出退休日期，然后将公式向下填充计算出所有人的退休日期❻。

需要对公式进行说明的是，退休日期等于出生日期加上规定退休岁数，按照目前规定，男性退休年龄为60岁，女性退休年龄为55岁，在公式中先使用IF函数判断是男还是女，如果是男性，则使用YEAR函数从"出生日期"中提取出年份加上60，然后再利用DATE函数将年、月、日组合成新的日期，即为退休日期。

	A	B	C	D	E	F
1						
2		年份	月份	日	提取日期	
3		2018	4	18	=DATE(B3,C3,D3)	
4		2018	5	20		
5		2018	6	15	年 月 日	
6		2018	7	9		

❶ 输入公式

	A	B	C	D	E	F
1						
2		年份	月份	日	提取日期	
3		2018	4	18	2018/4/18	
4		2018	5	20	2018/5/20	
5		2018	6	15	2018/6/15	
6		2018	7	9	2018/7/9	

❷ 提取出日期

	A	B	C	D	E	F
1						
2		小时	分钟	秒	时间	
3		6	20	10	=TIME(B3,C3,D3)	
4		2	15	33		
5		3	30	45	时 分 秒	
6		8	45	50		

❸ 输入公式

	A	B	C	D	E	F
1						
2		小时	分钟	秒	时间	
3		6	20	10	6时20分10秒	
4		2	15	33	2时15分33秒	
5		3	30	45	3时30分45秒	
6		8	45	50	8时45分50秒	

❹ 计算出时间

SYD ▼ × ✓ fx =IF(D3="男",DATE(YEAR(E3)+60,MONTH(E3),DAY(E3)),DATE(YEAR(E3)+55,MONTH(E3),DAY(E3)))

	A	B	C	D	E	F	G
1							
2		工号	姓名	性别	出生日期	退休日期	
3		DL001	赵宇	男	1989/5/7	3),DAY(E3)))	
4		DL002	白泽	男	1988/8/10		
5		DL003	李明哲	男	1992/7/21		
6		DL004	白玲珑	女	1991/6/15		
7		DL005	云峥	男	1987/9/10		
8		DL006	婉婷	女	1993/10/11		
9		DL007	沈鑫	男	1995/6/13		
10		DL008	夏兰	女	1991/4/30		
11		DL009	景轩	男	1985/6/11		
12		DL010	李若彤	女	1989/10/12		

❺ 输入公式

	A	B	C	D	E	F
1						
2		工号	姓名	性别	出生日期	退休日期
3		DL001	赵宇	男	1989/5/7	2049/5/7
4		DL002	白泽	男	1988/8/10	2048/8/10
5		DL003	李明哲	男	1992/7/21	2052/7/21
6		DL004	白玲珑	女	1991/6/15	2046/6/15
7		DL005	云峥	男	1987/9/10	2047/9/10
8		DL006	婉婷	女	1993/10/11	2048/10/11
9		DL007	沈鑫	男	1995/6/13	2055/6/13
10		DL008	夏兰	女	1991/4/30	2046/4/30
11		DL009	景轩	男	1985/6/11	2045/6/11
12		DL010	李若彤	女	1989/10/12	2044/10/12
13						
14						

❻ 计算出退休日期

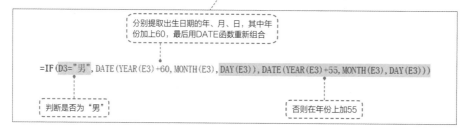

分别提取出生日期的年、月、日，其中年份加上60，最后用DATE函数重新组合

=IF(D3="男",DATE(YEAR(E3)+60,MONTH(E3),DAY(E3)),DATE(YEAR(E3)+55,MONTH(E3),DAY(E3)))

判断是否为"男"　　　　　　　　　　　否则在年份上加55

Article 181

HLOOKUP和LOOKUP 函数的应用

HLOOKUP函数用于从数组或者引用区域的首行查找指定的值，并由此返回数组或者引用区域当前列中指定行处的数值。例如，从下面的表格中查找出"朱聪"在"云龙区"和"泉山区"的销量。首先选中G3单元格，输入公式"=HLOOKUP (F3,$B$2:$D$12,7,0)" ❶，按Enter键确认，即可查找出"朱聪"在"云龙区"的销量。然后向下复制公式，查找出在"泉山区"的销量❷。

LOOKUP函数用于从单行、单列区域或从一个数组中返回值。它有向量型和数组型两种语法格式。

LOOKUP函数的向量形式是在单行区域或单列区域（称为"向量"）中查找值，然后返回第二个单行区域或单列区域中相同位置处的值。例如，选中G3单元格，然后输入向量形式公式❸ "=LOOKUP(F3,B3: B12,D3:D12)"，接着按Enter键确认，即可查找

出"杨康"的销量❹。

LOOKUP函数的数组形式用于在数组的第一行或第一列中查找指定数值，然后返回最后一行或最后一列中相同位置处的值。例如，选中G4单元格，输入数组形式公式 "=LOOKUP (F4,B3:D12)"❺，按Enter键确认，即可查找出"南希仁"的销量❻。

需要注意的是，LOOKUP函数的使用要求查询条件必须按照升序排列，

所以在使用该函数之前需要对表格进行排序处理，这里需要对"销售员"列进行升序排序，否则公式查找出的值是错误的。

此外，LOOKUP函数还可以和TEXT函数嵌套使用。例如，根据出生日期推算出星座。首先选中E3单元格，输入公式 "=LOOKUP (--TEXT(D3,"mdd"), {101, "摩羯座";120,"水平座";219, "双鱼座";321,"白羊座";420, "金牛座";521,"双子座";621,

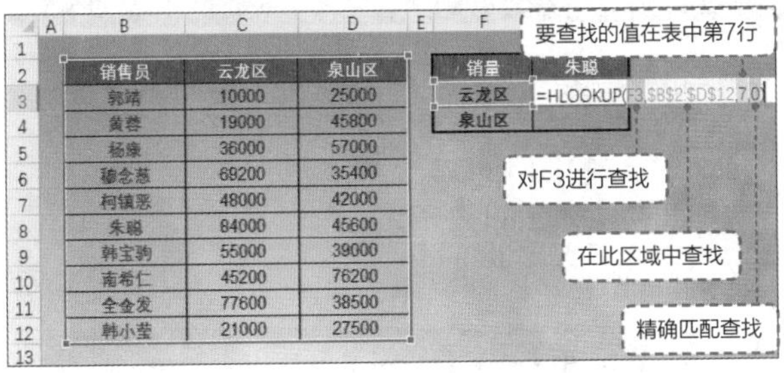

❶输入公式

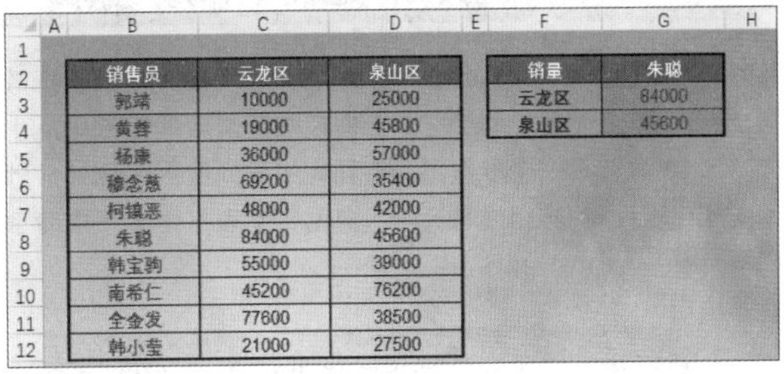

❷查找出销量

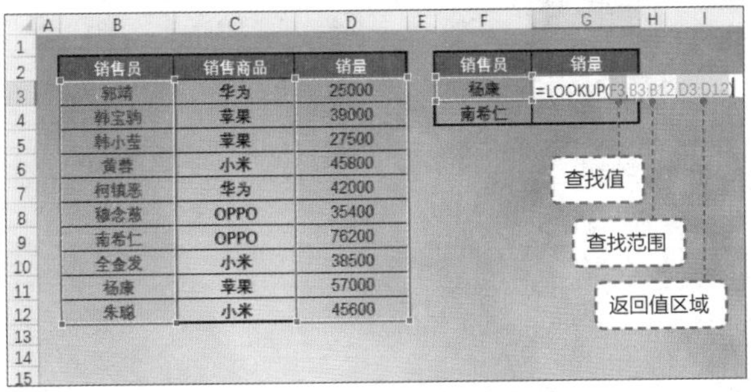

❸输入公式

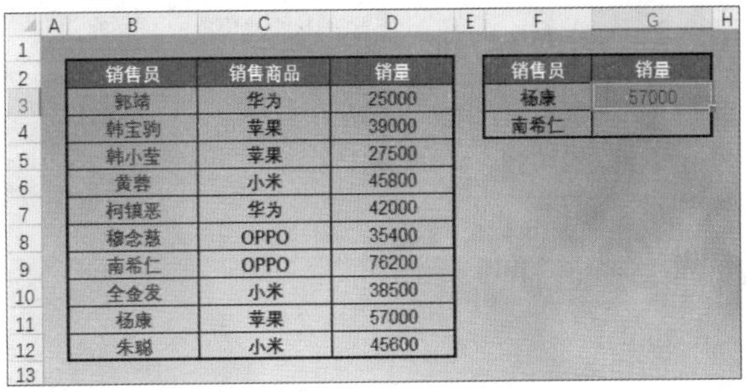

❹查找出"杨康"的销量

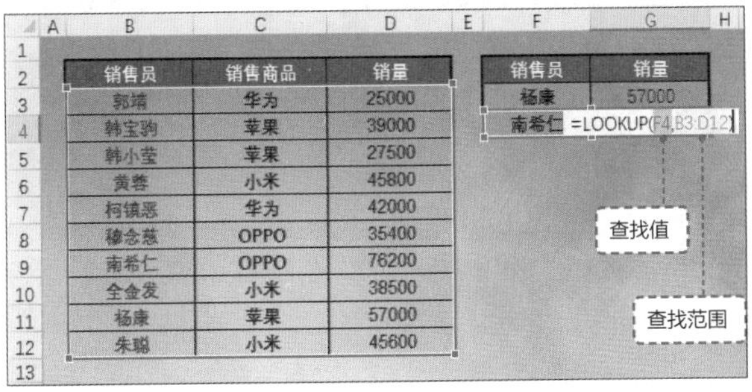

❺输入公式

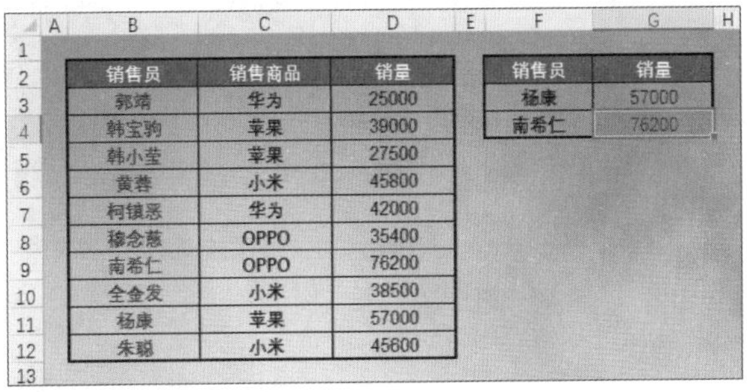

❻查找出"南希仁"的销量

"巨蟹座";723,"狮子座";823,"处女座";923,"天秤座";1023,"天蝎座";1122,"射手座";1222,"摩羯座"})" ❼，然后按Enter键确认，即可求出对应的星座。接着将公式向下填充，求出其他人员的星座❽。

需要对公式进行说明的是，公式中使用TEXT函数提取出生日期中的月和日，组成3、4位数字，再使用减负运算将其转换成数值。使用星座的起始月日与星座名称构造一个常量数组，然后使用LOOKUP函数根据出生日期在常量数组中查询对应的星座。

	A	B	C	D	E	F
1						
2		姓名	性别	出生日期	星座	
3		赵海波	男	1987/5/4	=LOOKUP(--TEXT(D3,"mdd"),	
4		王梦琳	男	1988/4/1	{101,"摩羯座";120,"水平座";219,	
5		江凯	男	1999/9/2	"双鱼座";321,"白羊座";420,"金	
6		刘清	男	1983/7/1	牛座";521,"双子座";621,"巨蟹座	
7		马钰	男	1974/11/	";723,"狮子座";823,"处女座";	
8		董菁梅	女	1987/10/	923,"天秤座";1023,"天蝎座";	
9		王明月	女	1992/6/	1122,"射手座";1222,"摩羯座"})	
10		李研	男	1979/1/18		

❼ 输入公式

	A	B	C	D	E	F
1						
2		姓名	性别	出生日期	星座	
3		赵海波	男	1987/5/4	金牛座	
4		王梦琳	男	1988/4/16	白羊座	
5		江凯	男	1999/9/21	处女座	
6		刘清	男	1983/7/17	巨蟹座	
7		马钰	男	1974/11/30	射手座	
8		董菁梅	女	1987/10/16	天秤座	
9		王明月	女	1992/6/3	双子座	
10		李研	男	1979/1/18	摩羯座	

❽ 求出其他人员的星座

Article 182 SMALL函数的应用

SMALL函数可以取数据集中第K个最小值。它有两个参数，第一个参数是包含查找目标的数组或者区域；第二个参数表示目标数据在数组或数据区域里从小到大的排列位置。例如，计算出下面表格中第一季度倒数第二的销量。

首先选中D7单元格，输入公式"=SMALL(C3:F5,2)"❶，按Enter键确认，即可求出计算结果❷。

	A	B	C	D	E	F	G
1							
2			云龙区	泉山区	铜山区	九里区	
3		1月销量	860	740	689	890	
4		2月销量	915	645	876	960	
5		3月销量	1200	包含查找目标的区域		884	
6							
7		第一季度倒数第2的销量	=SMALL(C3:F5,2)		倒数第二		
8							

❶ 输入公式

	A	B	C	D	E	F	G
1							
2			云龙区	泉山区	铜山区	九里区	
3		1月销量	860	740	689	890	
4		2月销量	915	645	876	960	
5		3月销量	1200	996	1215	884	
6							
7		第一季度倒数第2的销量		689			
8							

❷ 求出计算结果

心得体会

HOUR、MINUTE和SECOND 函数的应用

HOUR函数的功能是返回指定时间的小时数。即一个0~23的整数，它有一个参数，该参数表示时间值，可以是时间序列号或者是文本型时间。例如，选中C3单元格，输入公式"=HOUR(B3)&"时""❶，按Enter键确认，即可返回小时值。接着向下复制公式即可❷。

MINUTE函数的功能是返回指定时间中的分钟，返回值为一个0~59的整数。它有一个参数，该参数必须是时间或者是带有日期和时间的序列值，还可以是文本型的时间值。例如，选中D3单元格，输入公式"=MINUT(B3)&"分钟""❸，按Enter键确认，即可返回分钟值，然后向下复制公式即可❹。

SECOND函数的功能是返回指定时间的秒数。返回的秒数为0~59的整数。该函数只有一个参数，即时间值。参数可以是时间值以及带有日期和时间的数值，也可以是文本型时间。例如，选中E3单元格，输入公式"=SECOND(B3)&"秒""❺，按Enter键确认，即可根据指定的时间返回秒数。接着将公式向下填充即可❻。

	A	B	C	D	E
1					
2		时间	小时数	分钟数	秒数
3		8	=HOUR(B3)&"时"		
4		12:50:30 PM			
5		3:45:50 AM			
6		4:35:20 AM			
7		2:36:15 PM			

❶ 输入公式

	A	B	C	D	E
1					
2		时间	小时数	分钟数	秒数
3		8:20:10 AM	8时		
4		12:50:30 PM	12时		
5		3:45:50 AM	3时		
6		4:35:20 AM	4时		
7		2:36:15 PM	14时		

❷ 返回小时值

	A	B	C	D	E
1					
2		时间	小时数	分钟数	秒数
3		8:20:10 AM		=MINUTE(B3)&"分钟"	
4		12:50:30 PM	12时		
5		3:45:50 AM	3时		
6		4:35:20 AM	4时		
7		2:36:15 PM	14时		

❸ 输入公式

	A	B	C	D	E
1					
2		时间	小时数	分钟数	秒数
3		8:20:10 AM	8时	20分钟	
4		12:50:30 PM	12时	50分钟	
5		3:45:50 AM	3时	45分钟	
6		4:35:20 AM	4时	35分钟	
7		2:36:15 PM	14时	36分钟	

❹ 返回分钟值

	A	B	C	D	E	F
1						
2		时间	小时数	分钟数	秒数	
3		8:20:10 AM	8时	20分钟	=SECOND(B3)&"秒"	
4		12:50:30 PM	12时	50分钟		
5		3:45:50 AM	3时	45分钟		
6		4:35:20 AM	4时	35分钟		
7		2:36:15 PM	14时	36分钟		

❺ 输入公式

	A	B	C	D	E
1					
2		时间	小时数	分钟数	秒数
3		8:20:10 AM	8时	20分钟	10秒
4		12:50:30 PM	12时	50分钟	30秒
5		3:45:50 AM	3时	45分钟	50秒
6		4:35:20 AM	4时	35分钟	20秒
7		2:36:15 PM	14时	36分钟	15秒

❻ 返回秒数

心得体会

VLOOKUP函数的应用

VLOOKUP函数用于从数组或者引用区域的首列查找指定的值，并由此返回数组或者引用区域当前行中其他列的值。可以选择精确查找及模糊查找。该函数有四个参数，第一个参数是待查找的目标值；第二个参数是一个区域或者数组，VLOOKUP函数将从中查找

目标；第三个参数是返回值在第二个参数的列号，不能是负数或者0；第四个参数是可选参数，它用于指定查找方式，包括精确查找和模糊查找两种方式。例如，使用精确查找，提取出明星的"主要作品"。选中H3单元格，然后输入公式"=VLOOKUP(G3,$B$2:$E$14,4,FALSE)"❶，

按Enter键确认，即可查找出甄美丽的主要作品，然后向下填充公式即可查找出其他人的主要作品❷。

需要说明的是，VLOOKUP函数的第四个参数用于指定公式进行精确查找还是模糊查找，其值为FALSE或0为精确查找，其值为TRUE或1为模糊查找。第四

个参数也可以省略，表示进行模糊查找。

例如，使用模糊查找为明星选择合适的"戏服尺码"。选中E3单元格，输入公式"=VLOOKUP(D3,$G $3:$H$9,2,TRUE)"❸，然后按Enter键确认，即可查找出戏服的尺码，接着向下填充公式查找出其他明星的戏服尺码❹。

❶ 输入公式

❷ 显示出查找的主要作品

❸ 输入公式

❹ 查找出戏服的尺码

VLOOKUP函数还可以和其他函数嵌套使用，如对带有合并单元格的区域进行查找。可以看到左侧的"出生地"列包含多个合并单元格且都是3行一合并，要求根据"出生地"和明星姓名查找出对应的星座。首先选中H3单元格，输入公式"=VLOOKUP (G3,OFFSET (C2: D2,MATCH (F3, B3:B11,),,3),2,)"❺，按

Enter键确认，即可求出对应的结果❻。

需要对公式进行说明的是，公式利用MATCH函数计算出F3的出生地在B列中的位置，OFFSET函数根据该位

置取出其对应的明星和星座的关系表，最后用VLOOKUP函数从该表中查找数据。

❺ 输入公式

❻ 求出对应的结果

Article 185 IFERROR函数的应用

IFERROR函数是一个反馈和捕捉公式错误的函数。在工作中通常使用这个函数来判断公式使用中是否存在错误以及自定义返回错误说明等。

IFERROR函数只有两个参数，语法是IFERROR (value,value_if_error)，其中，value表示需要检查是否存在错误的参数。value_if_error表示当公式计算出现错误时返回的信息。这两个参数均可以是任意值、表达式或引用。如果第一个参数结果是错误值，函数返回第二个参数；否则返回第一个参数结果。IFERROR函数可以检查多种类型的错误，例如，除数为0时出现的错误，下面先进行一项简单的测试，有"=IFERROR (4/2,"计算中存在错误")"及"=IFERROR(4/0,"计算中存在错误")"两个公式，前一个公式中IFERROR的第一个参数4/2可以正常计算，所以这个公式会返回4/2的计算结果；而后一个公式的第一个参数4/0的计算结果是"#DIV/0!"，

公式	返回结果
=IFERROR(4/2,"计算中存在错误")	2
=IFERROR(4/0,"计算中存在错误")	计算中存在错误

❶ 不同的返回值

	A	B	C	D	E	F
2		销售日期	产品	销售数量	单价	销售金额
3		5月1日	产品A	15	¥500.00	¥7,500.00
4		5月1日	产品B	/	/	#VALUE!
5		5月1日	产品C	20	¥750.00	¥15,000.00
6		5月2日	产品	=D4*E4	¥500.00	¥6,500.00
7		5月2日			¥630.00	¥6,300.00
8		5月2日	产品C	/	/	#VALUE!
9		5月3日	产品A	20	¥500.00	¥10,000.00
10		5月3日	产品B	23	¥630.00	¥14,490.00
11		5月3日	产品C	16	¥750.00	¥12,000.00

❷ 输入公式

	A	B	C	D	E	F
2		销售日期	产品	销售数量	单价	销售金额
3		5月1日	产品A	15	¥500.00	¥7,500.00
4		5月1日	产品B	/	/	没有销量
5		5月1日	产品C	20	¥750.00	¥15,000.00
6		5月2日	产品	=IFERROR(D4*E4,"没有销量")		¥6,500.00
7		5月2日				¥6,300.00
8		5月2日	产品C	/	/	没有销量
9		5月3日	产品A	20	¥500.00	¥10,000.00
10		5月3日	产品B	23	¥630.00	¥14,490.00
11		5月3日	产品C	16	¥750.00	¥12,000.00

❸ 说明错误原因

	A	B	C	D	E	F
2		销售日期	产品	销售数量	单价	销售金额
3		5月1日	产品A	15	¥500.00	¥7,500.00
4		5月1日	产品B	/	/	
5		5月1日	产品C	20	¥750.00	¥15,000.00
6		5月2日	产品	=IFERROR(D4*E4,"")		¥6,500.00
7		5月2日				¥6,300.00
8		5月2日	产品C	/	/	
9		5月3日	产品A	20	¥500.00	¥10,000.00
10		5月3日	产品B	23	¥630.00	¥14,490.00
11		5月3日	产品C	16	¥750.00	¥12,000.00

❹ 隐藏错误值

所以该公式最终以第二个参数作为最终返回结果，即返回"计算中存在错误"❶。除此之外，IFERROR函数还经常被用来处理名称错误（#NAME?）、参数值错误（#VALUE!）、无效值（#N/A）等。

输入公式❷，合理设置IFERROR函数的第二个参数，不仅能够使用文字对错误进行说明❸，而且能够隐藏由公式产生的错误值❹，当IFERROR函数的第二个参数设置为空值时可实现隐藏错误值的效果，设置空值时应注意，双引号需在英文状态下输入。

IFERROR函数支持多层函数嵌套。VLOOKUP和COLUMN函数嵌套使用能够根据所输入的员工编号查询详细的员工信息❺。但当查询的工号不存在时，填充公式后就会产生错误值❻，此时只需在原本的嵌套公式外再嵌套一层IFERROR函数，便能够以理想的形式代替错误值❼。

H3 =VLOOKUP($G$3,$B$3:$E$27,COLUMN(B:B),0)

	A	B	C	D	E	F	G	H	I	J	K
2		工号	姓名	部门	职务		输入要查询的工号	姓名	部门	职务	
3		1512001	李海	市场部	支持经理		1512001	李海	市场部	支持经理	
4		1552002	钏兵	销售部	职员						
5		1342003	苏江	财务部	职员						
6		1122004	刘德华	行政部	职员						
7		1524005	郑秀文	生产部	主管						

❺ 正常查询员工信息

H3 =VLOOKUP($G$3,$B$3:$E$27,COLUMN(B:B),0)

	A	B	C	D	E	F	G	H	I	J	K
2		工号	姓名	部门	职务		输入要查询的工号	姓名	部门	职务	
3		1512001	李海	市场部	支持经理		1512050	#N/A	#N/A	#N/A	
4		1552002	钏兵	销售部	职员						
5		1342003	苏江	财务部	职员						
6		1122004	刘德华	行政部	职员						
7		1524005	郑秀文	生产部	主管						

❻ 要查询的工号不存在

H3 =IFERROR(VLOOKUP($G$3,$B$3:$E$27,COLUMN(B:B),0),"查无此人")

	A	B	C	D	E	F	G	H	I	J	K
2		工号	姓名	部门	职务		输入要查询的工号	姓名	部门	职务	
3		1512001	李海	市场部	支持经理		1512050	查无此人	查无此人	查无此人	
4		1552002	钏兵	销售部	职员						
5		1342003	苏江	财务部	职员						
6		1122004	刘德华	行政部	职员						
7		1524005	郑秀文	生产部	主管						

❼ 以文本内容提示要查询的内容不存在

Article 186 OFFSET、AREAS和 TRANSPOSE函数的应用

OFFSET函数是以指定的单元格引用作为参照,通过给定偏移量得到新的引用。返回引用可为一个单元格或单元格区域,并可以指定返回的行数或列数。例如,在商品销售报表中,建立动态的产品各区域销售数据。首先在I2单元格中输入数据显示动态变量,如2。选中I3单元格,输入公式"=OFFSET(B2,0,$I$2)"❶,按Enter键确认,即可根据动态变量(偏移量)返回对应地区销量"泉山区销量"。再次选中I3

单元格,向下复制公式,即可返回各商品在泉山区的销量❷。若在I2单元格中改变动态变量,如4,即可返回各商品在鼓楼区的销量❸。注意动态变量2是指要查找的"泉山区 销量"在"商品名称"列后的第2列。

AREAS函数是一个引用函数,它的作用是返回引用中所包含的单元格区域个数。该函数只有一个参数,表示对某个单元格或单元格区域的引用,也可以引用多个区域。如果需要将几个引用指定为一个参数,则必须

用括号括起来。例如,在C12单元格中输入公式"=AREAS((B2:C5,E2:F5,B7:C10,E7:F10))",按Enter键确认,即可计算出区域个数❹。

TRANSPOSE函数用于返回转置单元格区域,即将一行单元格区域转置成一列单元格区域,反之亦然。例如,选中B6:D11单元格区域,然后在编辑栏中输入公式"=TRANSPOSE(B2:

G4)"❺,按Ctrl+Shift+Enter组合键,B2:G4单元格区域的数据随即在选中的空白区域中进行列转置,最后为其添加边框,适当美化表格即可❻。

需要注意的是,选中的空白区域其行数必须和数据源的列数相等,列数则必须和数据源的行数相等。这样才不会在转置以后出现错误值或不能完全显示内容。

❶ 输入公式

❷ 返回各商品在泉山区的销量

❸ 返回各商品在鼓楼区的销量

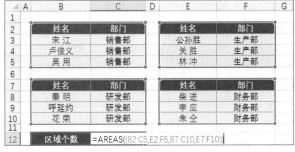

❹ 输入公式

❺ 输入公式

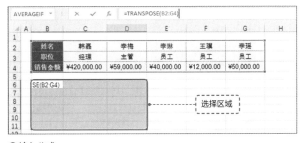

❻ 完成行列转置

180

Article 187 CHOOSE函数的应用

CHOOSE函数用于从给定的参数中返回指定的值。该函数有2~255个参数，其中第3~255个为可选参数。第1个参数用于指定返回值在参数列表中的位置，必须是1~254的数字或者包含数值的单元格引用。第2~255个参数是供第一个参数进行选择的列表，当第一个参数是1时，返回列表中第一个参数所代表的值，当第一个参数是2时，返回参数列表中第二个参数所代表的值，以此类推。

CHOOSE函数往往和其他函数配合使用，如与IF函数的配合使用。首先选中E3单元格，输入公式"=IF(D3<=3,CHOOSE (D3,"一等奖","二等奖","三等奖"),"")"❶，按Enter键确认，即可求出结果。接着向下复制公式，得出其他人员获奖情况❷。

需要对公式进行说明的是，公式是按照排名进行颁发奖项的，前三名分别是"一等奖""二等奖""三等奖"，其他排名无奖。

	姓名	成绩	排名	奖项
3	王安石	99	1	=IF(D3<=3,CHOOSE(D3," 一等奖","二等奖","三等奖")
4	欧阳修	86	6	
5	苏轼	93	3	
6	岳飞	74	8	
7	范仲淹	87	5	
8	苏辙	72	9	
9	刘永	65	10	
10	李清照	98	2	
11	辛弃疾	88	4	
12	黄庭坚	77	7	
13	朱熹	53	11	

❶ 输入公式

	姓名	成绩	排名	奖项
3	王安石	99	1	一等奖
4	欧阳修	86	6	
5	苏轼	93	3	三等奖
6	岳飞	74	8	
7	范仲淹	87	5	
8	苏辙	72	9	
9	刘永	65	10	
10	李清照	98	2	二等奖
11	辛弃疾	88	4	
12	黄庭坚	77	7	
13	朱熹	53	11	

❷ 获奖情况

Article 188 HYPERLINK函数的应用

HYPERLINK函数的功能是创建一个快捷方式，用来打开存储在网络服务器、Internet中或者当前硬盘中的文件，也可以跳转至当前工作簿中任意非隐藏单元格。它有两个参数，第一个参数是目标文件的完整路径，必须是文本，用双引号括起来；第二个参数是可选参数，它表示单元格中的显示值，如果默认，则显示第一个参数的完整路径。例如，创建E-mail电子邮件链接地址。首先选中E3单元格，输入公式"=HYPERLINK ("liming@desheng.com","发送E-mail")"，按Enter键即可为"德胜科技"项目负责人创建"发送E-mail"超链接。接着按照同样的方法为其他公司创建超链接❶。

目标文件的完整路径

=HYPERLINK("liming@desheng.com","发送 E-mail")

单元格中的显示值

序号	公司名称	项目负责人	E-Mail	联系电话
1	德胜科		=HYPERLINK("liming@desheng.com","发送E-mail")	
2	绿源科技	杨修		187****4062
3	华光集团	王珂		187****4063
4	米粒集团	刘广		187****4064
5	黑豹集团	孙亚		187****4065

项目负责人	E-Mail
李明	发送E-mail
杨修	发送E-mail
王珂	发送E-mail
刘广	发送E-mail
孙亚	发送E-mail

❶ 创建E-mail电子邮件链接地址

身份证号码在员工档案系统中的应用

从前面的讲解中了解到了身份证号码中隐含了很多个人信息，如果能将这些信息提取出来，在很多场景中都会大有用处。例如，在制作员工信息表时利用好身份证号码可大大减少工作量，也能减少信息录入时的错误率。下面先来看一下图❶中的表格，这是一份员工信息表，表格中的信息并不完善，这些未完善的信息都可以通过公式从身份证号码中自动提取出来。信息提取结果见图❷。

从身份证号码中提取信息时需要根据所提取的内容来确定使用哪种函数。下面将对提取信息过程中用到的公式和函数进行详细介绍。

从身份证号码中提取性别的依据是判断身份证号码的第17位数是奇数还是偶数，奇数为男性，偶数为女性。下面这个公式中用到了IF函数、MOD函数和MID函数❸。

IF函数的作用是判断是否满足某个条件，如果满足返回一个值，如果不满足返回另外一个值。语法格式为=IF(判断条件,条件成立时返回的值,条件不成立时返回的值)。

MOD函数可返回两数相除的余数。语法格式为=MOD(被除数, 除数)。

MID函数可从文本字符串的指定位置起提取指定位数的字符。语法格式为=MID(字符串,提取字符的位置,提取字符的长度)。

下面这个公式使用MID函数查找出身份证号码的第17位数字，然后用MOD函数将查找到的数字与2相除得到余数，最后IF函数进行判断，并返回判断结果，当第17位数与2相除的余数等于1时，说明该数为奇数，返回"男"，否则返回"女"。

⬚	B	C	D	E	F	G	H	I	J	K	L	M
2	工号	姓名	所属部门	职务	性别	出生日期	年龄	生肖	星座	身份证号码	户籍地	退休日期
3	0001	宋以珍	财务部	经理						5465**********3121		
4	0002	宋 毅	销售部	经理						6202**********0435		
5	0003	张明宇	生产部	员工						3312**********4377		
6	0004	周洁泉	办公室	经理						1301**********7619		
7	0005	乌 梅	人事部	经理						1507**********4661		
8	0006	顾 飞	设计部	员工						4353**********9871		
9	0007	李 希	销售部	主管						4354**********1242		
10	0008	张乐乐	采购部	经理						6543**********1187		
11	0009	史 俊	销售部	员工						3201**********5335		
12	0010	吴 磊	生产部	员工						3205**********4373		
13	0011	薛 倩	人事部	主管						3706**********5364		
14	0012	伊 周	设计部	主管						3140**********1668		
15	0013	陈庆林	销售部	员工						6202**********0435		
16	0014	周 怡	设计部	主管						3312**********4327		

❶不完善的员工信息表

⬚	B	C	D	E	F	G	H	I	J	K	L	M
2	工号	姓名	所属部门	职务	性别	出生日期	年龄	生肖	星座	身份证号码	户籍地	退休日期
3	0001	宋以珍	财务部	经理	女	1987-10-08	31	兔	天秤座	5465**********3121	西藏江孜	2037-10-08
4	0002	宋 毅	销售部	经理	男	1993-06-12	25	鸡	双子座	6202**********0435	甘肃嘉峪关	2053-06-12
5	0003	张明宇	生产部	员工	男	1988-08-04	30	龙	狮子座	3312**********4377	浙江丽水	2048-08-04
6	0004	周洁泉	办公室	经理	男	1987-12-09	31	兔	射手座	1301**********7619	河北石家庄	2047-12-09
7	0005	乌 梅	人事部	经理	女	1998-09-10	20	虎	处女座	1507**********4661	内蒙古呼伦贝尔	2048-09-10
8	0006	顾 飞	设计部	员工	男	1981-06-13	37	鸡	双子座	4353**********9871	湖南湘西	2041-06-13
9	0007	李 希	销售部	主管	女	1986-10-11	32	虎	天秤座	4354**********1242	新疆阿勒泰	2036-10-11
10	0008	张乐乐	采购部	经理	女	1988-08-04	30	龙	狮子座	6543**********1187	江苏南京	2038-08-04
11	0009	史 俊	销售部	员工	男	1985-11-09	33	牛	天蝎座	3201**********5335	江苏苏州	2045-11-09
12	0010	吴 磊	生产部	员工	男	1990-08-04	28	马	狮子座	3205**********4373	江苏苏州	2050-08-04
13	0011	薛 倩	人事部	主管	女	1971-12-05	47	猪	射手座	3706**********5364	山东烟台	2021-12-05
14	0012	伊 周	设计部	主管	女	1993-05-21	25	鸡	双子座	3140**********1668	上海市	2043-05-21
15	0013	陈庆林	销售部	员工	男	1986-06-12	32	虎	双子座	6202**********0435	甘肃嘉峪关	2046-06-12
16	0014	周 怡	设计部	主管	女	1988-08-04	30	龙	狮子座	3312**********4327	浙江丽水	2038-08-04

❷根据身份证号码提取出的相关信息

判断身份证号第17位是否是奇数，是返回"男"，否则返回女

余数为1时返回"男"，否则返回女

性别=IF(MOD(MID(K3,17,1),2)=1,"男","女")

从身份证号码的第17位开始提取1位数

将提取出的数字除以2

❸提取性别

提取生日的公式中使用了TEXT函数和MID函数❹。TEXT函数是一个文本函数，作用是将数字转换成指定格式的文本。语法格式为=TEXT(数字,文本形式的格式)。分析提取性别的公式时，介绍了MID函数的作用及语法结构，在此不再赘述。下面这个公式使用MID函数从身份证号码中提取出代表生日的数字，然后用TEXT函数将提取出的数字以指定的文本格式返回。

从身份证号码的第7位数开始向后提取出8位数字

生日=TEXT(MID(K3,7,8),"0000-00-00")

将提取出的数字以"0000-00-00"的文本形式返回

❹ 提取生日

提取年龄的公式中用到了DATEDIF函数、TEXT函数、MID函数以及TODAY函数❺。DATEDIF函数是Excel隐藏函数，用户无法在公式选项卡及插入函数对话框中找到它。DATEDIF函数可用来计算两个日期之差。其语法格式为=DATEDIF（一个日期，另一个日期，返回类型）。

TODAY函数的作用是返回日期格式的当前日期，该函数没有参数，一般只需在单元格中输入=TODAY()，便可返回系统显示的当前日期。下面是对年龄公式的详细分析。

计算出生日期和当前日期的差，以年的形式返回，即年龄

从身份证号中提取生日

当前日期

年龄=DATEDIF(TEXT(MID(K3,7,8),"0000-00-00"),TODAY(),"y")

返回两个日期差的年份

❺ 提取年龄

下面这段公式使用CHOOSE函数从生肖列表中提取与出生年份对应的生肖❻。

CHOOSE函数的作用是根据给定的索引值，从参数列表中提取对应的值。该函数的语法格式为=CHOOSE(要提取的值在参数列表中的位置，参数1，参数2，参数3，……)。

生肖与出生年份相关，计算生肖需要先从身份证号码中提取出生年份。12个动物生肖是已知的，并且位置固定，生肖"鼠"排在第一的位置，2008年是鼠年，每轮有12年，与12相除的余数加1，结果所对应的就是属相。

鼠年年份

生肖列表

生肖=CHOOSE(MOD(MID(K3,7,4)-2008,12)+1,"鼠","牛","虎","兔","龙","蛇","马","羊","猴","鸡","狗","猪")

12年一轮

余数加1

❻ 提取生肖

提取星座的公式看起来很复杂，其实通过分析就会发现星座和出生月份及日期有关系，因此用户第一步要做的就是提取身份证号码中的出生月份和日期❼。与提取生肖相同，用户要编制一个出生日期和星座对应的列表。然后使用LOOKUP函数进行匹配。

LOOKUP函数是一个查找函数，该函数可在向量或数组中查找一个值。在查找数组时，此公式将日期转换成数字直接进行计算，如3月15日是315，5月20日是520等。

提取出生月份，日期

日期数组

```
星座=LOOKUP(--MID(K8,11,4),{100;120;219;321;421;521;622;723;823;923;1023;1122;1222},{"摩羯座";"水瓶座";"双鱼座";"白羊座";"金牛座";"双子座";"巨蟹座";"狮子座";"处女座";"天秤座";"天蝎座";"射手座";"摩羯座"})
```

星座数组

❼提取星座

身份证号码的前4位是省份和地区代码，不同的代码对应不同的省份和地区，如3201代表江苏南京。在提取户籍地之前，用户必须要获取一份准确的代码对照表（可在网上下载），并将其保存在身份证号码所在工作簿中。

本例提取户籍地的公式中用到了VLOOKUP函数、VALUE函数以及LEFT函数❽。下面分别对这3个函数进行说明。

VLOOKUP函数是查找函数，功能是查找引用或数组的首行，并返回对应的值。语法格式为=VLOOKUP(要查找的值,查找区域,待查找值所在列序号,查找是的匹配方式)。

VALUE函数可将一个代表数值的文本字符串转换成真正的数值。该函数只有一个参数，语法格式为=VALUE(待转换的文本)。

LEFT函数能够从一个字符串的第一个字符开始返回指定个数的字符。语法格式为=LEFT(字符串,要提取的字符个数)。

提取身份证号码前4位数后转换成数值

籍贯信息在查询表的第2列

```
户籍地=VLOOKUP(VALUE(LEFT(K3,4)),Sheet2!$A$2:$B$536,2)
```

从该区域中提取籍贯

❽提取户籍地

提取退休日期的时候，考虑到不同地区的退休年龄不同，且最近可能发生的延迟退休，需要对公式做一下说明，本公式以男性60岁，女性50岁退休作为计算标准。大家在套用本公式时可根据实际情况自行修改❾。

在分析这个公式之前先对EDATE函数做一个简单的介绍。EDATE函数可根据指定的月数返回该月数之前或之后的日期。语法格式为=EDATE(一个日期,日期之前或之后的月数)。

下面的公式中出现的600表示600个月，也就是50年。

MOD函数结合MID函数，计算出性别码的奇偶性，结果是1或是0，再用1或是0乘以120个月（10年）。如果性别是男，则是1*120+600，结果是720（60年）。如果性别是女，则是0*120+600，结果是600（50年）。

提取身份证号码中的出生日期后，转换成指定的文本格式

根据奇偶性判断性别返回结果为0或1

```
退休日期=EDATE(TEXT(MID(K3,7,8),"0!/00!/00"),MOD(MID(K3,15,3),2)*120+600)
```

前面的参数返回的值是1（男性）时退休年龄加120个月（10年）

❾提取退休日期

制作员工信息统计表

员工信息统计表包含了员工的姓名、性别、年龄、出生日期、身份证号码等。在制作员工信息表时，有的人会选择一个个手动输入员工信息，既费时又容易出现错误，其实表格中的一些信息是可以不用通过手动输入的。在这里介绍一种便捷的方法，即根据身份证号码制作员工信息统计表。首先制作一个表格框架，然后输入一些基本信息。接着选择D3单元格，输入公式"=IF(MID(G3,17,1)/2=TRUNC(MID(G3,17,1)/2),"女","男")"，按Enter键确认，即可从身份证号码中提取出性别。接着向下复制公式提取出其他员工的性别❶。然后选择F3单元格输入公式"=MID(G3,7,4)&"年"&MID(G3,11,2)&"月"&MID(G3,13,2)&"日""❷，按Enter键确认，提取出出生日期，接着向下复制公式即可❸。最后选择E3单元格输入公式"=YEAR(TODAY())-YEAR(VALUE(F3))&"岁""，按Enter键确认，计算出年龄，然后向下填充公式即可❹。至此，就完成了员工信息统计表的制作。

❶ 提取出性别信息

用TRUNC函数取整

=IF(MID(G3,17,1)/2=TRUNC(MID(G3,17,1)/2),"女","男")

从G3中的第17位提取1个数字，除以2

❷ 输入公式

❸ 提取出出生日期

❹ 计算出年龄

返回当前日期

=YEAR(TODAY())-YEAR(VALUE(F3))&"岁"

将文本型的日期转换成数值

制作员工考勤表

考勤表是公司员工每天上班的凭证，也是员工领取工资的凭证，因为它记录了员工上班的天数。例如，公司为了激励员工，对当月全勤的员工奖励400元，事假一天扣100元，病假一天扣50元，旷工一天扣300元。首先新建一个工作表，然后构建考勤表的基本框架，在其中输入员工考勤记录情况，如B表示病假，S表示事假，K表示旷工❶。接着选中AJ4单元格，输入公式"=COUNTIF(D4:AH4,"B")"，按Enter键确认，即可计算出请病假的天数。然后在AK4和AL4单元格中分别输入公式"=COUNTIF(D4:AH4,"S")"和"=COUNTIF(D4:AH4,"K")"，按Enter键确认，计算出事假和旷工天数。接着选中AI4单元格，输入公式"=NETWORKDAYS("2018/8/1","2018/8/31")-AJ4-AK4-AL4"，按Enter键确认，即可计算出出勤的天数。在AM4单元格中输入公式"=AJ4*50+AK4*100+AL4*300"，然后按Enter键确认，计算出应扣金额。接着选中AN4单元格，输入公式"=IF(AM4=0,"400","")"，按Enter键计算出满勤奖。最后选中AO4单元格输入公式"=IF(AM4<> 0,-AM4,AN4)"，然后按Enter键计算出合计值。接着选中AI4:AO4单元格区域，将公式向下填充，即可查看当月全体员工的考勤情况和奖惩情况❷。

❶ 构建表格框架

❷ 公式统计考勤结果

工号	姓名	出勤天数	病假	事假	旷工	应扣额	满勤奖	合计
001	宋江	21	1	1	0	150		-150
002	卢俊义	21	1	0	1	350		-350
003	吴用	22	0	1	0	100		-100
004	公孙胜	23	0	0	0	0	400	400
005	关胜	22	1	0	0	50		-50
006	林冲	23	0	0	0	0	400	400
007	秦明	21	0	1	1	400		-400
008	呼延灼	22	0	0	1	300		-300
009	花荣	21	1	1	0	150		-150
010	柴进	23	0	0	0	0	400	400
011	李应	22	1	0	0	50		-50
012	潘金莲	21	1	0	1	350		-350
013	鲁智深	21	1	0	1	350		-350
014	武松	21	0	1	1	400		-400
015	董平	21	0	1	1	400		-400
016	张清	21	0	1	1	400		-400
017	扈三娘	23	0	0	0	0	400	400
018	徐宁	21	1	1	0	150		-150

Article 192　制作个人应扣应缴统计表

根据法律的要求，公司必须为员工缴纳保险，包括养老保险、医疗保险、失业保险、工伤保险和生育保险。由于不同地方劳动者应缴纳各项保险的比例不同，所以在这里假设养老保险个人缴纳8%；失业保险个人缴纳0.5%；工伤保险和生育保险个人不缴纳；医疗保险个人缴纳2%；住房公积金个人缴纳8%。首先制作应扣应缴统计表的基本框架，并在其中输入一些基本信息❶。接着选中G3单元格输入公式"=F3*8%"，按Enter键确认，即可计算出养老保险应扣金额。然后选中H3单元格，输入公式"=F3*0.5%"，按Enter键确认，即可计算出失业保险的应扣金额。选中I3单元格，并输入公式"=F3* 2%"，然后按Enter键确认，即可计算出医疗保险的应扣金额。由于生育保险和工伤保险都由公司缴纳，所以在J3和K3单元格中输入0，接着选中L3单元格输入公式"=F3*8%"，按Enter键确认，即可计算出住房公积金应扣的金额。然后选中M3单元格，输入公式"=SUM（G3:L3）"，按Enter键确认，即可计算出总共要扣除的金额。最后选中G3:M3单元格区域，将公式向下填充，这样每位员工的各项应扣和总共应扣的金额就统计好了❷。

	工号	姓名	所属部门	职务	工资合计	养老保险	失业保险	医疗保险	生育保险	工伤保险	住房公积金	总计
3	001	宋江	财务部	经理	¥7,650.00							
4	002	卢俊义	销售部	经理	¥8,900.00							
5	003	吴用	人事部	经理	¥6,850.00							
6	004	公孙胜	办公室	主管	¥5,500.00							
7	005	关胜	人事部	员工	¥3,500.00							
8	006	林冲	设计部	主管	¥7,600.00							
9	007	秦明	销售部	员工	¥4,500.00							
10	008	呼延灼	财务部	员工	¥3,700.00				基本信息			
11	009	花荣	人事部	主管	¥5,800.00							
12	010	柴进	办公室	员工	¥3,450.00							
13	011	李应	办公室	员工	¥3,450.00							
14	012	潘金莲	财务部	员工	¥3,750.00							
15	013	鲁智深	销售部	员工	¥4,870.00							
16	014	武松	设计部	主管	¥7,850.00							
17	015	董平	人事部	员工	¥4,000.00							
18	016	张清	人事部	员工	¥4,200.00							
19	017	扈三娘	设计部	员工	¥3,950.00							
20	018	徐宁	销售部	员工	¥5,300.00							

❶ 制作表格框架

	工号	姓名	所属部门	职务	工资合计	养老保险	失业保险	医疗保险	生育保险	工伤保险	住房公积金	总计
3	001	宋江	财务部	经理	¥7,650.00	¥612.00	¥38.25	¥153.00	¥0.00	¥0.00	¥612.00	¥1,415.25
4	002	卢俊义	销售部	经理	¥8,900.00	¥712.00	¥44.50	¥178.00	¥0.00	¥0.00	¥712.00	¥1,646.50
5	003	吴用	人事部	经理	¥6,850.00	¥548.00	¥34.25	¥137.00	¥0.00	¥0.00	¥548.00	¥1,267.25
6	004	公孙胜	办公室	主管	¥5,500.00	¥440.00	¥27.50	¥110.00	¥0.00	¥0.00	¥440.00	¥1,017.50
7	005	关胜	人事部	员工	¥3,500.00	¥280.00	¥17.50	¥70.00	¥0.00	¥0.00	¥280.00	¥647.50
8	006	林冲	设计部	主管	¥7,600.00	¥608.00	¥38.00	¥152.00	¥0.00	¥0.00	¥608.00	¥1,406.00
9	007	秦明	销售部	员工	¥4,500.00	¥360.00	¥22.50	¥90.00	¥0.00	¥0.00	¥360.00	¥832.50
10	008	呼延灼	财务部	员工	¥3,700.00	¥296.00	¥18.50	¥74.00	¥0.00	¥0.00	¥296.00	¥684.50
11	009	花荣	人事部	主管	¥5,800.00	¥464.00	¥29.00	¥116.00	¥0.00	¥0.00	¥464.00	¥1,073.00
12	010	柴进	办公室	员工	¥3,450.00	¥276.00	¥17.25	¥69.00	¥0.00	¥0.00	¥276.00	¥638.25
13	011	李应	办公室	员工	¥3,450.00	¥276.00	¥17.25	¥69.00	¥0.00	¥0.00	¥276.00	¥638.25
14	012	潘金莲	财务部	员工	¥3,750.00	¥300.00	¥18.75	¥75.00	¥0.00	¥0.00	¥300.00	¥693.75
15	013	鲁智深	销售部	员工	¥4,870.00	¥389.60	¥24.35	¥97.40	¥0.00	¥0.00	¥389.60	¥900.95
16	014	武松	设计部	主管	¥7,850.00	¥628.00	¥39.25	¥157.00	¥0.00	¥0.00	¥628.00	¥1,452.25
17	015	董平	人事部	员工	¥4,000.00	¥320.00	¥20.00	¥80.00	¥0.00	¥0.00	¥320.00	¥740.00
18	016	张清	人事部	员工	¥4,200.00	¥336.00	¥21.00	¥84.00	¥0.00	¥0.00	¥336.00	¥777.00
19	017	扈三娘	设计部	员工	¥3,950.00	¥316.00	¥19.75	¥79.00	¥0.00	¥0.00	¥316.00	¥730.75
20	018	徐宁	销售部	员工	¥5,300.00	¥424.00	¥26.50	¥106.00	¥0.00	¥0.00	¥424.00	¥980.50

❷ 应扣应缴统计表

=F3*8%　=F3*0.5%　=F3*2%　　　=F3*8%

制作个人所得税税率速算表

根据国家的有关规定，员工工资超过起征点的需要交纳个人所得税。企业一般会从员工工资中扣除应交的个人所得税，然后代替员工缴纳。本例的个人所得税按当前个税起征点为5000元计算。首先制作个人所得税表的基本框架，从中输入基本信息。然后在该工作表的适当位置设置辅助表格"个人所得税税率表"❶。选中G3单元格输入公式"=IF(F3>5000,F3- 5000,0)"，按Enter键确认，计算出应纳税所得额。然后将公式向下填充即可❷。选中H3单元格，并输入公式"=IF(G3=0,0,LOOKUP(G3,$M$3:$M$9,$N$3:$N$9))"，按Enter键确认，计算出税率。然后向下复制公式，并将其设置为百分比形式显示❸。选中I3单元格，输入公式"=IF(G3=0,0,LOOKUP(G3,$M$3:$M$9,$O$3:$O$9))"，按Enter键确认，计算出速算扣除数。然后将公式向下填充即可❹。选中J3单元格，并输入公式"=G3*H3-I3"❺，按Enter键确认，计算出代扣个人所得税。然后将公式向下填充即可。至此，就完成了个人所得税表的制作。

❶ 制作个人所得税表的基本框架并设置"个人所得税税率表"

❷ 计算应纳税所得额

❸ 计算税率

判断G3是否等于0，如果是，则税率为0

$$=IF(G3=0, 0, LOOKUP(G3, \$M\$3:\$M\$9, \$N\$3:\$N\$9))$$

如果G3不等于0，则在M3:M9区域查找对应的G3值，然后返回N3:N9区域对应的值

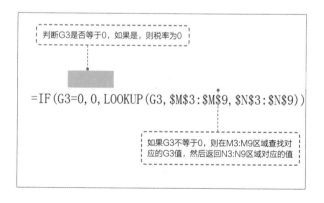

❹ 计算速算扣除数

❺ 计算出代扣个人所得税

Article 194 制作工资条

工资条也叫工资表，是员工所在单位定期给员工反映工资情况的纸条。工资条分纸质版和电子版两种，记录着每个员工的月收入分项和收入总额。工资条需要根据工资明细表来制作，并且应该包括工资明细表中的各个组成部分，如基本工资、提成、实发工资等。工资条的制作其实很简单。首先打开制作好的"工资明细表"工作表❶，复制标题行，并粘贴到"工资条"工作表中，构建工资条的基本框架❷。接着在B3单元格中输入公式"=OFFSET(工资明细表!$B$3,ROW()/3-

1,COLUMN()-2)"，按Enter键确认，返回工资明细表中第一个员工的工号。然后向右拖动公式提取出第一位员工的所有信息，制作出第一个工资条❸。接着选中B1：

Q3单元格区域，向下复制公式，即可批量生成工资条❹。

此处需要对本例公式中的"ROW()/3-1"部分进行特别说明，为了便于裁剪纸质的工资条，本例在制作工资条时，

每一个工资条之间都设置了一个空白行。而"ROW()/3-1"是一个完整的参数，其作用正是用来保证在设置了空白行的情况下，公式依然能够准确地从工资表中提取信息。

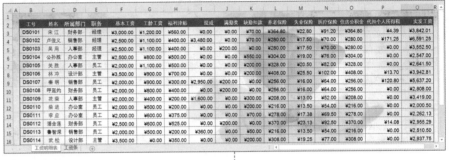

❶ 工资明细表

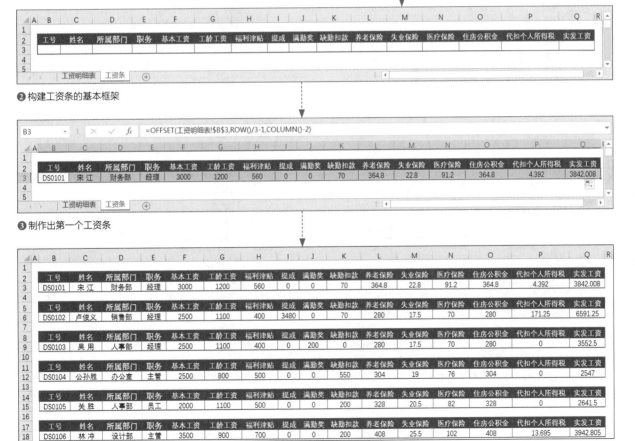

❷ 构建工资条的基本框架

❸ 制作出第一个工资条

❹ 制作出所有工资条

制作员工工资计算及查询系统

工资组成部分无外乎是基本工资加奖金、津贴、补贴、年终加薪、加班工资等，有些公司可能会多一些特别津贴及奖金。而工资扣除项目则包含个人应缴五险一金、个人所得税及迟到请假应扣工资等。而员工的实发工资应由税前工资减去所得税，税前工资和所得税的计算就变得至关重要，本次使用的案例包含许多已知信息，如基本工资、岗位工资、固定津贴以及各种保险缴费比率等❶。现在需要根据这些已知的基本信息计算出其他工资费用，如加班费、请假扣款、税前工资等，形成完整的工资计算系统及工资查询系统。表格中的已知条件为手动输入的数据，以黑色的字体显示，由公式计算得来的数据以绿色的字体显示。工资计算系统❷的制作，将重点用到VLOOKUP函数和IF函数，其中用到的公式及其用法如下。

	A	B	C	D	E	F	G	H	I	J	K
		员工 ID	员工姓名	基本工资	岗位工资	固定津贴	养老保险缴费比率	失业保险缴费比率	医疗保险缴费比率	住房公积金缴费比率	总缴费比率
3		1	李铭	¥3,000.00	¥1,500.00	¥300.00	8.00%	0.50%	3.00%	10 %	21.50%
4		2	宋悠悠	¥1,500.00	¥1,500.00	¥500.00	8.00%	0.50%	3.00%	10.00%	21.50%
5		3	夏橙	¥1,500.00	¥800.00	¥500.00	8.00%	0.50%	3.00%	10.00%	21.50%
6		4	刘若曦	¥3,000.00	¥1,500.00	¥300.00	8.00%	0.50%	3.00%	10.00%	21.50%
7		5	张子鑫	¥2,000.00	¥1,500.00	¥200.00	8.00%	0.50%	3.00%	10.00%	21.50%
8		6	王淼	¥2,000.00	¥1,500.00	¥200.00	8.00%	0.50%	3.00%	10.00%	21.50%
9		7	武义	¥3,000.00	¥2,000.00	¥300.00	8.00%	0.50%	3.00%	10.00%	21.50%
10		8	刘怡	¥1,800.00	¥1,500.00	¥300.00	8.00%	0.50%	3.00%	10.00%	21.50%
11		9	孙自强	¥1,800.00	¥1,500.00	¥300.00	8.00%	0.50%	3.00%	10.00%	21.50%
12		10	张平	¥1,800.00	¥1,500.00	¥300.00	8.00%	0.50%	3.00%	10.00%	21.50%
13		11	魏丹丹	¥1,800.00	¥1,500.00	¥300.00	8.00%	0.50%	3.00%	10.00%	21.50%
14		12	周圣恒	¥2,500.00	¥3,000.00	¥300.00	8.00%	0.50%	3.00%	10.00%	21.50%
15		13	吕娇娇	¥1,500.00	¥1,500.00	¥150.00	8.00%	0.50%	3.00%	10.00%	21.50%
16		14	孙杨	¥1,500.00	¥1,500.00	¥150.00	8.00%	0.50%	3.00%	10.00%	21.50%

员工信息 | 工资计算系统 | 工资查询系统

❶ 员工信息表

	A	B	C	D	E	F	G	H	I	J	K	L	M	N	O	P	Q
		员工 ID	员工姓名	奖金	加班天数	加班费率	加班费	工资总额	请假天数	请假扣款	缴费及扣款合计	税前工资	记税工资	税率	速算扣除数	所得税	实发工资
3		1	李铭		1	200.00%	¥409.09	¥5,209.09	0.5	¥40.91	¥1,008.41	¥4,200.68	¥3,000.68	15%	¥125.00	¥325.10	¥3,875.58
4		2	宋悠悠	¥1,000.00		200.00%	¥0.00	¥4,500.00		¥0.00	¥645.00	¥3,855.00	¥2,655.00	15%	¥125.00	¥273.25	¥3,581.75
5		3	夏橙		3	200.00%	¥627.27	¥3,427.27		¥0.00	¥494.50	¥2,932.77	¥1,732.77	15%	¥125.00	¥148.28	¥2,784.50
6		4	刘若曦			200.00%	¥0.00	¥4,800.00		¥0.00	¥967.50	¥3,832.50	¥2,632.50	15%	¥125.00	¥269.88	¥3,562.63
7		5	张子鑫			200.00%	¥0.00	¥3,700.00		¥0.00	¥752.50	¥2,947.50	¥1,747.50	10%	¥25.00	¥149.75	¥2,797.75
8		6	王淼			200.00%	¥0.00	¥3,700.00		¥0.00	¥752.50	¥2,947.50	¥1,747.50	10%	¥25.00	¥149.75	¥2,797.75
9		7	武义	¥2,300.00	1.5	200.00%	¥681.82	¥8,281.82		¥0.00	¥1,075.00	¥7,206.82	¥6,006.82	20%	¥375.00	¥826.36	¥6,380.45
10		8	刘怡	¥2,500.00		200.00%	¥0.00	¥6,100.00		¥0.00	¥709.50	¥5,390.50	¥4,190.50	15%	¥125.00	¥503.58	¥4,886.93
11		9	孙自强		2	200.00%	¥600.00	¥4,200.00	1.5	¥122.73	¥832.23	¥3,367.77	¥2,167.77	15%	¥125.00	¥200.17	¥3,167.61
12		10	张平			200.00%	¥0.00	¥3,600.00		¥0.00	¥709.50	¥2,890.50	¥1,690.50	10%	¥25.00	¥144.05	¥2,746.45
13		11	魏丹丹	¥5,000.00		200.00%	¥0.00	¥8,600.00		¥0.00	¥709.50	¥7,890.50	¥6,690.50	20%	¥375.00	¥963.10	¥6,927.40
14		12	周圣恒		2	200.00%	¥1,000.00	¥6,800.00		¥0.00	¥1,182.50	¥5,617.50	¥4,417.50	15%	¥125.00	¥537.63	¥5,079.88
15		13	吕娇娇			200.00%	¥0.00	¥3,150.00		¥0.00	¥645.00	¥2,505.00	¥1,305.00	10%	¥25.00	¥105.50	¥2,399.50
16		14	孙杨			200.00%	¥0.00	¥3,150.00	2	¥150.00	¥795.00	¥2,355.00	¥1,155.00	10%	¥25.00	¥90.50	¥2,264.50
17		15	金一铮	¥1,200.00	5	200.00%	¥2,272.73	¥8,822.73		¥0.00	¥1,075.00	¥7,747.73	¥6,547.73	20%	¥375.00	¥934.55	¥6,813.18
18		16	李子			200.00%	¥0.00	¥3,580.00		¥0.00	¥709.50	¥2,870.50	¥1,670.50	10%	¥25.00	¥142.05	¥2,728.45
19		17	王海			200.00%	¥0.00	¥4,580.00		¥0.00	¥924.50	¥3,655.50	¥2,455.50	15%	¥125.00	¥243.33	¥3,412.18

员工信息 | 工资计算系统 | 工资查询系统

❷ 制作工资计算系统

员工姓名=VLOOKUP(B3,员工信息!$B$3:$K$27,2,FALSE)

加班费=(VLOOKUP(B3,员工信息!$B$3:$K$27,3)+VLOOKUP(B3,员工信息!$B$3:$K$27,4))/22*E3*F3

工资总和=(VLOOKUP(B3,员工信息!$B$3:$K$27,3,FALSE)+VLOOKUP(B3,员工信息!$B$3:$K$27,4,FALSE)+VLOOKUP(B3,员工信息!$B$3:$K$27,5,FALSE)+(D3+G3))

请假扣款=(VLOOKUP(B3,员工信息!$B$3:$K$27,4,FALSE)+VLOOKUP(B3,员工信息!$B$3:$K$27,5,FALSE))/22*I3

缴费及扣款合计=(VLOOKUP(B3,员工信息!$B$3:$K$28,3)+VLOOKUP(B3,员工信息!$B$3:$K$28,4))*VLOOKUP(B3,员工信息!$B$3:$K$28,10)+J3

税前工资=H3-K3

计税工资=IF((L3-1200)>0,(L3-1200),0)

税率=IF(M3>80000,0.4,IF(M3>60000,0.35,IF(M3>40000,0.3,IF(M3>20000,0.25,IF(M3>5000,0.2,IF(M3>2000,0.15,IF(M3>500,0.1,IF(M3<>0,5,0))))))))

速算扣除数=IF(M3<=500,0,IF(M3<=2000,25,IF(M3<=5000,125,IF(M3<=20000,375,IF(M3<=40000,1375,IF(M3<=60000,3375,IF(M3<=80000,6375,10375)))))))

所得税=M3*N3-O3

实发工资=L3-P3

工资查询系统❸根据所输入的员工ID从员工信息表或者工资计算系统表中提取出对应的工资信息。VLOOKUP函数是信息提取时的常用函数。本例在制作工资查询系统时VLOOKUP函数也将发挥重要的作用。下面也会贴出查询每一项所使用的公式。

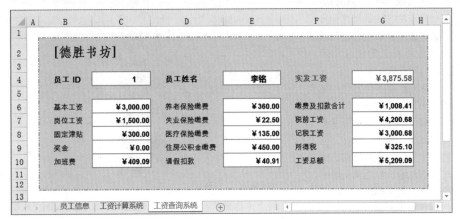

❸制作工资查询系统

员工姓名=VLOOKUP(C4,员工信息!$B$3:$K$27,2,FALSE)

基本工资=VLOOKUP(C4,员工信息!$B$3:$K$27,3,FALSE)

岗位工资=VLOOKUP(C4,员工信息!$B$3:$K$27,4,FALSE)

固定津贴=VLOOKUP(C4,员工信息!$B$3:$K$27,5,FALSE)

奖金=VLOOKUP(C4,工资计算系统!$B$3:$Q$27,3,FALSE)

加班费=VLOOKUP(C4,工资计算系统!$B$3:$Q$27,6,FALSE)

养老保险缴费=(VLOOKUP(C4,员工信息!$B$3:$K$27,3,FALSE)+VLOOKUP(C4,员工信息!$B$3:$K$27,4,FALSE))*VLOOKUP(C4,员工信息!$B$3:$K$27,6,FALSE)

失业保险缴费=(VLOOKUP(C4,员工信息!$B$3:$K$27,3,FALSE)+VLOOKUP(C4,员工信息!$B$3:$K$27,4,FALSE))*VLOOKUP(C4,员工信息!$B$3:$K$27,7,FALSE)

医疗保险缴费=(VLOOKUP(C4,员工信息!$B$3:$K$27,3,FALSE)+VLOOKUP(C4,员工信息!$B$3:$K$27,4,FALSE))*VLOOKUP(C4,员工信息!$B$3:$K$27,8,FALSE)

住房公积金缴费=(VLOOKUP(C4,员工信息!$B$3:$K$27,3,FALSE)+VLOOKUP(C4,员工信息!$B$3:$K$27,4,FALSE))*VLOOKUP(C4,员工信息!$B$3:$K$27,9,FALSE)

请假扣款=VLOOKUP(C4,工资计算系统!$B$3:$Q$27,9,FALSE)

缴费及扣款合计=VLOOKUP(C4,工资计算系统!$B$3:$Q$27,10,FALSE)

税前工资=VLOOKUP(C4,工资计算系统!$B$3:$Q$27,11,FALSE)

计税工资=VLOOKUP(C4,工资计算系统!$B$3:$Q$27,12,FALSE)

所得税=VLOOKUP(C4,工资计算系统!$B$3:$Q$27,15,FALSE)

工资总额=SUM(C6:C10)

实发工资=VLOOKUP(C4,工资计算系统!$B$3:$Q$27,16,FALSE)

制作动态员工信息卡

在工作中，HR有时候需要从大量的数据中查找某个员工信息。如果一个一个地查找，则非常麻烦，而且容易看得眼花缭乱。在这里就教大家一种制作动态员工信息卡的方法。用这种方法通过鼠标选取姓名，可以快速查看员工的信息和照片，非常方便快捷。

首先新建一个名为"基础信息"的工作表，输入员工信息，其中E列是每名员工的照片，其余列是员工的姓名、性别、出生日期、岗位等信息❶。然后再新建一个名为"员工信息卡"的工作表，构建表格框架❷。选中"员工信息卡"工作表的C3单元格，打开"数据验证"对话框，然后在"允许"下拉列表中选择"序列"选项，在"来源"文本框中输入公式"=基础信息!$C$3: $C$17"，确认即可。接着在"公式"选项卡中单击"定义名称"按钮，打开"新建名称"对话框，在"名称"文本框中输入"照片"，然后在"引用位置"文本框中输入"=INDEX(基础信息!$E:$E,MATCH(员工信息卡!$C$3,基础信息!$C:$C,))"，最后确认即可。

A	B	C	D	E	F	G	H	I	J
	序号	姓名	性别	照片	出生日期	入职日期	学历	岗位	任职技能
	1	白起	男		1987/11/20	2009/8/1	本科	坦克员	团控
	2	妲己	女		1985/3/15	2007/12/1	本科	法师	灵魂冲击
	3	狄仁杰	男		1983/9/10	2005/3/9	大专	射手	六令追凶
	4	韩信	男		1986/12/23	2008/9/1	硕士	刺客	背水一战
	5	孙尚香	女		1979/5/12	2001/11/10	本科	射手	红莲爆弹
	6	项羽	男		1990/6/18	2012/10/1	本科	战士	破釜沉舟
	7	周瑜	男		1988/7/13	2010/4/6	大专	法师	远程消耗

❶ "基础信息"工作表

接下来需要从"基础信息"工作表中复制任意一个头像照片粘贴到"员工信息卡"的头像位置，然后单击照片，在编辑栏内输入"=照片"❸。最后使用VLOOKUP函数，完善其他信息的查找。即在E3单元格中输入的公式为"=VLOOKUP ($C$3,基础信息!$C:$J, MATCH(D3,基础信息! $C$2:$J$2,0),0)"。在C4单元格中输入的公式为"=VLOOKUP($C$3,基础信!$C:$J,MATCH(B4,基础信息!$C$2:$J$2,0),0)"。在E4单元格中输入的公式为"=VLOOKUP($C$3,基础

信息!$C:$J,MATCH(D4,基础信息!$C$2: $J$2,0),0)"。在C5单元格中输入的公式为"=VLOOKUP ($C$3,基础信息!$C: $J,MATCH(B5,基础信息!$C$2:$J$2,0), 0)"。在E5单元格中输入的公式为"=VLOOKUP($C$3,基础信息!$C:$J,MATCH(D5,基础信息!$C$2:$J$2,0),0)"。

在C6单元格中输入的公式为"=VLOOKUP($C$3,基础信息!$C:$J,MATCH(B6,基础信息!$C$2:$J$2,0),0)"。

最后当从姓名列表中选择不同的姓名时，信息卡就会出现对应的详细信息。例如，选择"韩信"时，出现韩信的详细信息❹。

A	B	C	D	E	F
		员 工 信 息 卡			
	姓名		性别		
	出生日期		学历		
	入职日期		岗位		
	任职技能				

❷ 新建一个名为"员工信息卡"的工作表

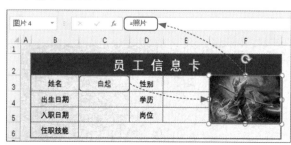

❸ 在编辑栏中输入公式

A	B	C	D	E	F
		员 工 信 息 卡			
	姓名	韩信	性别	男	
	出生日期	1986/12/23	学历	硕士	
	入职日期	2008/9/1	岗位	刺客	
	任职技能		背水一战		

❹ "韩信"详细信息

Article 197

Excel原来还能这样玩

大家先观察图❶的这幅绘画作品，然后思考一下这幅画是用什么软件绘制出来的？是Photoshop，是Illustrator，还是CorelDRAW？答案可能会让大家感到惊讶，这其实是使用Excel画的。

目前市场上已经出现了许许多多的图片创作和编辑软件，但出人意料的是微软Office办公套件中的Excel也能够做到这一点。通常来说，对于Excel用途的定义主要是围绕着制作数据图表、柱状图或者公司业绩分析。然而70多岁的日本退休老人堀内辰男却在过去数十年时间内通过Excel创作出了一幅幅精美的画作！图❶就是他众多作品中的其中一幅。

堀内辰男所创作的画作大多为日式风格的山水风景图，至于为何舍弃以往的传统作画方式而改用Excel来制作，他表示"传统的专业绘画成本较高，而自己的这一创新方式只需一台计算机即可轻松实现"。Excel里面有

❶ 堀内辰男作品

各种粗细的画笔，有256色的RGB调色板，有足够大的画布空间，还有便捷的图形组件。堀内辰男的作画方法是使用Excel的图形描绘功能AutoShape（自选图形，通过"形状"功能插入），利用线性画笔工具拉出高山、树木、动物的轮廓，接着选择上色范围进行着色，经过细

致的调整，让人惊讶的作品就诞生了，其Excel画作手稿如图❷和图❸所示。最初，他想在计算机上作画，又觉得Photoshop之类的画图软件太难，Word又有尺幅的限制，有一次他看到有人在Excel里画图表，于是决定用这个普通计算机里都会安装的软件作画。当他第

一次在家里接触计算机时，作为初学者，其实是充满担心的，因为不知道该怎么做。堀内辰男坦言，曾经受到许多人质疑，但他坚决走自己的路，在作出了无数惊艳的作品后，终于获得了世界的关注。

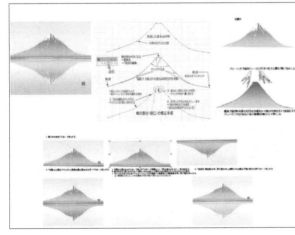

❷ 堀内辰男Excel画作手稿1

❸ 堀内辰男Excel画作手稿2

第五篇

报表打印及综合应用篇

打印时的基本设置

在工作中,一些财务报表或其他报表需要打印出来,以方便查看或计算。在打印之前,需要对报表进行相关设置,如设置打印份数、打印方向、纸张大小等。接下来对打印的基本设置进行详细介绍。

Technique 01
设置打印份数

如果要打印多份报表,以便多人查看,则可以在打开的报表中单击"文件"按钮,选择"打印"选项,进入打印界面❶。然后在"份数"数值框中输入想要打印的份数,这里输入5,这样在打印时就会将报表打印成5份。

Technique 02
设置打印方向

有的报表比较宽,无法将其完整地打印出来,这时可以设置纸张方向,使所有列全部打印在一页上,只需要在"打印"界面单击"设置"区域的"纵向"下拉按钮,从列表中选择"横向"选项就可以了。

Technique 03
设置纸张大小

一般会根据报表中的内容设置打印纸张大小,这里在"打印"界面的"设置"区域将纸张大小设置成A4❷。

进入打印界面

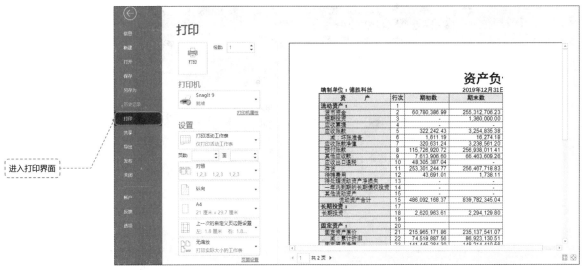

❶ 打印界面

输入

选择

设置

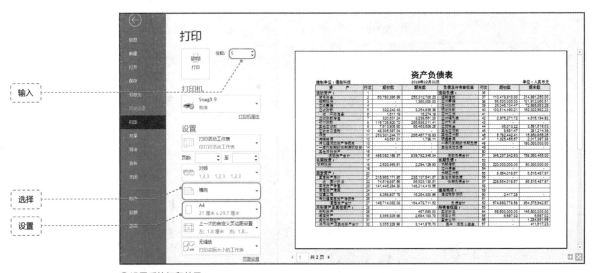

❷ 设置后的打印效果

Article
199 你会打印报表吗

通常，制作好报表后就可以直接对报表进行打印了。其实打印报表的方式有很多种，可以对当前的工作表进行打印，也可以打印指定工作表，或者打印所有工作表。

如果想打印当前工作表，只需要在打开工作表后进入打印界面，可以看到在"设置"区域显示"打印活动工作表"选项❶，表示只打印了当前工作表。

如果想要打印指定工作表，则可以选择需要打印的工作表❷，然后进行打印就可以了。

如果想要将工作簿中所有的工作表都打印出来，则直接在"打印"界面的"设置"区域设置"打印整个工作簿"选项即可❸。

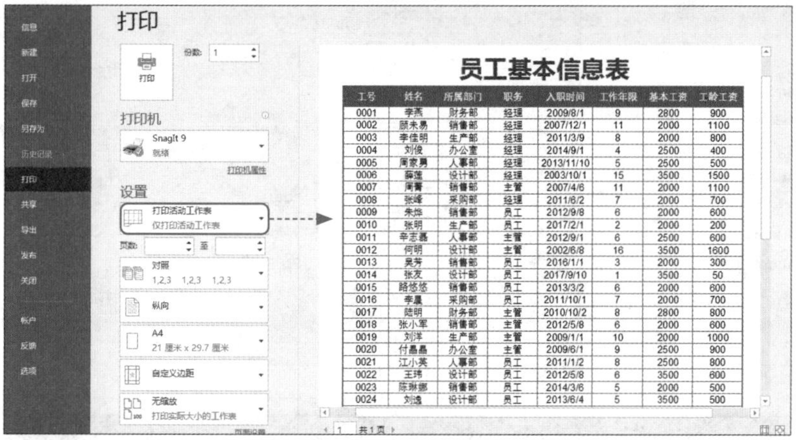

❶ 打印当前工作表

❷ 打印指定工作表

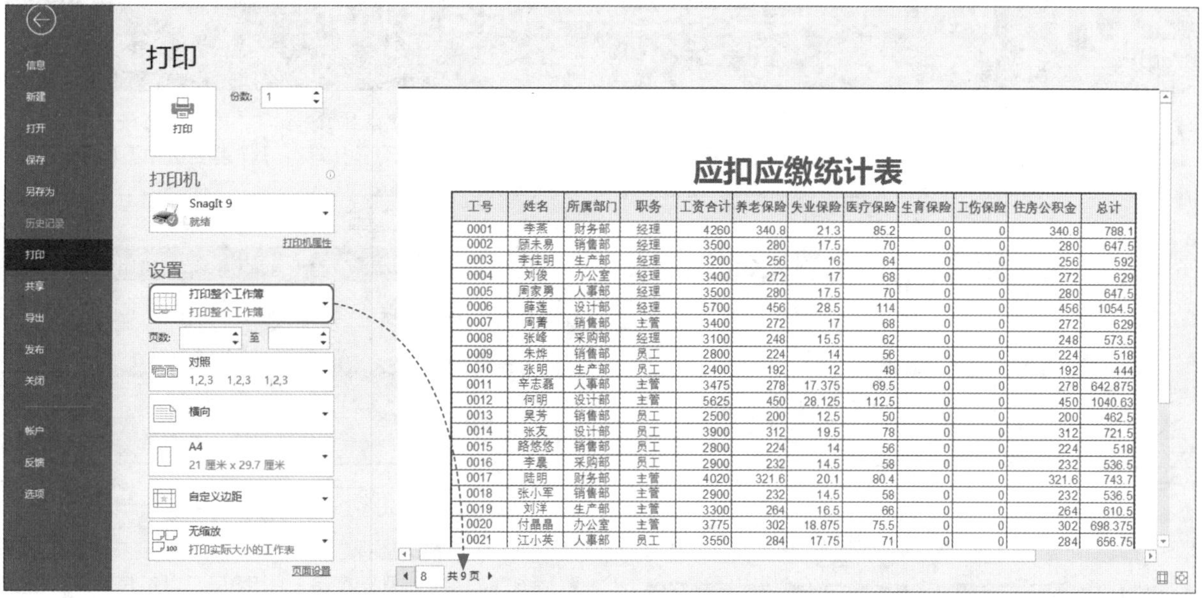

❸ 打印所有工作表

197

如何处理打印后工作表中的虚线

对报表进行打印后, 会发现工作表中出现了横竖的虚线❶。如果觉得这些虚线影响报表的美观, 想要去掉的话, 则可以关闭工作簿, 然后重新打开这个工作簿, 会发现工作表中的虚线不再显示了, 这种方法虽然很简单, 但也比较麻烦, 需要打印一次, 重新启动一下工作簿。

这里再介绍一种可以永久不显示虚线的方法, 首先打开"Excel选项"对话框, 选择"高级"选项, 然后在右侧取消勾选"显示分页符"复选框❷, 确认后, 不论对这张工作表执行多少次打印, 都不会显示打印虚线。

A	B	C	D	E	F	G
		出 差 预 算 表				
	项目	说明	费用	数量	金额	备注
	机票	启程	¥800.00	1	¥800.00	
	机票	返程	¥800.00	1	¥800.00	
	住宿	酒店	¥200.00	2	¥400.00	
	住宿	酒店	¥180.00	1	¥180.00	
	租车	每天的费用	¥150.00	8	¥1,200.00	
	燃气	每加仑的费用	¥1.74	14	¥24.36	
	娱乐	招待	¥290.00	1	¥290.00	
	礼品	送礼	¥90.00	3	¥270.00	
	杂项	其他	¥180.00	4	¥720.00	
	食物	每天的费用	¥100.00	8	¥800.00	

❶ 打印后出现虚线

❷ 取消勾选"显示分页符"

防止打印某些单元格内容

在打印报表时, 有的信息是不需要打印出来的, 为了节约纸张, 只需要将有用的信息打印出来就可以了, 那么该怎么操作呢? 这里介绍几种简单的方法。

第一种方法是隐藏行或列, 首先选中不需要打印的行或列, 然后右击选择"隐藏"命令❶, 将行或列隐藏起来, 这样打印时就不会将隐藏的行或列打印出来。

第二种方法是设置字体颜色, 选中不需要打印的单元格区域, 将单元格中的字体颜色设置为白色❷, 但这种方法起不到节约纸张的作用, 只可以不打印不需要的信息。

最后一种方法是文本框遮盖, 即插入一个文本框, 将其覆盖在不需要打印的数据区域❸, 这样覆盖住的数据就不会被打印出来。

❶ 隐藏行

❷ 将字体设置为白色

❸ 使用文本框遮挡数据

Article 202
一个步骤让表格在打印时居中显示

打印时,如果报表中的数据列比较少,则会在打印预览区域看到报表显示在靠左的一侧❶,如果想居中打印报表,就需要打开"页面设置"对话框,在"页边距"选项卡中勾选"居中方式"区域的"水平"复选框,单击"确定"按钮后就可以看到报表数据在打印预览区域居中显示了❷。

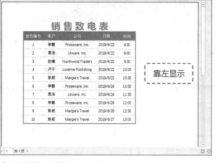

❶ 报表显示在靠左的一侧

❷ 报表居中显示

Article 203
一次打印多个工作簿

通常情况下,每次只会打印一个工作簿中的工作表,但有时需要一次打印多个工作簿,又不想一个一个地打开这些工作簿再进行打印,那么该怎么操作呢?首先打开文件夹,选择需要打印的工作簿,然后右击,从中选择"打印"选项,就可以一次打印选中的多个工作簿了❶。

需要说明的是,这种方法打印出来的工作表是每个工作簿最后保存时的活动工作表,而不是每个工作簿中所有的工作表。

❶ 打印多个工作簿

Article 204
设置奇偶页不同的页眉与页脚

在Word文档中可以很方便地设置奇数页和偶数页不同的页眉与页脚,同样在Excel中也可以轻松实现相同的操作。打开"页面设置"对话框,在"页眉/页脚"选项卡中勾选"奇偶页不同"复选框❶,然后单击"自定义页眉"按钮,分别设置奇数页和偶数页的页眉就可以了❷。

❶ 勾选"奇偶页不同"

❷ 设置奇数页和偶数页页眉

199

在纸上显示日期和页码

如果需要打印的表格有很多页，建议在打印时添加页码，以便阅读。首先打开"页面布局"选项卡，单击"页面设置"选项组中的对话框启动器按钮，打开"页面设置"对话框，因为需要在页脚添加页码，所以切换到"页眉/页脚"选项卡，然后从中单击"自定义页脚"按钮❶，在打开的"页脚"对话框中先选择页码显示的位置，这里将光标插入到"中部"文本框中，然后单击"插入页码"按钮❷，就可以让页码显示在页脚的中间位置。单击"确定"按钮后返回到"页面设置"对话框，在"页脚"下拉列表中可以选择页码显示的样式❸，接着单击"打印预览"按钮，进入打印预览界面，可以看到在报表的底部显示了添加的页码❹。

❶ 单击"自定义页脚"按钮

❷ 设置页码显示位置

❸ 设置页码样式

同样，如果想要在打印时添加日期来体现工作表的时效性，则可以在"页眉/页脚"选项卡中单击"自定义页眉"按钮，让日期显示在页眉中，然后在打开的"页眉"对话框中将光标插入到"左部"文本框中，单击"插入日期"按钮❺，单击"确定"按钮后，设置好日期显示样式，接着进入打印预览界面，可以看到在报表的左上角显示了当前日期❻。

❹ 报表底部显示页码

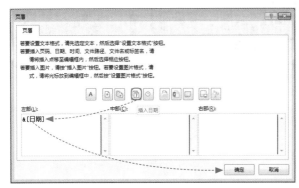

❺ 设置日期显示位置

❻ 查看显示的日期

Article 206　随心所欲地打印数据区域

工作中可能会遇到只打印需要数据的情况，这时该怎么处理呢？其实方法很简单，只需要选中需要打印的数据区域，然后打开"页面布局"选项卡，从中单击"打印区域"下拉按钮，从列表中选择"设置打印区域"选项❶，进入打印界面后，可以看到只打印选定的数据区域的预览效果。

也可以先选中需要打印的数据区域，再进入打印界面设置打印区域，将打印范围设置为"打印选定区域"就可以只打印选中的数据区域了❷。

除了打印指定的数据区域，还可以使用照相机工具打印不连续的数据区域，可能大家对照相机工具很陌

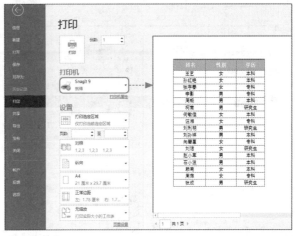

❶ 设置打印区域

❷ 预览打印效果

生，因为照相机工具并不常用，而且一般在工作表中找不到它，需要把它调出来才可以使用。首先打开"Excel 选项"对话框，选择"所有命令"，然后在下方的列表框中找到并选择"照相机"，单击"添加"按钮，最后单击"确定"按钮❸，就可以把照相机工具添加到快速访问工具栏中了。接下来需要选中数据区域，单击"照相

机"按钮，将所选的数据区域拍摄下来，可以看到所选区域的周围出现滚动的虚线❹，然后新建一个工作表，单击就可以将拍摄的图片粘贴到新工作表中，接着拍摄其他位置的数据，在新工作表中调整拍摄图片的位置，使图片合理地排列在一起❺。最后进入打印界面，预览打印效果，可以看到已将不同位置的数据打印在一起❻。

此外，还可以通过使用"设置打印区域"命令来打印工作表中不连续的数据区域。首先将不打印的数据区域隐藏起来，然后选择剩余的数据区域，打开"页面布局"选项卡，单击"打印区域"下拉按钮，从列表中选择"设置打印区域"选项❼，进入打印界面

后，可以看到隐藏的数据没有打印出来，只打印了显示不连续数据区域❽。

如果分别选中需要打印的数据区域，再设置打印区域，则在打印预览区域可以看到选中的数据区域分别打印在不同的页面上，而不在同一张页面上。

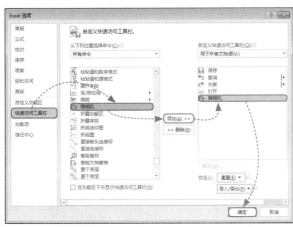

❸ 调出"照相机"工具

❹ 拍摄所选区域

⑤ 调整拍摄的图片

⑥ 打印不连续数据区域

⑦ 设置打印区域

⑧ 查看打印效果

Article 207 最节约的打印方式

制作报表时，为了使报表看起来更加美观，会为其设置底纹和边框颜色，其实在打印时没有必要将这些颜色打印出来，只需要打印成黑白效果就可以了。进入打印界面，单击下方的"页面设置"按钮①，打开"页面设置"对话框，在"工作表"选项卡中直接勾选"单色打印"即可②，打印时工作表的底纹和边框颜色全部为黑白效果。

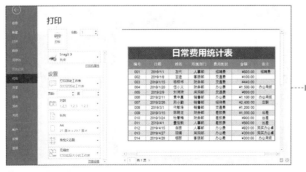

❶ 设置打印区域

❷ 勾选"单色打印"复选框

Article 208 每页都能打印表头

工作表中的数据较多，需要分多页打印时，为了方便查看数据，可以在每页的开始位置添加表头。首先

打开"页面布局"选项卡，从中单击"打印标题"按钮❶，打开了"页面设置"对话框，在"工作表"选项卡中单击

"顶端标题行"右侧的"折叠"按钮❷，返回到工作表中，选择标题行所在的整个行，此时需要将光标移动到标题行行号上，然后单击，可以看到在"顶端标题行"对话框中显示了选中的单元格区

域❸，再次单击"折叠"按钮，返回到"页面设置"对话框，直接单击"打印预览"按钮，进入打印界面，在预览区域可以看到每一页的顶端都显示了表头❹。

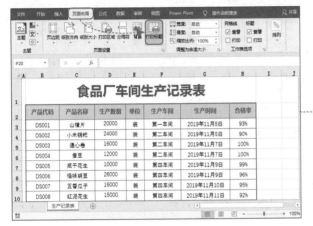

❶ 单击"打印标题"按钮

❷ 单击"折叠"按钮

❸ 选择标题行

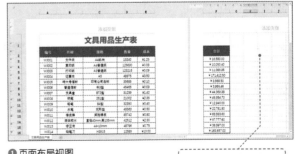

❹ 每页都打印了表头

Article 209 一页纸打印整张报表

为了方便查看报表数据，通常会将报表数据打印在一张纸上。如果打印时发现一页纸不能容纳整张报表，该怎么操作呢？首先打开"视图"选项卡，在"工作簿

视图"中单击"页面布局"按钮，可以看到工作表进入了页面布局视图模式，在页面布局视图下，工作表以打印模式显示，此时，可以看到有一列数据被分在了下一页❶。

❶ 页面布局视图

要让这列数据与其他数据显示在一页中，稍微调整页边距即可，选中第一页中的任意单元格，页面上方出现一个标尺，在标尺的两端有两处灰白色区域，将光标放在灰白色区域内侧，当光标变为双向箭头时，按住鼠标左键向左拖动鼠标调整左边距❷或者向右拖动鼠标调整右边距。调整页面上下边距也可以使用同样的方法。页面左右边距缩小后，可以看到原本多出的一列回到了第一页❸。再进行打印即可。

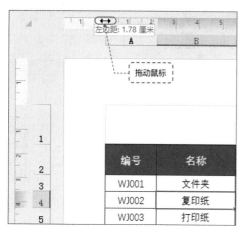

❷ 调整页边距

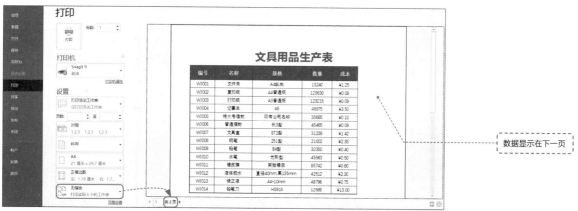

❸ 报表数据显示在一页

此外，对于数据超出打印范围不是很多的报表，还可以尝试采用缩放打印，即把整个报表缩小到一页中。首先进入打印界面，在打印预览中可以看到，需要打印2页报表数据❹，此时可以在"设置"区域中把"无缩放"选项设置成"将工作表调整为一页"选项，就可以在一页纸上打印所有报表数据❺。

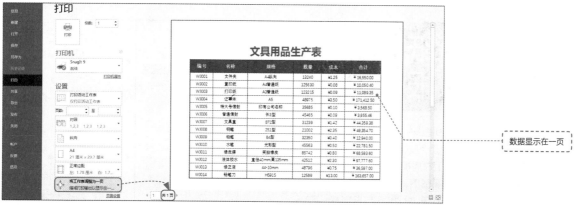

❹ 打印2页报表数据

❺ 数据显示在一页

Article 210 表格打印出来很小怎么办

由于报表中的数据内容较多，所以打印时报表中的数据显得比较小，不方便阅读。有没有一种方法可以在打印时调整报表显示的大小，使报表中的数据呈现得更清楚呢？这里就教大家一种方法，从图❶中可以看出，报表又长又窄，而打印的纸张比较宽，所以报表显示得比较小，可以通过更改打印纸张的大小来调整报表显示的大小。这里在打印界面将A4纸设置成"信封B5"，缩小打印纸张的大小，这样打印预览中的报表就会被调大。此外，在"页面设置"对话框的"页边距"选项卡中，还可以通过减小上、下、左、右的页边距，来增加报表的显示大小❷。

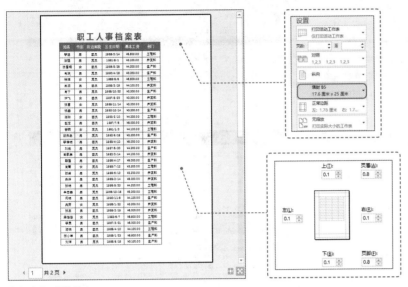

❶ 报表显示得比较小

❷ 增大报表的显示大小

如果只需要打印报表中的"姓名"列❸，则可以通过设置让"姓名"列单独打印在一张纸上，显示得更清楚。首先在工作表中创建一个表格，并在表格中输入"姓名"对应单元格的行号和列标❹，然后按Ctrl+H组合键打开"查找和替换"对话框，在"查找内容"文本框中输入B，在"替换为"文本框中输入=B，接着单击"全部替换"按钮，将单元格替换成公式。此时，可以看到单元格中随即显示出对应的姓名。然后进入打印预览界面，可以看到"姓名"列被打印在一张纸上，并且数据内容清晰地展现了出来❺。

❸ 打印"姓名"列

数据拥挤，不清楚

❹ 创建表格

输入行号和列标

❺ 打印预览

屏蔽打印错误值

有的报表中需要运用公式计算一些数据，在计算的过程中可能会出现错误值❶，如果这些错误值可以忽略，为了不影响报表整体的美观，则在打印时可以选择不将错误值打印出来，那么该怎么操作呢？首先打开"页面设置"对话框，在"工作表"选项卡中单击

"错误单元格打印为"右侧的下拉按钮，从列表中选择"空白"选项❷，单击"确定"按钮后进入打印预览界面，此时可以看到报表中的错误值没有显示出来❸。

需要说明的是，只有报表中的错误值对报表没有影响时，才可以在打印时选择不打印错误值。

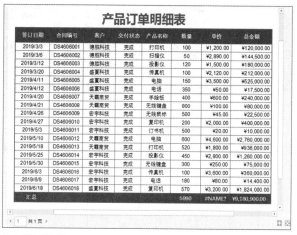

产品订单明细表

签订日期	合同编号	客户	交付状态	产品名称	数量	单价	总金额
2019/3/3	DS4606001	德胜科技	完成	打印机	100	¥1,200.00	¥120,000.00
2019/3/6	DS4606002	德胜科技	完成	扫描仪	50	¥2,890.00	¥144,500.00
2019/3/12	DS4606003	德胜科技	完成	投影仪	120	¥1,500.00	¥180,000.00
2019/3/20	DS4606004	盛夏科技	完成	传真机	100	¥2,120.00	¥212,000.00
2019/4/11	DS4606005	盛夏科技	完成	电脑	150	¥3,500.00	¥525,000.00
2019/4/12	DS4606006	盛夏科技	完成	电话	350	¥50.00	¥17,500.00
2019/4/20	DS4606007	天霸商贸	完成	手绘板	400	¥600.00	¥240,000.00
2019/4/21	DS4606008	天霸商贸	完成	无线键盘	800	¥100.00	¥80,000.00
2019/4/26	DS4606009	宏宇科技	完成	无线鼠标	500	¥45.00	¥22,500.00
2019/4/27	DS4606010	宏宇科技	完成	复印机	200	¥2,000.00	¥400,000.00
2019/5/3	DS4606011	宏宇科技	完成	订书机	500	¥20.00	¥10,000.00
2019/5/10	DS4606012	天霸商贸	完成	电脑	600	¥4,600.00	¥2,760,000.00
2019/5/18	DS4606013	天霸商贸	完成	打印机	520	¥1,800.00	¥936,000.00
2019/5/25	DS4606014	宏宇科技	完成	投影仪	450	¥2,800.00	¥1,260,000.00
2019/5/30	DS4606015	宏宇科技	完成	无线键盘	300	¥250.00	¥75,000.00
2019/6/3	DS4606016	宏宇科技	完成	传真机	100	¥3,600.00	¥360,000.00
2019/6/9	DS4606017	宏宇科技	完成	电话	180	¥80.00	¥14,400.00
2019/6/18	DS4606018	盛夏科技	完成	复印机	570	¥3,200.00	¥1,824,000.00
汇总					5990	#NAME?	¥9,180,900.00

❶ 打印出错误值

❷ 设置不打印错误值

产品订单明细表

签订日期	合同编号	客户	交付状态	产品名称	数量	单价	总金额
2019/3/3	DS4606001	德胜科技	完成	打印机	100	¥1,200.00	¥120,000.00
2019/3/6	DS4606002	德胜科技	完成	扫描仪	50	¥2,890.00	¥144,500.00
2019/3/12	DS4606003	德胜科技	完成	投影仪	120	¥1,500.00	¥180,000.00
2019/3/20	DS4606004	盛夏科技	完成	传真机	100	¥2,120.00	¥212,000.00
2019/4/11	DS4606005	盛夏科技	完成	电脑	150	¥3,500.00	¥525,000.00
2019/4/12	DS4606006	盛夏科技	完成	电话	350	¥50.00	¥17,500.00
2019/4/20	DS4606007	天霸商贸	完成	手绘板	400	¥600.00	¥240,000.00
2019/4/21	DS4606008	天霸商贸	完成	无线键盘	800	¥100.00	¥80,000.00
2019/4/26	DS4606009	宏宇科技	完成	无线鼠标	500	¥45.00	¥22,500.00
2019/4/27	DS4606010	宏宇科技	完成	复印机	200	¥2,000.00	¥400,000.00
2019/5/3	DS4606011	宏宇科技	完成	订书机	500	¥20.00	¥10,000.00
2019/5/10	DS4606012	天霸商贸	完成	电脑	600	¥4,600.00	¥2,760,000.00
2019/5/18	DS4606013	天霸商贸	完成	打印机	520	¥1,800.00	¥936,000.00
2019/5/25	DS4606014	宏宇科技	完成	投影仪	450	¥2,800.00	¥1,260,000.00
2019/5/30	DS4606015	宏宇科技	完成	无线键盘	300	¥250.00	¥75,000.00
2019/6/3	DS4606016	宏宇科技	完成	传真机	100	¥3,600.00	¥360,000.00
2019/6/9	DS4606017	宏宇科技	完成	电话	180	¥80.00	¥14,400.00
2019/6/18	DS4606018	盛夏科技	完成	复印机	570	¥3,200.00	¥1,824,000.00
汇总					5990		¥9,180,900.00

❸ 不打印错误值

保护私有信息

由于每个工作簿除了所包含工作表的内容外，还可能保存了由多人协作时留下的批注、墨迹等信息，记录了文件的所有修订记录。如果将工作簿发送给其他人员，那么这些信息可能会泄露私密信息，应该及时检查这些信息并删除，此时可以使用"检查文档"功能，即打开"文件"菜单，选择"信息"选项，然后单击"检查问题"下拉按钮，从

中选择"检查文档"选项，打开"文档检查器"对话框，列出了可检查的各项内容，单击"检查"按钮❶，开始检查，检查完成后会显示结果，如果确认检查结果

的某项内容应该去除，则直接单击该项右侧的"全部删除"按钮即可❷。

需要注意的是，在"文档检查器"中删除的内容无法撤销，应该谨慎使用。

❶ 检查文档

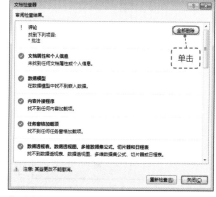

❷ 删除内容

让行号和列标跃然纸上

默认情况下，在打印工作表时是不打印行号和列标的，如果需要将其打印出来，则可以通过Excel提供的自动打印行号和列标功能来实现。首先打开"页面布局"选项卡，在"工作表选项"中勾选"标题"区域中的"打印"复选框，然后按Ctrl+P组合键进入打印预览界面，可以看到打印出了行号和列标❶。此外，还可以打开"页面设置"对话框，在"工作表"选项卡中勾选"行和列标题"复选框❷，也可以实现该效果。

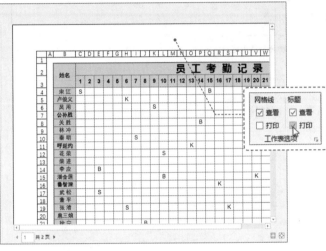

❶ 显示行号和列标

❷ 勾选"行和列标题"复选框

打印公司标志

在打印报表时，有时需要添加公司的标志来提高公司的知名度❶。那么该如何添加呢？打开"页面设置"对话框，在"页眉/页脚"选项卡中单击"自定义页眉"按钮，打开"页眉"对话框，把光标插入"左部"文本框中，然后单击"插入图片"按钮，在打开的对话框中选择公司的标志图片文件，插入图片后，接着单击"设置图片格式"按钮，在打开的对话框中对图片的高度和宽度进行设置，并将图片设置成合适的大小。最后进入打印预览界面，可以看到在报表的左上角添加了公司标志❷。

❶ 未添加标志

❷ 添加了公司标志

将批注内容打印出来

制作报表时，有时需要在报表中添加批注，以便理解和阅读报表中的数据。默认情况下，工作表中的批注是不被打印出来的❶，如果打印报表时要想将批注一并打印出来，可以打开"页面设置"对话框，在"工作表"选项卡中单击"注释"右侧的下拉按钮，从下拉列表中选择"工作表末尾"选项，然后单击"打印预览"按钮❷，进入打印预览界面，此时，可以看到在第二页中显示出批注信息❸。

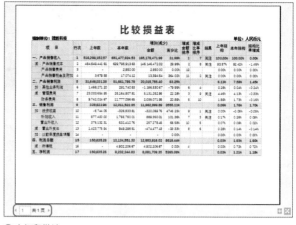

❶ 未打印批注

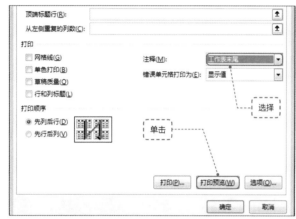

❷ 选择"工作表末尾"选项

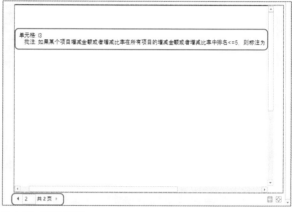

❸ 在第二页显示批注

不打印图表

为了直观地展示并分析数据，一般会在报表中插入图表。当打印报表时，默认情况下图表也会一起被打印出来❶，如果不需要将图表打印出来，则可以选中图表，打开"图表工具-格式"选项卡，单击"大小"选项组的对话框启动器按钮，打开"设置图表区格式"窗格，在"属性"选项组中取消勾选"打印对象"复选框就可以了❷，进入打印预览界面中，可以看到图表没有被打印出来❸。

❶ 图表被打印出来了

❷ 取消勾选"打印对象"复选框

销售业绩表

姓名	部门	一月份	二月份	三月份	汇总
王阳	三分部	289580	453890	455520	1198970
杨怡	二分部	363530	234600	128030	726160
薄涛	一分部	475620	114300	155730	745650
张磊	三分部	158360	145720	308760	612840
陈真	二分部	523450	114620	156250	794320
黄蓉	三分部	236820	132300	211020	580140
柳成	二分部	108523	157620	136780	402923
林丽	一分部	145050	96200	115280	356530
杨林	二分部	139390	108960	124690	373040
嘉远	二分部	125650	136010	375610	637270

❸ 图表未被打印出来

Article 217 打印报表背景

通常为了使报表看上去更美观，会为其添加图片背景，但在打印报表时不会将背景打印出来❶。如果想要将背景打印出来，则可以先选中需要打印的数据区域，单击"照相机"按钮，将拍摄的图片放置在新的工作表中，然后调整好图片的位置，进入打印预览界面，可以看到报表的背景被打印出来了❷。

❶ 未将背景打印出来

❷ 打印出报表背景

此外，如果一开始没有为报表添加背景图片，可以先选中没有添加背景图片的数据区域，单击"照相机"按钮，对该数据区域进行拍摄，然后打开新的工作表，选择合适的位置，将照片放置好。

接着为照片设置背景图片，首先选择照片，右击从中选择"设置图片格式"命令❸，打开"设置图片格式"窗格，在"填充"组中选中"图片或纹理填充"选项，然后单击下方的"文件"按钮❹，在打开的对话框中选择合适的背景图片，插入后进入打印预览界面，可以看到同样将报表的背景打印出来了。

需要说明的是，如果大家想要取消报表的背景图片，则可以在"页面布局"选项卡中直接单击"删除背景"按钮。

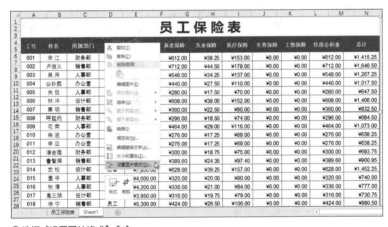

❸ 选择"设置图片格式"命令

❹ 单击"文件"按钮

Article 218 按指定位置分页打印

在打印报表时，Excel默认会打印整个工作表，并根据页面能容纳的内容自动插入分页符。但有时候系统自动分页打印出来的并不是想要的效果，从图❶中可以看出，在第一页，图表只被打印了一部分，如果要将图表调整到第二页进行打印，则可以为其设置分页符，即选中图表上方的单元格，这里选择A43单元格，打开"页面布局"选项卡，单击"分隔符"下拉按钮，从中选择"插入分页符"选项，然后进入打印预览界面，可以看到图表被分到第二页进行打印了❷。

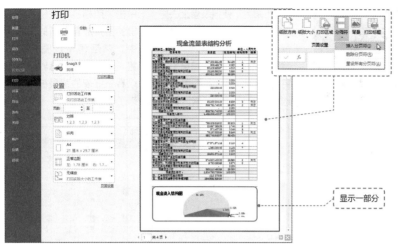

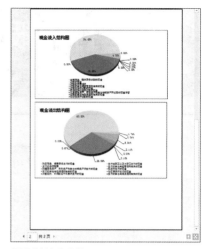

❶ 图表显示出一部分

❷ 图表被打印在第二页

将工作表保存为HTML格式

HTML译为超文本标记语言，是标准通用标记语言的一个应用。Excel 2016具有将工作簿保存为HTML格式的功能，然后可以在企业内部网站或Internet上发布，访问者只需要使用网页浏览器即可查看工作簿内容。将工作簿保存为HTML格式后，该文件还可以使用Excel打开和编辑，但一部分Excel功能将会丢失。具体的操作方法为单击"文件"按钮，选择"另存为"选项，然后在"另存为"界面中单击"浏览"按钮，弹出"另存为"对话框，先选择保存位置，然后选择"保存类型"为"网页（*.htm; *.html）"，接着输入文件名。如果发布整个工作

❶ 执行另存为操作

❷ 在网页中查看

簿，则可以单击"保存"按钮，此时弹出一个提示对话框，单击"是"按钮就可以完成操作❶。打开该文件，选择浏览器后，就可以在网页中查看发布的工作簿了❷。

如果只希望发布一张工作表或者一个单元格区域，则可以在"另存为"对话框中单击"发布"按钮，弹出

"发布为网页"对话框，可以从中选择发布的内容，以及设置一些相关选项，最后单击"发布"按钮❸，就可以在网页中查看发布的工作表。

需要注意的是，从Excel 2007开始，Excel不再支持将工作簿发布为具有交互特性的网页，只能发布为静态网页。

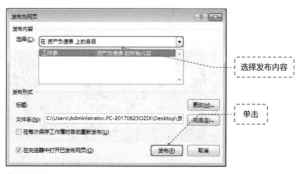

❸ 设置发布内容

Article 220

工作表也能导出为PDF文件

通常会将Word或PPT导出成PDF文件，其实Excel也支持将工作簿发布为PDF文件，以便获得更好的阅读兼容性以及某种程度上的安全性。具体方法为单击“文件”按钮，选择“导出”选项，然后在“导出”界面单击“创建PDF/XPS”按钮❶，弹出“发布为PDF/XPS”对话框，先选择保存位置，再输入文件名，最后单击“发布”按钮，就可以将工作表导出为PDF文件❷。如果希望设置更多的选项，则可以在对话框中单击“选项”按钮，在弹出的“选项”对话框中可以设置发布的页范围、工作表范围等参数。

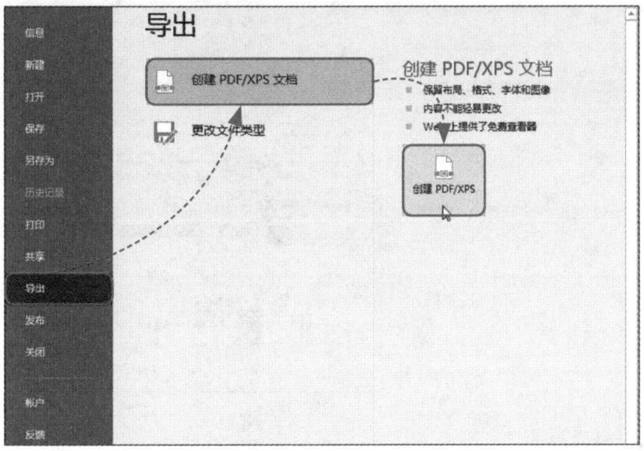

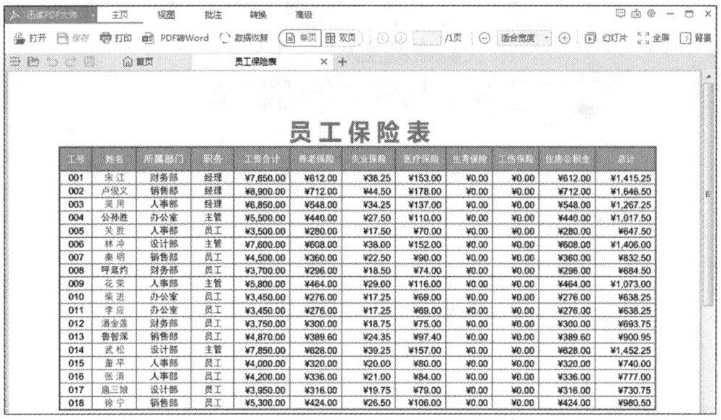

❶ 单击“创建PDF/XPS”按钮

员工保险表

工号	姓名	所属部门	职务	工资合计	养老保险	失业保险	医疗保险	生育保险	工伤保险	住房公积金	总计
001	宋江	财务部	经理	¥7,650.00	¥612.00	¥38.25	¥153.00	¥0.00	¥0.00	¥612.00	¥1,415.25
002	卢俊义	销售部	经理	¥8,900.00	¥712.00	¥44.50	¥178.00	¥0.00	¥0.00	¥712.00	¥1,646.50
003	吴用	人事部	经理	¥6,850.00	¥548.00	¥34.25	¥137.00	¥0.00	¥0.00	¥548.00	¥1,267.25
004	公孙胜	办公室	主管	¥5,500.00	¥440.00	¥27.50	¥110.00	¥0.00	¥0.00	¥440.00	¥1,017.50
005	关胜	人事部	员工	¥3,500.00	¥280.00	¥17.50	¥70.00	¥0.00	¥0.00	¥280.00	¥647.50
006	林冲	设计部	主管	¥7,600.00	¥608.00	¥38.00	¥152.00	¥0.00	¥0.00	¥608.00	¥1,406.00
007	秦明	销售部	员工	¥4,500.00	¥360.00	¥22.50	¥90.00	¥0.00	¥0.00	¥360.00	¥832.50
008	呼延灼	财务部	员工	¥3,700.00	¥296.00	¥18.50	¥74.00	¥0.00	¥0.00	¥296.00	¥684.50
009	花荣	人事部	主管	¥5,800.00	¥464.00	¥29.00	¥116.00	¥0.00	¥0.00	¥464.00	¥1,073.00
010	柴进	办公室	员工	¥3,450.00	¥276.00	¥17.25	¥69.00	¥0.00	¥0.00	¥276.00	¥638.25
011	李应	办公室	员工	¥3,450.00	¥276.00	¥17.25	¥69.00	¥0.00	¥0.00	¥276.00	¥638.25
012	潘金莲	财务部	员工	¥3,750.00	¥300.00	¥18.75	¥75.00	¥0.00	¥0.00	¥300.00	¥693.75
013	鲁智深	销售部	员工	¥4,870.00	¥389.60	¥24.35	¥97.40	¥0.00	¥0.00	¥389.60	¥900.95
014	武松	设计部	主管	¥7,850.00	¥628.00	¥39.25	¥157.00	¥0.00	¥0.00	¥628.00	¥1,452.25
015	董平	人事部	员工	¥4,000.00	¥320.00	¥20.00	¥80.00	¥0.00	¥0.00	¥320.00	¥740.00
016	张清	人事部	员工	¥4,200.00	¥336.00	¥21.00	¥84.00	¥0.00	¥0.00	¥336.00	¥777.00
017	扈三娘	设计部	员工	¥3,950.00	¥316.00	¥19.75	¥79.00	¥0.00	¥0.00	¥316.00	¥730.75
018	徐宁	销售部	员工	¥5,300.00	¥424.00	¥26.50	¥106.00	¥0.00	¥0.00	¥424.00	¥980.50

❷ 导出为PDF文件

Article 221

Office组件的协同办公

Office组件一般包括Word、Excel和PPT。在日常工作中，常常需要同时使用多个组件，因此进行组件之间的数据共享显得非常重要。这里介绍一下Excel和其他组件之间的协同办公。

Technique 01

将Excel表格输入到Word中

可以将Excel表格中的数据输入到Word文档中，首先需要选择工作表中的数据区域，按Ctrl+C组合键进行复制❶，然后打开Word文档，选择需要粘贴的位置，单击“粘贴”下拉按钮，从中选择“选择性粘贴”选项，弹出“选择性粘贴”对话框，将粘贴形式设置为“HTML格式”❷，单击“确定”按钮后可以看到Word文档中插入了表格，最后适当调整表格的列宽就可以了❸。

Technique 02

将Excel表格插入到PPT中

如果想要将Excel中的数据直接导入到PPT中，则可以先选中工作表中的数据区域，复制后，打开PPT，然后单击“粘贴”下拉按钮，从中选择“选择性粘贴”选项，在打开的对话框中设置“粘贴链接”为“Microsoft Excel 工作表对象”❹，单

文具用品生产表

编号	名称	规格	数量	成本	合计
WJ001	文件夹	A4纵向	13240	¥1.25	¥16,550.00
WJ002	复印纸	A4普通纸	125630	¥0.08	¥10,050.40
WJ003	打印纸	A3普通纸	123215	¥0.09	¥11,089.35
WJ004	记事本	A5	48975	¥3.50	¥171,412.50
WJ005	特大号信封	[illegible]	[illegible]	¥0.10	¥3,568.50
WJ006	普通信封	[illegible]	[illegible]	¥0.09	¥3,955.46
WJ007	文具盒	[illegible]	[illegible]	¥1.42	¥44,359.38
WJ008	钢笔	251型	21002	¥2.35	¥49,354.70
WJ009	铅笔	B4型	32350	¥0.40	¥12,940.00
WJ010	水笔	光彩型	45563	¥0.50	¥22,781.50
WJ011	橡皮擦	笑脸橡皮	85742	¥0.80	¥68,593.60
WJ012	液体胶水	直径40mm,高135mm	42512	¥2.30	¥97,777.60
WJ013	修正液	44×10mm	48796	¥0.75	¥36,597.00
WJ014	铅笔刀	HS915	12589	¥13.00	¥163,657.00

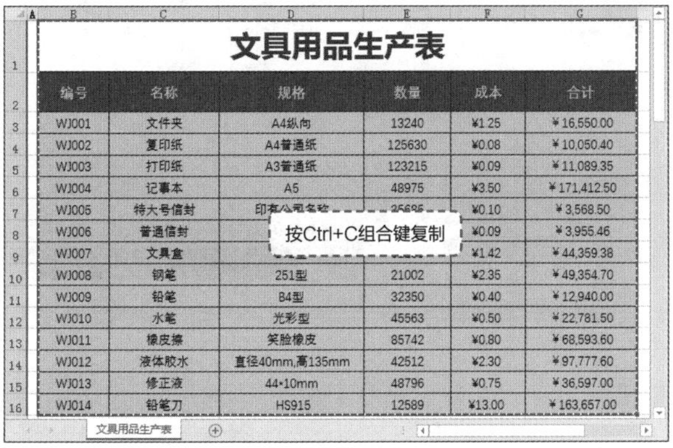

❶ 复制工作表中的数据

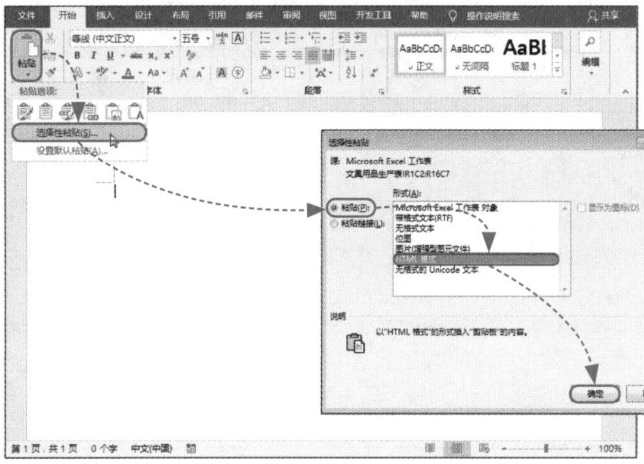

❷ 设置粘贴形式

击"确定"按钮后可以看到在PPT中插入了表格，适当调整表格的大小和位置即可❺。

需要说明的是，当Excel表格中的数据发生改变后，PPT中表格的数据也会进行同步更新。

Technique 03
在Excel中插入Word

还可以在Excel中插入其他Office组件，如插入Word文档，首先打开"插入"选项卡，单击"对象"按钮❻，弹出"对象"对话框，从中将"对象类型"设置为

Microsoft Word Document，单击"确定"按钮后可以看到在工作表中插入了一个Word文档❼。

Technique 04
在Word中插入Excel

当需要在Word中输入数据并对数据进行各种运算时，

可以在Word中插入一个Excel表，在表格中进行相关运算。首先打开Word文档，在"插入"选项卡中单击"表格"下拉按钮，从中选择"Excel电子表格"选项，此时，在Word文档中就插入了一个工作表，并且Word的功能区变为了Excel的功能区❽。

❸ 表格数据导入到Word

❺ 表格数据导入到PPT

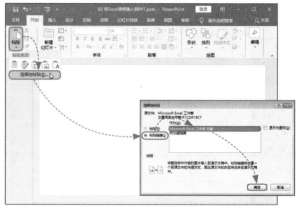

❹ 设置粘贴链接

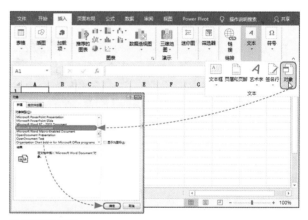

❻ 设置对象类型

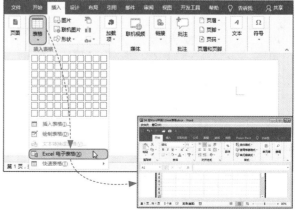

❼ Excel中插入Word文档

❽ Word中插入Excel表格

Technique 05
将Excel中的图片输入到其他组件

如果需要将Excel中的图片导入到其他组件中，如导入到Word或PPT中，则可以先选中Excel中的图片，复制后❾打开Word或PPT，单击"粘贴"下拉按钮，从中选择"选择性粘贴"选项，弹出"选择性粘贴"对话框❿，从中可以看到选择性粘贴允许以多种格式的图片来粘贴，但只能进行静态

粘贴，而且不同格式的文件大小也有所差异。如果在"形式"列表框中选择"位图"选项，图片会以BMP格式粘贴到Word或PPT中；选择"图片（增强型图元文件）"选项，图片会以EMF格式粘贴到Word或PPT中；选择"图片（GIF）"选项，图片会以GIF格式粘贴到Word或PPT中；选择"图片（PNG）"选项，图片会以PNG格式粘贴到Word或PPT中；选择"图片（JPEG）"选项，图片会

以JPEG格式粘贴到Word或PPT中；选择"Microsoft Office 图形对象"选项，图片会以JPEG格式粘贴到Word或PPT中。

Technique 06
链接Excel图表到PPT中

Excel图表同时支持静态粘贴链接和动态粘贴链接。如果想要将Excel中的图表静态粘贴到PPT中，则可以选中图表，复制后⓫打开PPT，然后单击"粘贴"下

拉按钮，从列表中选择"图片"选项⓬，即可将Excel中的图表以图片的形式静态粘贴到PPT中。若要将图表动态粘贴到PPT中，则可以在"粘贴"下拉列表中选择"选择性粘贴"选项，打开"选择性粘贴"对话框，从中选择"粘贴链接"单选按钮，然后单击"确定"按钮⓭，此时可以看到当Excel中图表的数据源发生变化时，PPT中的图表也会跟着发生改变⓮。

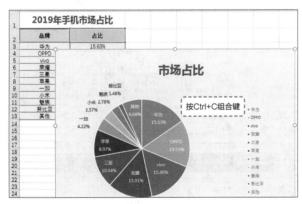
❾ 复制Excel中的图片

❿ "选择性粘贴"对话框

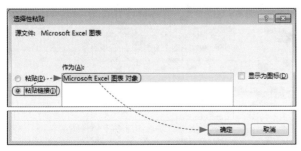
⓫ 复制图表

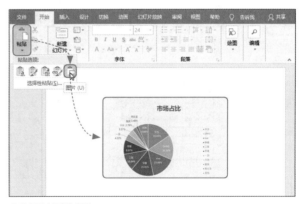
⓬ 将图表粘贴为图片

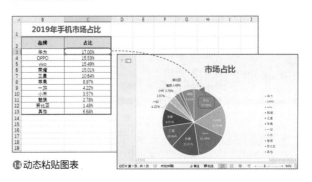
⓭ 选择"粘贴链接"　　　⓮ 动态粘贴图表

对于一些重要的数据报表，都会为其设置密码，以防止数据信息的泄露。为了保险起见，还可以为工作簿设置双重密码。首先打开工作簿，从"文件"菜单中选择"另存为"选项，然后在打开的"另存为"对话框中单击"工具"下拉按钮，选择"常规选项"选项❶，打开"常规选项"对话框，从中设置"打开权限密码"（密码为123）和"修改权限密码"（密码为321），设置好后单击"确定"按钮❷，再次弹出一个对话框，在其中重新输入设置的打开权限密码，单击"确定"按钮后，然后在弹出的对话框中重新输入设置的修改权限密码，最后返回到"另存为"对话框，保存后，打开另存为的工作簿，会弹出一个"密码"对话框，只有在其中输入正确的密码，才能打开工作簿❸，接着会再次弹出一个对话框，提示只有输入密码才能获取修改权限，否则只能单击"只读"按钮，以"只读"的方式打开工作簿❹。

此外，除了对工作簿和工作表进行保护，还可以对链接的外部文档进行安全设置。首先需要打开"Excel选项"对话框，选择"信任中心"选项，并在右侧单击"信任中心设置"按钮❺，在打开的"信任中心"对话框中选择"外部内容"选项，随后在右侧区域进行设置就可以了❻。

❶ 选择"常规选项"

❷ 设置密码

❸ 输入密码

❹ 以只读的方式打开

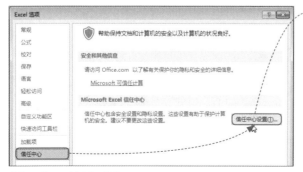

❺ 打开"Excel选项"对话框

❻ 设置外部内容

Article 223 Excel的自动恢复

在制作报表的过程中可能遇到断电、死机等意外情况，导致Excel非正常关闭，如果还没有来得及保存文件①，那简直就是一场灾难。Office系统考虑到会有这一情况的发生，为Excel软件配置了自动恢复信息的功能，只需要打开上次未保存的工作簿，就可以看到在左侧显示的"文档恢复"信息了，选择"上次'自动恢复'时创建的版本"，就可以恢复最后一次自动保存时的数据信息了②。最后保存恢复后的工作表就可以了。

			职工人事档案表				
姓名	性别	政治面貌	出生日期	婚姻状况	职称	基本工资	部门
李进	男	团员	1988/2/14	已婚	经理	¥5,500.00	工程部
陈强	男	党员	1991/5/1	未婚	员工	¥3,200.00	开发部
张蕾梅	女	团员	1985/8/25	已婚	经理助理	¥4,400.00	生产部
马洪	男	党员	1990/4/15	未婚	员工	¥3,200.00	生产部
徐洁	女	党员	1988/6/6	已婚	经理	¥5,500.00	工程部
王顺	男	团员	1989/2/19	未婚	经理助理	¥4,400.00	开发部
肖丁	男	党员	1988/10/22	已婚	员工	¥3,200.00	生产部
许飞	女	团员	1987/8/23	已婚	员工	¥3,200.00	开发部
张蕾	女	党员	1988/11/14	未婚	员工	¥3,200.00	开发部
李梅	女						

❶ 未保存的工作表

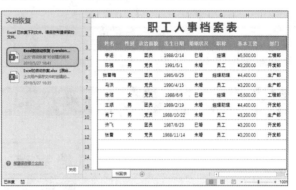

❷ 自动恢复数据信息

Article 224 Excel的自动保存

Excel的自动恢复功能之所以可以恢复丢失的数据，是因为设置了自动保存，系统已经自动保存了之前输入的数据内容，所以才能找回来。那么该如何设置自动保存呢？首先打开"Excel选项"对话框，选择"保存"选项，然后在右侧勾选"保存自动恢复信息时间间隔"复选框，并在后面的数值框中输入自动保存的时间间隔，这里输入1，即每隔一分钟自动保存一次。最后单击"确定"按钮即可❶。

❶ 设置自动保存时间间隔

Article 225 Excel的自动备份

当对报表进行修改时，有时会因为粗心，将正确的数据修改成错误的，并且进行了保存。这样会造成很大的麻烦，如果想要挽回，该怎么操作呢？可以通过设置让系统在保存文件时自动建立一个备份文件，这样就可以避免这种失误了。首先打开"另存为"对话框，单击"工具"下拉按钮，选择"常规选项"选项，弹出"常规选项"对话框，从中勾选"生成备份文件"复选框❶，单击"确定"按钮后直接保存，此时会弹出"确认另存为"对话框，直接单击"是"按钮，系统就会为该工作簿自动创建一个备份。然后将工作表中的"基本工资"由5200修改成5500，并进行保存，接着修改其余的基本工资，当修改完成并进行保存后，发现了错误❷，此时可以打开备份的工作簿，这样就可以得到上一次操作之前的正确数据了❸。

❶ 设置自动备份

❷ 修改成错误内容

备份工作簿

上一次操作之前的数据

❸ 备份数据内容

Article 226　保护工作簿结构

前面介绍了用加密的方法保护整个工作簿，这里再介绍一种保护工作簿的方法，即保护工作簿的结构。在"审阅"选项卡中单击"保护工作簿"按钮，弹出"保护结构和窗口"对话框，从中勾选"结构"复选框❶，就可以禁止在当前工作簿中插入、删除、移动、复制、隐藏或取消隐藏工作表，并且禁止重新命名工作表。

大家可以根据需要设置密码，此密码与工作表保护密码和工作簿打开密码没有任何关系。

❶ 设置保护工作簿结构

Excel也能制作目录

在 Word中可以制作目录，目录能让人清楚地了解文档的框架结构以及主要内容，对查找和阅读都有十分重要的作用。

在Excel中也能创建工作表目录，当工作簿中包含很多工作表时，通过目录便能一目了然地查看工作簿中包含的所有工作表（包括隐藏工作表），并快速地打开指定的工作表。

Technique **01**
批量提取目录

工作簿中的工作表数量不多时，手动提取工作表名称即可（将工作表名称依次输入到单元格中），若工作表的数量较多，则可以通过公式定义名称，批量提取工作表名称。通过选择快捷菜单中的"定义名称"命令，打开"新建名称"对话框。创建第一个名称为"目录"，在"引用位置"文本框中输入公式"=REPLACE(GET.

WORKBOOK(1),1,FIND("]",GET.WORKBOOK(1)),)&T(NOW())"❶。随后再次打开"新建名称"对话框，定义名称为"提取目录"，在"引用位置"文本框中输入公式"=LOOKUP(ROW(INDIRECT("1:"&COLUMNS(目录))),MATCH

❶ 定义公式名称为"目录"

❷ 定义公式名称为"提取目录"

(目录,目录,),目录)"❷。

名称定义完成之后，在工作表的任意单元格中输入"=提取目录"并按Enter键确认，即可得到第一张工作表的名称，拖动单元格右下角的控制柄，向下填充公式，填充多少单元格可视工作表的多少来拖动，填充后显示的全部是第一张工作表的名称❸。将光标定位到编辑栏中，按Ctrl+Shift+Enter组合键即可提取出当前工作簿中所有的工作表名称❹。此后插入或删除工作表时目录会自动更新。由于此处使用的是数组公式，多余的"#N/A"不能直接删除，当在工作簿中插入新工作表后，新增的工作表名称会替换掉一个"#N/A"。若不会再对工作表数量做增减，可直接对"#N/A"进行隐藏处理（更改字体颜色、隐藏行都可以）或复制目录，以"值"形式粘贴。

因本次的定义名称涉及

宏表函数，在保存工作簿时需保存为xlsm后缀宏格式的Excel文件，并在下次打开文件时单击"启动宏"。

Technique **02**
通过目录快速访问工作表

要想让目录中的标题链接到对应的工作表，还需设置超链接。右击需要添加链接的目录所在的单元格，在快捷菜单中选择"链接"选项❺，打开"插入超链接"对话框，从中设置超链接选项❻。添加超链接后标题文字会自动改变字体和颜色并添加下画线。此时，单击任意标题即可快速打开对应的工作表，超链接被访问之后文字的颜色会发生变化。❼

超链接的颜色和字体可通过修改主题颜色和字体来更改，相应的命令按钮在"页面布局"选项卡的"主题"组中。

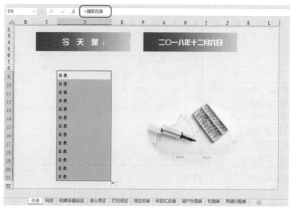

❸ 在公式中使用名称并填充公式

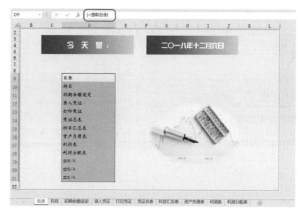

❹ 创建数组公式提取所有工作表名称

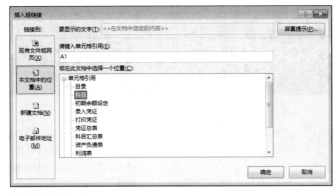

❺ 选择"链接"选项　　　　❻ 设置超链接选项　　　　　　　　　　　　　　❼ 成功添加超链接

Technique **03**

编写VBA代码自动提取目录

在Excel中，没有代码解决不了的问题。如果用户觉得通过为公式定义名称的方法来获取目录太麻烦，恰好又稍微懂一些VBA操作技巧，完全可以编写一段简单的代码提取目录。

在工作表中，按Alt+F11组合键打开VBA编辑器。在"插入"菜单中选择"模块"选项，新建一个模块❽。在新建模块中输入如图❾所示的代码，按F5键运行代码，即可批量提取出所有工作表名称❿。

这段代码使用For循环语句，所赋予的工作表为当前打开的工作表，保存位置为第1行第1列，所以在编写VBA代码之前最好先选中一个空白工作表，否则提取出的目录会替换掉工作表中原来的内容。

若想将提取的结果输入到指定工作表中，可将代码"Cells(i, 1) = Sheets(i).Name"修改为"Worksheets("目录").Cells(i, 1) = Sheets(i).Name"。运行代码后工作表标签将会被提取到"目录"工作表中⓫。设置代码中的行列数，可从工作表的指定位置开始保存所提取的内容。例如，从第2列第9行开始保存目录，则应将代码"Cells(i, 1)"修改为"Cells(8 + i, 2)"⓬。

若VBA窗口中创建了多个模块，并输入了不同的代码，按F5键运行代码时会弹出一个"宏"对话框，用户需要从中选择当前模块中的宏再执行"运行"命令。

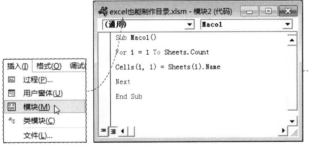

❽ 新建模块　　　❾ 输入代码

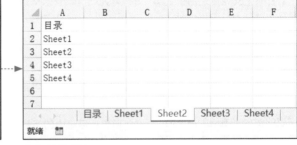

❿ 自动提取目录

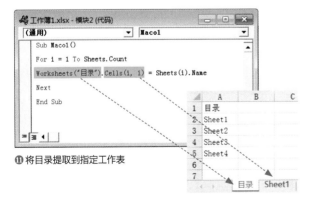

⓫ 将目录提取到指定工作表

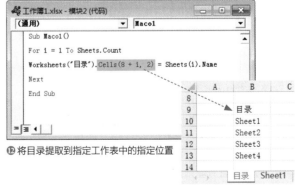

⓬ 将目录提取到指定工作表中的指定位置

Article 228

Excel在移动设备上的使用

不仅可以在计算机上使用Excel，而且可以在手机上使用Excel软件，如今手机的功能越来越齐全，也越来越完善。大家可以在手机上下载需要的App，随时随地登录并进行操作，方便、快捷，节省了大量的时间。每个手机上都会自带一个应用商城或类似功能的软件，大家可以点击进入，然后搜索Excel，找到官方的Excel组件，并点击"安装"按钮❶，随后会显示安装进度❷，安装好后，点击"打开"按钮❸，接着弹出一个提示框，直接点击"允许并继续"按钮❹，显示准备进入界面❺，打开Excel软件后，可以看到系统提供了多种云存储空间类型，可以根据需要选择云存储空间。这里选择"One Drive - 个人版"❻，随后需要进行一系列的登录操作。

❶ 点击"安装"按钮

❷ 显示下载进度

❸ 点击"打开"按钮

登录后，进入操作界面，在界面的下方显示"最近""共享""打开"3个选项，在界面的上方显示"新建"选项和"账户"选项。如果想要新建一个工作簿，则可以点击"新建"按钮❼，进入新建界面，从中选择"空白工作簿"选项❽，就可以新建一个空白工作簿❾。选择A1单元格，在其中输入信息，在工作簿的下方会显示一些常用的功能选项，如"筛选""排序"等，如果点击底端右侧的小三角图标，则在展开的列表中可以使用各个选项卡中的功能❿。

需要说明的是，以上操作全部基于安卓系统的手机，如果使用的是苹果手机，显示的界面则会有差异。

❹ 显示提示信息

❺ 准备进入界面

❻ 云存储空间类型

❼ 操作界面

❽ 选择"空白工作簿"

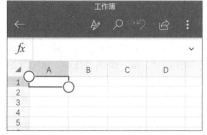

❾ 新建的空白工作簿

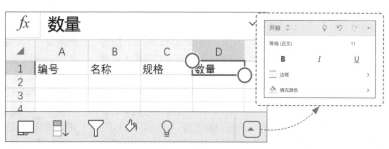

❿ 功能选项

Article 229 用Excel制作抽奖神器

在一些节目或活动中经常会看到抽奖环节，需要在海量的手机号码或者姓名中抽取或指定获奖人员❶。接下来就讲解一下其制作过程。首先，在Excel表格中制作人员名单，并配上相应的照片，然后插入一张背景图片，并在图片上输入文字❷。接着在E1单元格中输入公式"=INDEX(A:A,D1)"，然后在背景图片上插入一个文本框，将文本框设置成无填充，然后选中文本框，在"编辑栏"中输入公式"=E1"，这样文本框中的内容便会随着E1单元格中的内容变化而变化。设置好文本框中的字体后，将文本框移至背景图片的合适位置❸。打开"公式"选项卡，单击"定义名称"按钮，打开"新建名称"对话

❶获奖人员

框，从中设置"名称"和"引用位置"选项，设置好后可以在"名称管理器"中查看"引用位置"公式，其表示将D1单元格和B列中对

应的照片绑定❹。接着在D1单元格中输入任意一个数字，这里输入2，然后插入一张照片，将其移至背景图片的合适位置，选中照片，在

"编辑栏"中输入公式"=照片"，将照片裁剪成图形，并设置图片的边框颜色和粗细❺。

❷设置标题

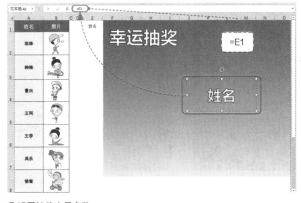

❸设置抽奖人员名称

接下来开始设置VBA代码，按Alt+F11组合键打开VBA编辑器，在其中输入代码，创建开始、结束以及内定3个过程❻。然后插入3个按钮，分别绑定这3个过程，即打开"开发工具"选项

卡，单击"插入"下拉按钮，从中选择"按钮（窗体控件）"选项，绘制一个按钮，并在弹出的"指定宏"对话框中选择绑定的宏名，这里选择"Sheet1.开始"❼。再绘制一个按钮，

并指定"Sheet1.结束"宏，然后右击绘制的按钮，选择"编辑文字"命令，将按钮中的文字更改为"开始"和"结束"，接着再次右击按钮，选择"设置控件格式"命令，在弹出的对话框中设

置按钮中文本的字体格式。此时抽奖器已经基本制作完成，单击"开始"按钮开始抽奖，单击"结束"按钮，就会显示抽到的人员名称和照片❽。

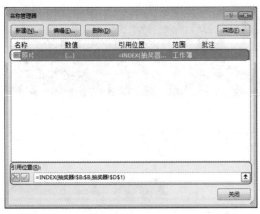

❹定义名称

❺设置抽奖人员的照片

若想要指定某个人中奖，则可以绘制一个圆形，然后选中圆形右击，选择"指定宏"命令❾，在打开的"指定宏"对话框中选择"Sheet1.内定"选项，这样

抽奖器就制作完成了。当想要抽到指定人员时，就先单击一下白色圆形，然后再单击"开始"按钮，这样不论什么时候单击"结束"按钮，百分之百抽到的都是

指定人员❿。

需要注意的是，工作簿默认禁用所有的宏，所以使用宏需要在"Excel选项"对话框的"信任中心"选项下设置宏为"启用所有

宏"，然后将工作簿另存为"Excel启用宏的工作簿"类型，这样才可以在下次打开工作簿时运行宏并执行抽奖操作。

❻输入VBA代码

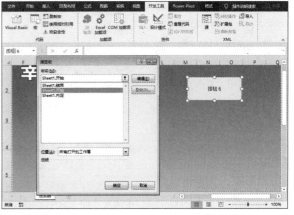

❼绑定宏

❽开始抽奖

❾指定宏

❿抽到指定人员

Article
230 制作简易贷款计算器

日常生活中，有时会需要向银行进行贷款，有的人对还款数额、还款期数等不是很清楚，这里教大家制作一个简易的贷款计算器，计算每月还款的金额、利息总额等❶，这样不至于到还款时一头雾水。首先制作一个表格框架，然后输入相关数据内容，并美化一下表格❷。打开"公式"选项卡，单击"定义名称"按钮，为需要计算的数据定义公式的名称，在"名称管理器"对话框中可以查看详细的定义名称和引用位置信息❸。然后选中H4单元格，输入公式"=IFERROR (IF(已清偿贷款,每月还款额,""),"")"，计算"每月还款"。选中H5单元格，输入公式"=IFERROR(IF(已清偿贷款,$D$6*12,""),"")"，计算"还款期数"。在H6单元格中输入公式"=IFERROR(IF(已清偿贷款,$H$7-$D$4,""),"")"，计算"利息总额"。在H7单元格中输入公式"=IFERROR(IF(已清偿贷款,每月还款额*$H$5,""),"")"，计算"总贷款成本"。最后，在B10单元格中输入"=IFERROR(IF(待偿还贷款*已清偿贷款,还款期数,""),"")"，在C10单元格中输入"=IFERROR(IF(待偿还贷款*已清偿贷款,

还款日期,""),"")"，在D10单元格中输入"=IFERROR(IF(待偿还贷款*已清偿贷款,贷款价值,""),"")"，在E10单元格中输入"=IFERROR(IF(待偿还贷款*已清偿贷款,每月还款额,""),"")"，在F10单元格中输入"=IFERROR(IF(待偿还贷款*已清偿贷款,本金,""),"")"，在G10单元格中输入"=IFERROR(IF(待偿还贷款*已清偿贷款,利息金额,""),"")"，在H10单元格中输入"=IFERROR(IF(待偿还贷款*已清偿贷款,期末余额,""),"")"，选中B10:H10单元格区域，然后向下填充公式，这样就将简易贷款计算器制作完成了。

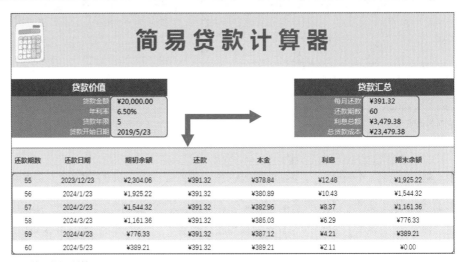
❶ 计算贷款相关数据

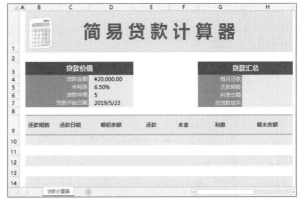
❷ 制作表格框架并输入内容

❸ 名称管理器

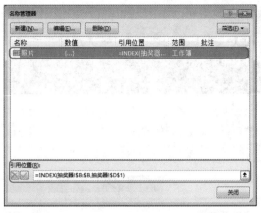

❹ 定义名称

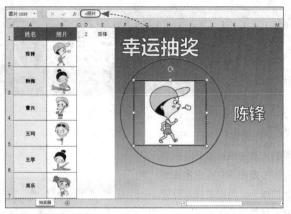

❺ 设置抽奖人员的照片

若想要指定某个人中奖，则可以绘制一个圆形，然后选中圆形右击，选择"指定宏"命令❾，在打开的"指定宏"对话框中选择"Sheet1.内定"选项，这样

抽奖器就制作完成了。当想要抽到指定人员时，就先单击一下白色圆形，然后再单击"开始"按钮，这样不论什么时候单击"结束"按钮，百分之百抽到的都是

指定人员❿。

需要注意的是，工作簿默认禁用所有的宏，所以使用宏需要在"Excel选项"对话框的"信任中心"选项下设置宏为"启用所有

宏"，然后将工作簿另存为"Excel启用宏的工作簿"类型，这样才可以在下次打开工作簿时运行宏并执行抽奖操作。

❻ 输入VBA代码

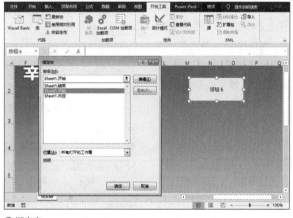

❼ 绑定宏

❽ 开始抽奖

❾ 指定宏

❿ 抽到指定人员

制作简易贷款计算器

日常生活中，有时会需要向银行进行贷款，有的人对还款数额、还款期数等不是很清楚，这里教大家制作一个简易的贷款计算器，计算每月还款的金额、利息总额等❶，这样不至于到还款时一头雾水。首先制作一个表格框架，然后输入相关数据内容，并美化一下表格❷。打开"公式"选项卡，单击"定义名称"按钮，为需要计算的数据定义公式的名称，在"名称管理器"对话框中可以查看详细的定义名称和引用位置信息❸。然后选中H4单元格，输入公式"=IFERROR (IF(已清偿贷款,每月还款额,""), "")"，计算"每月还款"。选中H5单元格，输入公式"=IFERROR(IF(已清偿贷款,$D$6*12,""), "")"，计算"还款期数"。在H6单元格中输入公式"=IFERROR (IF(已清偿贷款,$H$7-$D$4,""), "")"，计算"利息总额"。在H7单元格中输入公式"=IFERROR(IF(已清偿贷款,每月还款额*$H$5,""), "")"，计算"总贷款成本"。最后，在B10单元格中输入"=IFERROR(IF(待偿还贷款*已清偿贷款,还款期数,""), "")"，在C10单元格中输入"=IFERROR(IF(待偿还贷款*已清偿贷款,

还款日期,""), "")"，在D10单元格中输入"=IFERROR(IF(待偿还贷款*已清偿贷款,贷款价值,""), "")"，在E10单元格中输入"=IFERROR(IF(待偿还贷款*已清偿贷款,每月还款额,""), "")"，在F10单元格中输入"=IFERROR(IF(待偿还贷款*已清偿贷款,本金,""), "")"，在G10单元格中输入"=IFERROR(IF(待偿还贷款*已清偿贷款,利息金额,""), "")"，在H10单元格中输入"=IFERROR(IF(待偿还贷款*已清偿贷款,期末余额,""), "")"，选中B10:H10单元格区域，然后向下填充公式，这样就将简易贷款计算器制作完成了。

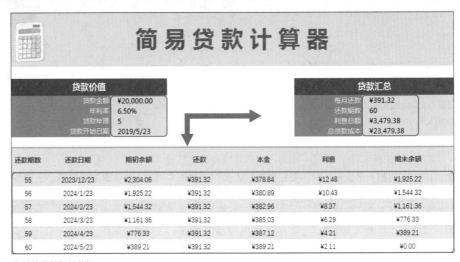

❶ 计算贷款相关数据

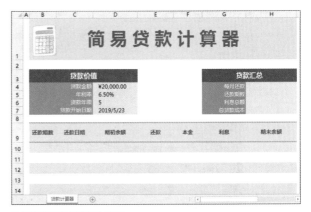

❷ 制作表格框架并输入内容

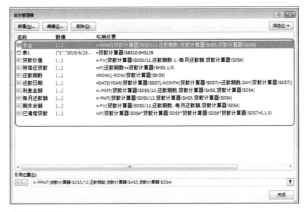

❸ 名称管理器

拓展小妙招：自动生成文件夹目录

不知道大家有没有这样的经历，随手保存的文件，每次到了使用的时候都要手忙脚乱地翻遍文件夹去寻找。如果能有一个目录作为索引那就好了。这里将教给大家一个小妙招，自动提取文件夹中所有文件的名称，并在Excel中生成链接到源文件的目录。到了查找文件的时候，直接在Excel目录中单击文件名称便可快速打开相应的文件。

图❶是一份包含不同类型文件的文件夹，首先，需要提取文件夹中所有文件的名称。文件不多时可手动提取，即将文件名称手动输入到Excel工作表中。若文件很多，就要使用小妙招来提取名称了。在文件夹内新建一个记事本文档❷，输入"DIR *.* /B >目录.TXT"内容后保存并关闭文件❸。然后修改记事本文档的后缀名".TXT"为".bat"。双击这个记事本文件会生成一个名为"目录"的新文件❹。打开该文

❶ 包含不同类型文件的文件夹

❷ 新建文本档

❸ 输入代码

件便可查看到提取出的所有文件名称❺。

接下来开始创建自动目录，将所有文件名复制到Excel表格内，在B1单元格中输入公式"=HYPERLINK ("E:\工作重要文件\"&A1, A1)"创建超链接❻。向下填充公式便可得到所有超链接标题，单击任意超链接标题便可打开相应的文件❼。

HYPERLINK是一个超链接函数，作用是打开存储在网络服务器、Intranet或Internet中的文件或跳转到指定工作表的单元格。公式中的"E:\工作重要文件\"部分表示文件夹所在磁盘位置以及文件夹名称。

下面可继续向表格中添加其他文件夹目录。

❹ 自动生成目录

❺ 查看并复制目录

❻ 粘贴目录至Excel工作表并创建链接

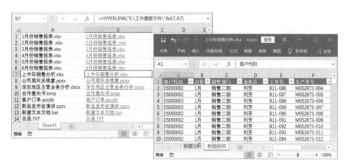

❼ 单击标题打开对应文件

制作双色球摇奖器

双色球是由中国福利彩票发行管理中心发行的统一游戏规则、统一销售、统一开奖、统一奖池派彩的乐透型中国福利彩票游戏，其摇奖过程通过电视和网络直播。借鉴国外强力球的成功经验和轰动效应，国内首创两区码投注。33个可选数字球，标记为1~33，玩家可选7个，其中6个为红球（1~33），1个为蓝球（1~16），每个号码只选1次（红球与蓝球可以重复），不可重复选择，视玩家选取

数字与开奖号码相同的数量确定中奖等级，如完全一致则中大奖❶。接下来讲解如何制作双色球摇奖器。首先制作表格框架，并输入相关数据内容❷。选中A2单元格，输入公式"=RAND()"，并将公式向下填充至A34单元格。在B2单元格中输入公式"=RANK(A2,$A$2:$A$34)+COUNTIF($A$2:$A$34,A2)-1"，同样将公式向下填充至B34单元格。在"红球编号"列输入1~33数字。

按照同样的方法，在N2、O2中输入公式，修改相关参数就可以了。然后在"蓝球编号"列中输入1~16数字。接着对中奖的红球设置链接，选中F3单元格，输入公式"=VLOOKUP（F$2,$B:$C,2,0)"，并将公式向右填充至K3单元格。然后对蓝球设置链接，在L3单元格中输入公式"=VLOOKUP(L$2,O2:P17,2,0)"。可以将中奖的红球和蓝球号码链接为红色和蓝色的彩球形状，即绘制7个圆形，分别放

在合适的位置，然后选中第1个圆形，在"编辑栏"中输入公式"=$F$3"，选中第2个圆形，输入公式"=$G$3"……选中第7个圆形，输入公式"=$L$3"。最后设置7个圆形的形状样式和字体格式，至此双色球摇奖器就制作完成了❸，单击工作表任意单元格，按F9键，系统会自动选号，松开F9键，便会锁定一注双色球号码。

❶ 双色球摇奖

❷ 制作表格框架并输入内容

❸ 完成摇奖器的制作

内置图表到垂直时间轴的华丽变身

首先来了解一下什么是时间轴，时间轴即按时间顺序，把一方面或多方面的事件串联起来，所形成的相对完整的记录体系，主要以图文或动画的形式呈现。时间轴可运用于不同领域，依据不同的分类把时间和事物归类和排序，把过去的事物系统化、完整化、精确化，只需要一条时间线，就能回顾历史展望未来。

图❶展示的是一张过去60多年的全球经济趋势时间轴，精通图表制作的用户或许能够猜测出这其实是一张图表。但是，它的制作软件以及具体的制作过程却很少有人知道。Excel图表具有许多高级的制图功能，使用起来也非常简便。先建立一张简单的图表，再进行修饰，便能让图表变得很精致。而这时间轴就是用Excel图表功能制作出来的，其制作过程也并不复杂。

制作任何图表都需要数据源，制作时间轴也不例外。本例数据源中共包含3列数据，分别是"年""事件""时间点"❷。这三列内容是构成时间轴的关键元素。其中"年"和"事件"是已知条件，而"时间点"是辅助条件，时间点是虚构的，为了配合"事件"在时间轴的左右形成一定的差距，从而让时间轴看起来更美观、更合理化。

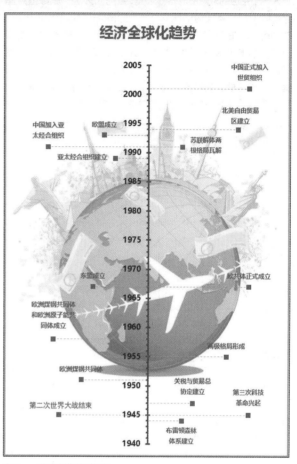

❶ Excel图表制作的时间轴

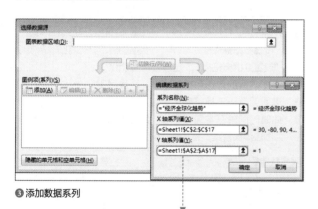

❸ 添加数据系列

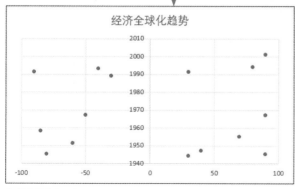

❹ 散点图基本形态

	A	B	C
1	年	事件	时间点
2	1944	布雷顿森林体系建立	30
3	1945	第二次世界大战结束	-80
4	1945	第三次科技革命兴起	90
5	1947	关税与贸易总协定建立	40
6	1951	欧洲煤钢共同体	-60
7	1955	两极格局形成	70
8	1958	欧洲煤钢共同体和欧洲原子能共同体成立	-85
9	1967	东盟成立	-50
10	1967	欧共体正式成立	90
11	1989	亚太经合组织建立	-30
12	1991	苏联解体两极格局瓦解	30
13	1991	中国加入亚太经合组织	-90
14	1993	欧盟成立	-40
15	1994	北美自由贸易区建立	80
16	2001	中国正式加入世贸组织	90
17		可在此行上方插入新行	
18			

❷ 数据源

第一篇　第二篇　第三篇　第四篇　第五篇

准备工作完成后开始正式制作时间轴。为了用户能够更好地理解，此处将分步骤进行讲解。

第一步（创建图表）：插入一个空白的散点图。

第二步（添加时间线和时间点）：在"图表工具-设计"选项卡中单击"选择数据源"按钮，打开"选择数据源"对话框，为散点图添加X轴和Y轴的系列值❸。这时候一张普通的散点图就形成了❹，看起来和时间轴好像没什么关系。

第三步（去除时间轴上多余的元素）：删除散点图上的横坐标轴以及网格线。

第四步（设置时间线样式）：选中垂直坐标轴，然后右击，在快捷菜单中选择"设置坐标轴格式"选项，打开"设置坐标轴格式"窗格，打开"坐标轴选项"选项卡，参照图❺设置坐标轴参数，随后切换到"填充与线条"选项卡中，设置线条颜色为"黑色，文字1，淡色35%"，宽度为"2磅"。将图表适当地拉长一些，此时，时间轴的大致样子已经呈现出来了❻。

第五步（添加事件）：为图表添加数据标签元素，数据标签默认显示为"年"数据，需要将数据标签更改为"事件"数据。右击数据标签，在快捷菜单中选择"设置数据标签格式"，打开"设置数据标签格式"窗格，参照图❼设置参数，并选择数据标签范围。默认的数据标签即可成功替换为"事件"数据❽。

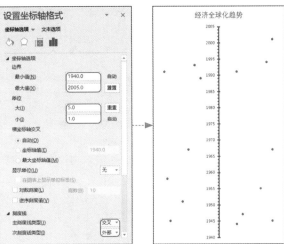

❺ 设置坐标轴格式

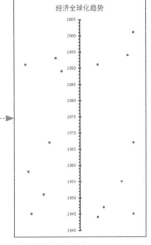

❻ 时间轴初始形态

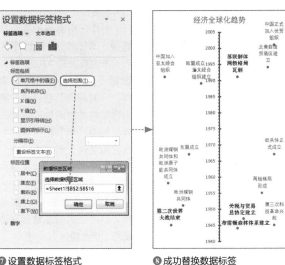

❼ 设置数据标签格式

❽ 成功替换数据标签

第六步（添加时间轴和事件之间的引导线）：添加标准误差线图表元素，右击X误差线，在快捷菜单中选择"设置误差线格式"选项，打开"设置误差线格式"窗格，参照图❾设置参数，随后在该窗格中的"填充与线条"选项卡中美化线条样式。对于时间轴来说，Y误差线是多余的，可选中Y误差线直接按Delete键将其删除❿。

第七步（美化时间点）：右击数据标签，在快捷菜单中选择"设置数据标签格式"，打开"设置数据标签格式"窗格，选择内置的方形数据标签，重新调整一下标签颜色⓫。此时时间轴基本完成了⓬，为图表添加背景，为了防止背景颜色过深影响时间轴上数据的展示，可将图表背景适当透明化。

最后美化一下图表标题及其他数据，适当调整事件的显示位置，时间轴便制作完成了。

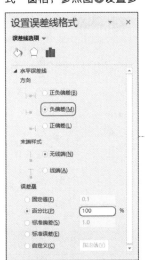

❾ 设置误差线格式

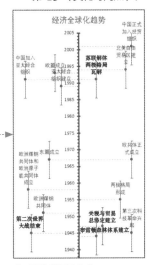

❿ X误差线设置完成

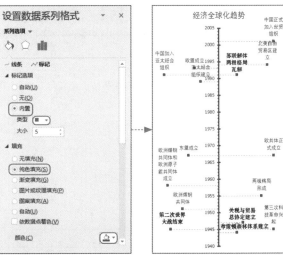

⓫ 设置标记点格式

⓬ 数据点样式被更改

找对方法事半功倍

曾经听过有人抱怨Excel也没有传说中的那么高效率，只是将在纸上记录的数据换成了在电子表格中记录而已，有时反而觉得操作起来更加麻烦。对于这样的抱怨，我只表示无奈。我也亲眼见证过他们所说的低效率和操作麻烦是怎么回事了。

Technique 01
自信的计算器高手

我有一位朋友，年龄40多岁，在某公司做仓库管理员，我亲眼见过这位"老同志"是如何使用Excel计算库存的，只见他好不容易把单据上的"所有数据"敲进了Excel里面，然后开始进行"统计"。令人吃惊的事情发生了，他把手从键盘和鼠标上拿开，然后开始按计算器，算完一行，就把结果再敲到Excel里面，然后再算一遍进行检查，极为认真。我当时极为不解地问他为什么不直接使用Excel 统计，他很自信地回答我："我敲计算器可比敲键盘快多了！"

好吧，我知道你为什么觉得Excel效率低了，其实你只需要使用一个简单的公式就能够自动完成计算。于是我只好亲自示范，帮他输入了一个公式，然后，向下填充公式，轻轻松松就完成了所有计算❶。

❶ 使用公式进行计算

Technique 02
其实你不懂Excel

还有一次，我去某中学办事，在教师办公室等待的时候，就顺便看一位年轻的男老师在计算机上做什么。

原来，他正在使用Excel汇总学生的考试成绩，他的工作是将分散记录的考生成绩进行归类整理，然后按班级进行分类，最后统计每个年级各科的平均分。他对照着手中的表格，将数据原样照搬到Excel中，数据输入完后，开始按班级分类然后汇总成绩，他先将同一个班级的学生剪贴到一个区域，完成分类后，选中一列待汇总的数据，然后查看Excel状态栏中的平均值结果，再输入到相应的单元格中，一列接一列。

我实在看不下去了，小心地提醒："老师，Excel里面这样汇总统计是比较慢的！使用数据透视表能够很快解决你的问题。"于是耐心地为其讲解数据透视表的创建以及使用方法。结果只用了不到2分钟就完成了庞大的数据分类和统计❷。

其实很多时候并不是Excel不好用，而是你没有掌握正确的使用方法。

❷ 使用数据透视表进行汇总统计

227

不同软件之间的信息联动

Office是一款多用途的办公程序套装软件，各个组件的功能涵盖了现代办公领域的方方面面。Office的这些组件除了在各自的领域中能够表现出优秀的办公能力外，如果利用不同组件协同办公往往能够让工作效率成倍提高。接下来介绍平时在工作中比较常用的Word和Excel两个组件之间相互协同办公实现信息联动的技巧。所谓的信息联动，是指在Word中插入Excel表格后，表格中的内容仍然可以随着源数据一同更新。

在Excel中，复制表格后直接粘贴到Word文档中❶，这个操作也可以使用Ctrl+C和Ctrl+V组合键完成。粘贴表格后表格右下角会出现"粘贴选项"按钮，单击该按钮，在下拉列表中选择"链接与保留源格式"选项❷，即可完成该表格与源表格之间的链接操作。此后当Excel源表格的数据被更改时，Word中表格的数据也会随之发生变化。使用"链接与保留源格式"的粘贴方式实际上是让被粘贴的表格与源数据表形成链接，这便是数据联动的关键。

❶ 复制Excel表格

❷ 链接与保留源格式

在Word中预留一个Excel展示窗口

在Word中还能够直接导入完整的Excel工作簿，并展示Excel工作簿中的某一个表格。单击"插入"选项卡的"文本"组中的"对象"下拉按钮，选择"对象"选项❶。打开"对象"对话框，切换至"由文件创建"选项卡，单击"浏览"按钮。在计算机中找到需要的Excel文件将其插入到"对象"对话框中，随后勾选"链接到文件"复选框，最后单击"确定"按钮关闭对话框❷，即可将所选工作簿插入到Word文档中❸。双击Word中的Excel表格可以打开其链接到的工作簿❹。

修改工作簿中的内容后，Word中的工作表会同时更新。当导入的工作簿中有多个工作表时，Word中只会显示工作簿中打开的工作表的内容。在将工作簿导入到Word中后用户无法通过在Excel工作簿中切换其他工作表来修改Word中表格显示的内容。如果要对Word中导入的工作表进行更多设置，可在表格上方右击，在快捷菜单中通过不同的设置选项进行设置。

❶ "对象"选项

❷ "对象"对话框

❸ 导入Word的Excel表格

❹ 打开Excel源工作簿

Article 237 在Word中实时创建电子表格

在Word中使用Excel表格，除了引用外部数据，直接在Word文档中插入空白Excel电子表格然后进行数据编辑也是很常用的操作。在Word文档中打开"插入"选项卡，单击"表格"下拉按钮❶，在下拉列表中选择"Excel电子表格"选项❷，即可在Word文档中插入Excel电子表格❸。只要用户略懂Excel操作知识便可以在电子表格中进行编辑。Word中电子表格的编辑方法和普通Excel表格的编辑方法相同。

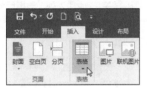

❶ "表格"按钮

❷ "Excel电子表格"选项

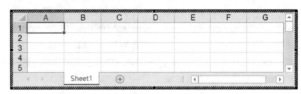

❸ Word中插入的Excel工作簿

插入电子表格后，Word的功能区会转换成Excel功能区，以便用户对电子表格进行一系列的设置❹。用户可通过拖动鼠标改变电子表格的大小，工作表的页数也可根据实际情况增加。当对Excel电子表格操作完毕，在Word文档的空白处单击便可退出编辑状态。Excel功能区重新转换为Word功能区，电子表格的行号、列标、页标签、滚动条均会消失，只显示表格部分❺。若要继续编辑表格，双击表格即可重新进入Excel表格编辑状态。

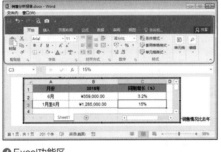

❹ Excel功能区

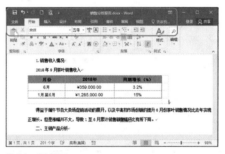

❺ Word功能区

Article 238 Word也能展示图表风采

Word常被当成是编写各种报告的工具，在一些分析类的报告中常常需用图表展示数据，众所周知，制作图表是Excel的强项，但在Word中同样能实现图表编辑和展示功能。在"插入"选项卡中单击"对象"下拉按钮选择"对象"选项。打开"对象"对话框，在"新建"选项卡的"对象类型"列表框中选择"Microsoft Excel图表"选项❶，单击"确定"按钮关闭对话框，即可在Word中插入一个包含两张工作表的电子表格❷。先在Sheet1中编辑用于创建图表的数据，随后打开Chart1将图表和数据链接❸。

❶ "对象"对话框

❷ 插入电子表格

❸ 图表链接到数据

PPT中的表格的应用之道

PPT以文字、图形、色彩以及动画的方式直观地表达内容，其用途十分广泛。工作中大家也经常会使用PPT制作一些数据分析类课件，但数据的处理和分析并非PPT的强项，这时候利用Excel协助作业是个很好的选择。要知道Excel才是数据的"理想之家"，虽然PPT和Excel是两款不同类型、不同功能的软件，但是它们同

属于Office这一个"大家族"，无论何时都要相信团队协作的能力大于孤军奋战。

在PPT中应用Excel表格有很多种方法，用户可以直接从外部引用现成的Excel表格数据，也可以插入空白Excel电子表格或者只是建立一个指定行列数目的表格。下面先从导入外部Excel报表开始介绍。

在PPT中打开"插入"

选项卡，单击"文本"组中的"对象"按钮❶。打开"插入对象"对话框，选中"由文件创建"单选按钮，单击"浏览"按钮，在计算机中选择需要使用的Excel文件，将其路径填充到"文件"文本框中，随后勾选"链接"复选框，最后单击"确定"按钮❷。即可在幻灯片中插入外部Excel工作簿，并在表格窗口中显示工作簿中选中的

工作表内的数据。除了表格数据，如果工作表中有图表也会被显示出来❸。

为了美观和整体页面的协调，在PPT中导入外部数据后需要使用鼠标拖曳重新调整显示窗口的大小和位置。

❶ "对象"按钮

❷ "插入对象"对话框

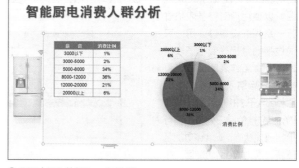

❸ PPT中导入外部Excel工作簿

向PPT中导入外部Excel工作簿时，在"插入对象"对话框中勾选了"链接"按钮。在这里需要重点说明勾选"链接"复选框和不勾选"链接"复选框的差别。"链接"的作用是让被插入到

PPT中的Excel表格能够和源数据表产生链接关系，当勾选"链接"复选框时，双击PPT中的电子表格能够打开源Excel工作簿，从而实现数据同步更新❹。选择链接的导入方式，以后每次打开这个

PPT都会弹出"安全声明"对话框，提示"此演示文稿包含到其他文件的链接"。

如果导入外部Excel工作簿时不勾选"链接"复选框，那么导入到PPT中的电子表格会和源Excel工作

簿脱离关系，双击电子表格时打开的只是一个被高级复制过来的Excel电子表格，无法再和源工作簿中的数据产生链接❺。用户可根据实际需要选择是否启用链接。

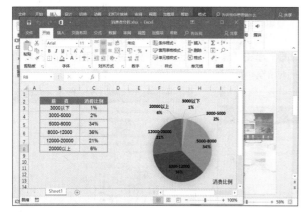

❹ 勾选"链接"导入的电子表格

❺ 未勾选"链接"导入的电子表格

Article 240

在PPT中导入Excel附件

当不需要展示从外部导入的Excel文件中的内容，只是要将Excel文件作为一个附件添加到PPT中时，可以进行如下设置。在PPT中打开"插入"选项卡，在"文本"组中单击"对象"按钮，打开"插入对象"对话框，选择"由文件创建"单选按钮，单击"浏览"按钮，从计算机中选择需要导入PPT的Excel文件，然后勾选"显

示为图标"复选框（这步是重点），最后单击"确定"按钮❶，即可将Excel图标导入当

前幻灯片中❷。双击Excel图标可打开工作簿。默认插入的Excel图标会在幻灯片中

间显示，如果影响整体布局，直接用鼠标将其拖曳到合适的位置即可。

❶ "插入对象"对话框

❷ 幻灯片中导入Excel图标

在PPT中插入Excel图标时还有一个会被大多数用户忽略的操作，那就是更改图标样式。其实是否更改图

标样式对Excel电子表格的打开和使用并没有什么影响，只是Excel图标外观上会有所改变。在"插入对象"对

话框中勾选"显示为图标"复选框，会将隐藏的"更改图标"按钮显示出来。单击该按钮❸，打开"更改图标"对

话框，从中挑选一个满意的图标样式❹。最后单击"确定"按钮，即可向PPT中导入所选图标样式的Excel文件❺。

❸ "更改图标"按钮

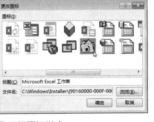

❹ 选择图标样式

❺ 导入所选图标样式的Excel文件

Article 241

PPT中如何插入电子表格

PPT中也可以创建空白的Excel电子表格，在PPT中打开"插入"选项卡，在"文本"组中单击"对象"按钮。弹出"插入对象"对话框，在"对象类型"列表框中选择Microsoft Excel Work-sheet选项，最后单击"确定"按钮❶，即可在当前幻灯片中插入一张空白电子表格❷。

❶ "插入对象"对话框

❷ PPT中插入电子表格

Excel竟然能放映幻灯片

PPT制作完成后通常都会在各种场合放映，放映PPT也很简单，打开PPT后按F5键便可放映。但是如何在Excel中放映幻灯片呢？例如，需要向客户发送一份Excel数据分析文件，同时需要发送一份PPT文件作为数据分析的辅助材料，这时候完全可以将PPT文件嵌入到Excel工作表中。这样，客户便可以在Excel中查看完数据直接放映幻灯片了。

先打开PPT，在预览区全选幻灯片，然后复制所有幻灯片❶。随后打开Excel工作表，在合适的位置右击，在弹出的快捷菜单中选择"选择性粘贴"选项，打开"选择性粘贴"对话框。选择"Microsoft PowerPoint演示文稿对象"选项，单击"确定"按钮❷。便可将PPT中的所有幻灯片嵌入到Excel中。

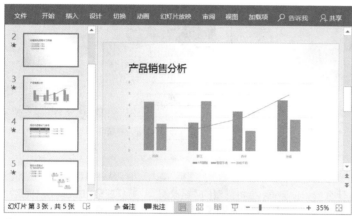

❶ 复制所有幻灯片

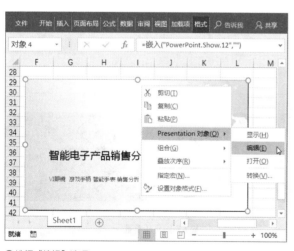

❷ "选择性粘贴"对话框

嵌入到Excel中的幻灯片只显示第一页。双击幻灯片即可对幻灯片进行放映，按Esc键可退出放映。若想对幻灯片进行编辑，需要右击幻灯片，在弹出的菜单中选择"Presentation对象"选项，在其下级列表中选择"编辑"选项❸。进入幻灯片编辑状态后，Excel功能区会自动切换成PPT功能区❹。滚动鼠标滚轮或者拖动幻灯片右侧滑块均可切换到下一页幻灯片。

❸ 选择"编辑"选项

❹ 编辑幻灯片

在Excel中嵌入PPT时，也可以选择只显示为PPT图标，不显示幻灯片页面。在"选择性粘贴"对话框中勾选"显示为图标"复选框，即可嵌入图标。嵌入图标后可通过"格式"选项卡为图标设置填充色以及边轮廓样式❺。在"名称框"中还能直接修改图标的名称。

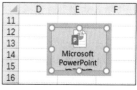

❺ 显示为图标

强强联手搞定数据分析

Excel具备很强大的数据分析和计算能力，但是Excel却没有Access中的查询和报表等功能，因此，如果既想要满足使用习惯，又想

要达到新的功能需求，就需要这两种软件进行协作。如图❶的Excel表格，要对其进行统计分析，虽然能通过排序筛选、函数、数据透视表

等功能一步一步地实现，但是要做到如Access这

种强大的统计功能还是比较困难的。

❶ Excel表格

如果将Excel表链接到Access中，并不会影响操作者的使用习惯，还能达到意想不到的效果。新建空白Access数据库，打开"外部数据"选项卡，在"导入并链接"组中单击"新数据源"按钮，选择"从文件"选项，在其级联列表中选择"Excel（X）"选项❷。弹出"获取外部数据-Excel电子表格"对话框❸。单击

"浏览"按钮，从计算机中选择需要的工作簿。随后选

中"通过创建链接表来链接到数据源"单选按钮，创建

与数据源表的链接，最后单击"确定"按钮。

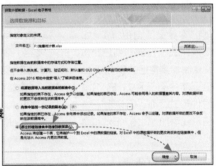

导入Excel报表

❷ 在Access数据库中选择导入Excel电子表格

❸ "获取外部数据-Excel电子表格"对话框

系统弹出"链接数据表向导"对话框。保持默认的"显示工作表"选项，当Excel工作簿中有多张工作表时，需要在对话框上方的列表框中选择要导入Access数据库的工作表❹。单击"下一步"按钮，在接下来的"链接数据表向导"对话框中勾选"第一行包含标题"复选框。接着单击"下一步"按钮❺。最后单击"完成"按钮。选中的Excel工作表即可被导入Access数据库❻。用户便可在数据库中对该报表进行统计分析。

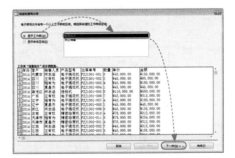

❹ "链接数据表向导"对话框，选择Excel工作表

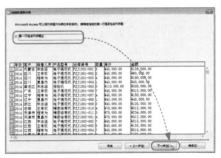

❺ "下一步"按钮

年份	客户	销售人员	产品型号	出库单号	数量	单价	金额
2014	内蒙古	宋志涵	电子提花机	FZJ1301-001	3	¥45,000.00	¥135,000.00
2014	四川	王有权	电子提花机	FZJ1301-002	2	¥45,000.00	¥90,000.00
2014	四川	程有为	电子提花机	FZJ1301-003	4	¥45,000.00	¥180,000.00
2014	四川	夏昌杰	电子提花机	FZJ1301-004	1	¥45,000.00	¥45,000.00
2014	黑龙江	宋志涵	倍捻机	FZJ1301-005	5	¥110,000.00	¥550,000.00
2014	广东	王有权	电子提花机	FZJ1301-006	7	¥45,000.00	¥315,000.00
2014	辽宁	程有为	电子提花机	FZJ1301-007	4	¥45,000.00	¥180,000.00
2014	辽宁	夏昌杰	电子提花机	FZJ1301-008	1	¥45,000.00	¥45,000.00
2014	浙江	宋志涵	电子提花机	FZJ1301-009	3	¥45,000.00	¥135,000.00
2014	云南	王有权	精密络筒机	FZJ1301-010	4	¥78,000.00	¥312,000.00
2014	天津市	程有为	精密络筒机	FZJ1301-011	3	¥78,000.00	¥234,000.00
2014	天津市	夏昌杰	精密络筒机	FZJ1302-001	4	¥78,000.00	¥312,000.00
2014	江西	宋志涵	电子提花机	FZJ1302-002	7	¥45,000.00	¥315,000.00
2014	江西	王有权	电子提花机	FZJ1302-003	3	¥45,000.00	¥135,000.00
2014	江西	程有为	电子提花机	FZJ1302-004	7	¥45,000.00	¥315,000.00
2014	内蒙古	夏昌杰	电子提花机	FZJ1302-005	9	¥45,000.00	¥405,000.00
2014	内蒙古	宋志涵	电子提花机	FZJ1302-006	5	¥45,000.00	¥225,000.00

❻ 导入Excel报表

电子记事本中的数据分析妙招

OneNote是一款同时支持手写输入和键盘输入的记事本软件。就像是带有标签的三环活页夹的电子版本，页面能够在活页夹内部移动，同时可通过电子墨水技术添加注释、处理文字或绘图，并且其中可以内嵌多媒体影音或Web链接。OneNote使用起来比真正的笔记本要灵活自由得多。如果用户在工作时想将Excel文件附加到自己的OneNote笔记本中有三种方法，①以附件形式添加；②以电子表格形式添加；③插入Excel图表。打开OneNote笔记本，在"插入"选项卡中单击"电子表格"按钮❶。在下拉列表中选择"现有Excel电子表格"选项，从计算机中选择需要添加到笔记本的工作簿，这时候系统会弹出一个"插入文件"对话框❷。选择不同的选项会向笔记本中添加不同形式的Excel文件。图❸是以"附加文件"形式插入的电子表格，双击图标可打开Excel工作簿，对表格进行编辑。图❹是以电子表格形式插入的Excel文件，图❺插入的是Excel中的图表。单击表格和图表左上角"编辑"按钮，便可打开Excel工作簿并对电子表格进行编辑。不管以什么形式插入Excel文件，都不能删除Excel图标，否则将无法再编辑电子表格。插入OneNote笔记本中的Excel文件是原始文件的副本，对OneNote中的副本做出的更改不会在原始文件中显示。而对原始文件的更改也不会对副本造成任何影响。当然用户也可以向OneNote中插入空白电子表格。在"电子表格"下拉列表中选择"新建Excel电子表格"选项即可插入空白电子表格❻。

❶ "电子表格"按钮

❷ "插入文件"对话框

❸ 附加文件形式

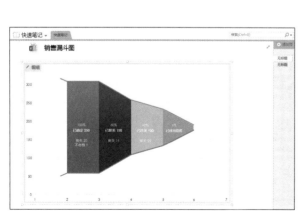

❹ 电子表格形式

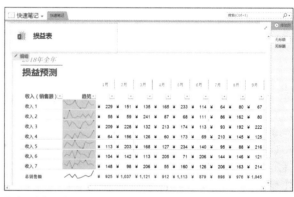

❺ 插入图表

❻ 插入空白电子表格